The new health functional food

최신 건강기능식품학

이준우 저

석학당 출판사
www.shdbooks.co.kr

머리말

건강한 삶은 인간의 가장 기본적인 욕구이고 바램이다. 건강을 유지하기 위한 수단으로 가장 보편적인 방법은 지속적인 운동과 좋은 먹거리의 선택에 있다. 과학기술이 발달되고 도시화가 되면서 생활의 형태가 변하게 되고, 식습관이 바뀌고 운동량이 감소됨에 따라 많은 질병이 발생되고 있으며, 그 중에서도 성인병의 발생이 증가되고 있는 추세이다. 이에 따라 건강유지를 위한 식품의 3차 기능인 생리적 기능성의 필요성이 요구되고 있으나, 무분별한 오용과 남용 및 광고에 의한 부작용 등이 발생함에 따라 식품의 기능성이 과학적이고 합법적으로 규명되고 적용되어 공급자나 소비자나 안심하고 활용할 수 있는 필요성이 커졌다.

이러한 관점에서 건강기능식품의 개념이 도입되어 식품의 기능성을 제도적으로 보호하고 이용할 수 있도록 하기 위해, 국내 건강식품은 1973년도부터 식품위생법에서 처음으로 다루어지기 시작하였다. 이후 1989년 7월 식품위생법에 건강보조식품 제조업과 특수 영양식품 제조업의 업종이 신설되면서 건강보조식품을 "건강 보조를 목적으로 원료에 특정 성분이 포함되거나 식품원료에 들어 있는 특정 성분을 추출, 농축, 정제, 혼합 등의 방법으로 제조·가공한 식품"으로 정의하고 건강보조식품을 알로에, 스쿠알렌, 효소 등 21개 품목군으로 지정하였다. 이후 건강기능식품에 관한 법률(건강기능식품법)은 건강기능식품의 안전성 확보 및 품질향상과 건전한 유통·판매를 도모함으로써 국민의 건강증진과 소비자 보호에 이바지함을 목적으로 하여 2002년 8월 26일에 제정·공포되었으며, 동법시행령이 2003년 12월 18일에 제정·공포되었고, 동법 시행규칙과 관련고시가 2004년 1월31일에 제정·공포되어 건강기능식품의 시대가 시작되었다.

본서는 건강기능식품을 공부하는 학생들에게 건강기능식품의 기본적인 내용을 이해하도록 소개하고, 기능성 확인을 위해 현장에서 이용되는 시험방법을 기록하였으며, 실제실험실과 현장에서 적용해 볼 수 있는 실무적 내용으로 구성하였다. 건강기능식품에 대한 기초적인 이론과 실무적 내용의 이해를 통하여 현장성 있는 내용이 전달될 것을 기대한다.

마지막으로 이 책이 출간되기까지 조언을 아끼지 않으신 교수님들과 자료를 제공해 주신 분들께도 감사를 드립니다. 특별히 이 책이 출간되기까지 많은 지원을 아끼지 않으신 도서출판 석학당 윤용호 사장님을 비롯한 임직원 여러분께 진심으로 감사를 드립니다.

2018년 6월

저자 씀

Contents

제 I장

건강기능식품의 개요

The new health functional food
최신 건강기능식품학

I-1 건강기능식품 일반

1 건강의 의미

건강은 "질병이 없거나 허약하지 않은 상태"라고 흔히 생각해 왔다. 그러나 질병과 허약한 상태가 임상적으로 뚜렷이 나타나는 경우도 있겠지만 건강과 구별이 모호할 때가 많다. 현재 임상적 판단으로 질병이 발견되지 않았다고 해서 건강하다고 할 수 없으며, 지금 건강하다고 판단된 사람에서도 의학 진단 기술이 발전하면 이상으로 판정될 수도 있다. 1948년 세계 보건 기구(World Health Organization, WHO)는 현장에서 건강에 대해 "단순히 질병이나 허약함이 없는 상태가 아니라 신체적, 정신적, 사회적으로 완전한 안녕 상태(Health is a state of complete physical, mental and social well-being and not merely the absence of disease or infirmity)"라고 규정하였다.

건강은 생존의 추구라기보다는 일상생활에 잘 대처할 수 있는 능력을 말하는 것이다. 신체 역량뿐 아니라, 개인적·사회적 대처 능력을 강조하는 입체적이고 긍정적인 개념이다. 따라서 건강하다는 것은 단순히 질병 치료를 필요로 하지 않는 상태를 가리키는 것 이상의 몸과 마음이 완전한 상태를 유지하는 것을 의미한다. 건강과 질병의 상호관계는 아래의 그림 1-1과 같이 나타낼 수 있다.

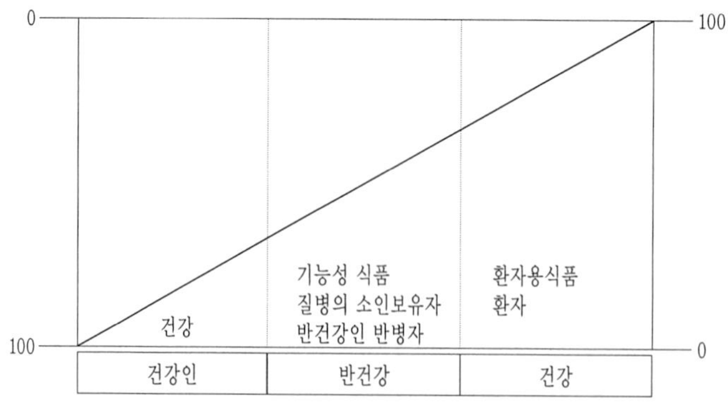

그림 1-1. 질병의 단계와 식품

건강한 사람들은 육체적으로는 무력감이나 질병이 없이 몸과 마음이 평온한 상태를 유지하고 사회 환경적으로도 건전한 관계가 유지되고 있는 상태를 말하며, 건강하지 않은 사람들은 적절한 치료를 필요로 하는 질병을 가지고 있는 상태를 말한다. 이 두 상태의 중간정도인 반 건강 상태에 있는 사람들은 신체의 면역기능과 생리기능들이 약화되고, 일상생활에 어느 정도 방해를 받으나 병원의 정기적인 치료를 받아야 되는 정도는 아닌 상태를 말한다. 현대생활은 운반수단의 발달과 자동화로 인하여 생활의 편리함은 증대되었지만, 사회적으로는 경쟁이 심화되고 정보화에 따른 복잡성의 증가, 운동부족, 가공 및 즉석식품의 과잉섭취에 의한 비만도 증가와 이에 따른 성인병 발생률이 높아지는 문제가 있다.

이와 같이 기술이 발전하고 문명이 고도화 되면서 과잉영양과 운동부족 및 비만에 따른 만성질환의 발생빈도가 증가하여 치료를 위한 비용 증가가 개인과 사회의 문제로 대두되었다. 따라서 질병 발생의 예방을 위한 반 건강인에 대한 관리의 중요성이 커지고 있다. 반 건강인의 질병예방 및 건강개선을 위해서는 약이 필요한 것이 아니고, 건전한 식습관과 기능성을 갖는 식품을 이용한 예방적 시도가 많이 이루어지고 있다. 예로부터 식품과 약은 뿌리가 같다고 하여 "식약동원(食藥同源)"이라 하였다. 오랜 세월동안 자연에서 생산되는 천연물질을 섭취하여 질병을 다스려 왔다. 그 중에서도 부작용이 없고 맛이 있는 것이 음식으로 자리를 잡았고, 지속적으로 먹어도 부작용이 없는 식재료는 질병치료를 위한 약재(한약재)로 자리를 잡았다. 우리나라에서 한방에서 사용하는 약재의 30% 정도는 식용이 가능한 것으로 알렸다. 그 중에는 도라지, 마, 칡, 더덕, 율무, 은행, 겨자, 연뿌리, 쑥, 생강, 대추, 마늘, 달래, 부추 등으로 우리가 일반적으로 섭취하고 있는 것이다. 최근에는 고령화가 가속화되면서 일상적 질병예방과 치료의 개념 도입의 필요성이 커지게 됨에 따라 식품의 기능성 확인과 제품개발에 대한 요구도가 높다.

그러나 기능성 식품들에 대한 기준 및 규격이 정해지지가 않았고, 국가별로도 명확한 기군 및 규격들이 수립되어 있지 않고 있으며, 기능성 식품에 대한 용어의 사용과 개념과 기준이 상이하여 표준적이고 합리적인 방안들이 만들어져야 한다.

2 건강기능식품의 발달

식생활은 인간 삶의 기본적인 행위이다. 인구증가와 산업의 발전은 식생활에 많은 변화를 가져왔다. 사회생활의 참여 확대와 도시생활인 많아짐에 따라 식재료의 외부 공급의 필요성이 폭발적으로 증가하였다. 점차 가공 식품의 섭취증가가 따르고 과잉영양에 대한 부작용 등이 발생하면서 식품의 고유한 영양기능을 넘어서 질병의 예방 또는 기능성이 있는 식품의 수요가 증대하기 시작하였다. 이에 따라 인체 내에서 대사조절과 기능성을 제공하는 비타민, 무기질, 효소, 아미노산 등과 더불어 새로운 기능성 물질의 요구성이 크다고 할 수 있다. 이러한 요구에 부응하기 위해 식품과 관련한 용어들이 사용되기 시작하였다. 인간의 건강을 위하여 이용되는 측면을 강조한 건강식품이 있다. 자연식품 또는 유기농 식품은 농산물의 재배시의 농약살포 및 토양오염과 생산·가공시의 첨가되는 식품첨가물의 위해성에 불안을 느낀 사람들이 식품 그대로의 상태를 섭취할 수 있는 자연식품·유기농 식품을 선호하게 되면서 등장하게 되었다. 기능성 식품은 식품의 1차적 기능인 영양성과 2차적 기능인 기호기능을 뛰어넘는 개인의 건강과 신체적 활동, 정신상태 및 사회적 환경에 건강성을 부여하는 식품이다. 일본 후생성은 기능성 식품을 "식품 성분이 생체방어, 신체리듬 조절, 질병의 예방과 회복 등 생체조절 기능을 발현하도록 설계·가공된 식품"이라고 정의하였다. 따라서, 기능성 식품은 생체방어·생체리듬 조절 등에 관계되는 기능이 생체에 대하여 충분히 발현할 수 있도록 설계된 일상적으로 섭취 가능한 식품이다. 기능성 식품은 특정 영양소나 기능성 성분을 첨가하여 특별히 건강을 촉진시키는 식품인 것이다. 기능성 식품과 관련하여 사용되고 있는 용어는 기능성과 의약품이 결합된 용어인 nutraceuticals(nutritional + pharmaceuticals), designer foods, pharmafoods, functional foods 등으로 불리워진다.

3 세계 각국의 건강기능식품

1) 우리나라

국내 건강식품은 1973년도부터 식품위생법에서 처음으로 다루어지기 시작하였다. 이후 1989년 7월 식품위생법에 건강보조식품 제조업과 특수 영양식품 제조업의 업종이 신설되면서 건강보조식품을 "건강 보조를 목적으로 원료에 특정 성분이 포함되거나 식품원료에 들어 있는 특정 성분을 추출, 농축, 정제, 혼합 등의 방법으로 제조·가공한 식품"으로 정의하고 건강보조식품을 알로에, 스쿠알렌, 효소 등 21개 품목군으로 지정하였다.

이후 건강기능식품의 생산자와 소비자를 위해, 건강기능식품의 안전성 확보 및 품질향상과 건전한 유통·판매를 도모함으로써 국민의 건강증진과 소비자 보호에 이바지함을 목적으로 건강기능식품법이 시행되고 있다. 건강기능식품에 관한 법률(건강기능식품법)은 건강기능식품의 안전성 확보 및 품질향상과 건전한 유통·판매를 도모함으로써 국민의 건강증진과 소비자 보호에 이바지함을 목적으로 하여 2002년 8월 26일에 제정·공포되었으며, 동법 시행령이 2003년 12월 18일에 제정·공포되었고, 동법 시행규칙과 관련고시가 2004년 1월31일에 제정·공포되어 건강기능식품의 시대가 시작되었다.

2) 미국의식이보충제(Dietary Supplements)

미국의 경우는 건강기능식품을 법적으로 정의하고 있지는 않으나, 건강기능식품과 유사한 용어인 식이보충제(dietary supplements)라는 용어로 사용되고 있으며, 여기에는 일반식품, 식이보충제, 환자용 식품, 특수 용도식품 등을 포함한다. 종류로는 비타민, 무기질, 허브 등 식물 성분, 아미노산, 식사를 보충하기 위해 사용되는 물질, 농축물, 대사산물, 구성요소, 추출물 혹은 이에 포함된 성분 등의 원료를 함유한 식품을 포함한다. 식이보충제에 사용하는 건강관련 표시로는 건강강조표시, 구조/기능강조표시, 영양소 함량 강조표시가 있다.

3) 중국의 보건식품

1995년에 중국 전국인민대표대회에서 통과된 식품위생법에 의하면, 기능성 효과가 있음을 표기한 모든 식품은 국가위원회 산하의 보건부의 심사를 받도록 되어 있으며, 보건부는 이들 제품의 위생 관리뿐만 아니라 생산, 판매, 유통 관리에 대해 검사를 받아야 한다. 이 법에 근거를 두고 제정·공표된 보건식품관리법에 따르면 유통, 판매, 표시, 광고까지 보건부의 관리 감독을 받도록 되어 있다. 중국에는 약 2,000여 종류의 기능성 식품임을 인정받았다.

4) 일본의 보건기능식품

기능성식품이라는 용어를 처음으로 사용하고 체계화시킨 것은 일본이다. 1991년부터 특정보건용식품 제도가 시행되었으며, 기능성식품의 생체조절기능을 표시할 수 있게 되었다. 2001년 보건기능식품제도가 시행되면서 특정보건용식품과 함께 영양기능식품도 포함하게 되었다. 일본은 영양기능 식품, 특정 보건용 식품, 기능성 표시 식품으로 분류되며, 영양기능 식품은 국가가 정한 기준에 부합한 특정 영양성분(비타민, 미네랄 등 17개 성분)을 포함하며 해당 영양성분의 기능을 표시하는 식품이고, 특정 보건용 식품은 생리적 기능이나 특정 보건기능을 나타내는 유효성 및 안전성 등에 관해 국가 심사를 받으며 소비자청이 유효성에 관계되는 표시를 허가 또는 승인한 식품으로 우리나라의 개별인정형과 유사하다.

5) 유럽의 건강기능식품

유럽은 전체적으로 공식 통용되는 기능성식품의 정의는 없으나 유럽의 기능성식품 프로젝트인 "Functional Food Science in Europe(FUFOSE)" 에서 제안한 기능성식품 정의를 가장 널리 사용하고 있다. FUFOSE에 의하면 기능성식품이란 "과학적으로 인체에 하나 혹은 그 이상의 건강향상을 목적으로 생산된 식품으로 그 효과가 증명된 식품" 이며 일반식품 또는 일반성분의 천연적인 효과와는 구분되며 "건강을 촉진하거나 또는 질병 감염의 위험을 감소시키거나 예방하는데 도움을 주는 식품" 으로 정의하고 있다.

표 1-1. 국가별 건강기능식품의 정의 및 분류

국가	용어	내용
한국	건강기능식품	- 인체에 유용한 기능성을 가진 원료나 성분을 사용하여 법적 기준에 따라 제조(가공을 포함)한 식품을 말함(건강기능식품에 관한 법률 제3조 제1호) - 건강기능식품은 일반 식품과는 달리 동물시험, 인체적용시험 등 과학적 근거를 평가하여 기능성 원료를 인정하고 있음
미국	식이보충제 (Dietary Supplements)	- 비타민, 무기질, 허브 등 식물 성분, 아미노산, 식사를 보충하기 위해 사용되는 물질, 농축물, 대사산물, 구성요소, 추출물 혹은 이에 포함된 성분 등의 원료를 함유한 식품 - 식이보충제에 사용하는 건강관련 표시로는 건강 강조표시, 구조/기능 강조표시, 영양소 함량 강조표시가 있음

중국	보건식품	- 특정 보건기능을 갖추거나 비타민, 미네랄 보충을 목적으로 하는 식품을 의미하며 영양소 보충제와 전통 보건식품으로 분류됨 - 영양소 보충제는 부족한 영양소를 섭취를 보조하는 비타민제, 단백질 가루 등 식사영양 보충제, 다이어트 관리식품, 아동식사 영양보충제 등을 말함 - 전통 보건식품은 신체 기능을 조절하는 기능이 있으며 질병치료를 목적으로 하지 않는 식품
일본	보건기능식품	- 영양기능 식품, 특정 보건용 식품, 기능성 표시 식품으로 분류됨 - 영양기능 식품은 국가가 정한 기준에 부합한 특정 영양 성분 (비타민, 미네랄 등 17개 성분)을 포함하며 해당 영양성분의 기능을 표시하는 식품임 - 특정 보건용 식품은 생리적 기능이나 특정 보건기능을 나타내고, 유효성 및 안전성 등에 관해 국가 심사를 받으며 소비자청이 유효성에 관계되는 표시를 허가 또는 승인한 식품 - 기능성 표시 식품은 사업자가 일정한 과학적 근거에 입각하여 건강효과를 신고한 식품(2015년 4월부터 관련 법안 시행)
유럽	식품보충제 (Food Supplements)	- 영양 또는 생리학적으로 효과를 가진 영양소 또는 그 밖의 성분/물질을 농축한 식품

4 건강기능식품이란?

"건강기능식품"이란 인체에 유용한 기능성을 가진 원료나 성분을 사용하여 제조(가공을 포함한다.)한 식품을 말한다(건강기능식품에 관한 법률 제3조 1항). "기능성"이란 인체의 구조 및 기능에 대하여 영양소를 조절하거나 생리학적 작용 등과 같은 보건 용도에 유용한 효과를 얻는 것을 말한다(제3조 2항). 과거에는 건강기능식품의 정의에 정제, 캅셀, 분말, 과립, 액상, 환, 바, 페이스트 등의 형태에 대한 제형에 대하여 제한을 두었으나, 현재는 제형에 대한 제한은 없는 실정이다.

정의는 건강기능식품에 대한 2가지 중요한 점을 내포하고 있다. 첫째는 건강기능식품은 식품이어야 한다. 건강기능식품은 나라마다 상황이 다르기 때문에 식품으로 관리하는 나라도 있고, 의약품으로 관리하는 나라도 있다. 우리나라의 경우는 의약품보다는 식품으로 관리하겠다는 것을 의미한다. 둘째는 인체에 유용한 기능성을 가진 원료나 성분을 사용하여야 한다. 건강기능식품법에서 의미하는 기능성은 "인체의 구조 및 기능에 대하여 영양소를 조절하거나 생리학적 작용 등과 같은 보건용도에 유용한 효과를 얻는 것" 으로 정의하고 있다. 이것은 영양보충용 제품을 포함하기 위한 것이다. 건강기능식품의 기능성은 영양소 기능, 질병발생위험감소 기능, 생리활성 기능 등의 3가지가 있다.

표 1-2. 건강기능식품의 기능성

기능성 구분	기능성 내용	기능성을 가진 원료 또는 성분
영양소 기능	인체의 정상적인 기능이나 생물학적 활동에 대한 영양소의 생리학적 작용	영양소
질병발생위험 감소기능	질병의 발생 또는 건강 상태의 위험 감소와 관련한 기능	기능성 원료
생리활성 기능	인체의 정상기능이나 생물학적 활동에 특별한 효과가 있어 건강상의 기여나 기능 향상 또는 건강유지·개선을 나타내는 기능	

5 건강기능식품법 제정 배경

우리나라의 건강기능식품에 관하여서는 건강기능식품에 관한 법률[법률 제6727호, 2002.8.26, 제정; 시행 2003.8.27.]로서 영업자와 소비자의 권리를 보호하기 위해 만들었다.

1) 제정 이유

제정 이유로는 "우리사회에서 제조·판매되고 있는 다양한 건강기능식품(健康機能食品)의 안전성(安全性)과 기능성(機能性)을 평가하고 유통질서(流通秩序)를 관리할 수 있도록 하기 위하여 건강기능식품제조업·건강기능식품수입업 및 건강기능식품판매업에 대한 허가제(許可制) 및 신고제(申告制), 건강기능식품의 제조 등에 관한 기준·규격, 위반행위에 대한 벌칙 등을 규정하려는 것" 이라고 규정하고 있다.

2) 주요골자

가. 인체에 유용한 기능성을 가진 원료나 성분을 사용하여 정제·캅셀·분말·과립·액상·환 등의 형태로 제조·가공한 식품을 건강기능식품으로 정의함(법 제3조제1호).

나. 건강기능식품제조업을 하고자 하는 자는 보건복지부령이 정하는 기준에 적합한 시설을 갖추고 식품의약품안전청장의 허가를 받도록 함(법 제5조제1항).

다. 건강기능식품수입업 또는 건강기능식품판매업을 하고자 하는 자는 보건복지부령이 정하는 기준에 적합한 시설을 갖추고 식품의약품안전청장 또는 시·도지사에게 신고하도록 함(법 제6조제1항 및 제2항).

라. 건강기능식품을 제조·가공·수입·판매하는 영업자는 경품제공 등 사행심을 조장하여 건강기능식품을 판매하는 행위를 하지 못하도록 함(법 제10조제1항제4호).

마. 건강기능식품제조업의 허가를 받아 영업을 하고자 하는 자는 품질관리인을 두어 제품 및 시설을 위생적으로 관리하도록 함(법 제12조).

바. 식품의약품안전청장은 판매를 목적으로 하는 건강기능식품의 제조·사용·보존 등에 관한 기준과 규격을 정하도록 함(법 제14조).

사. 건강기능식품을 제조·가공·수입·판매하는 영업자는 건강기능식품에 관하여 허위 표시 및 과대광고를 하지 못하도록 함(법 제18조).

아. 허가를 받지 아니하고 건강기능식품을 제조하거나 위해 건강기능식품을 판매하는 자는 7년 이하의 징역 또는 1억원 이하의 벌금에 처하도록 함(법 제43조).

자. 허위 또는 과대 표시·광고를 한 자, 기준·규격을 위반한 건강기능식품을 제조·판매한 자, 건강기능식품이 아닌 것을 건강기능식품으로 오인하게 하여 판매한 자 등은 5년 이하의 징역 또는 5천만원 이하의 벌금에 처하도록 함(법 제44조).

6 건강기능식품의 요건

건강기능식품은 기능성을 가진 식품이기 때문에 무엇보다도 안전성이 우선시 되어야 한다. 의약품의 경우는 치료목적이 크기 때문에 치료효과와 부작용에 대한 효용성을 판단하여 치료가 우선이라면 의사의 관리 하에 환자를 위해 사용할 수가 있다. 그러나 식품의 경우는 소비자가 전문가의 관리없이 일방적으로 섭취할 수 있기 때문에 안전성의 확보가 우선시 되어야 한다. 따라서 생리적 효과가 아무리 뛰어 날지라도 부작용이 심각한 경우는 건강기능식품으로 적합하지가 않다. 그러나 건강기능식품은 효과를 목적으로 하기 때문에 필연적으로 부작용이 수반될 가능성이 있다. 그러므로 건강기능식품의 경우는 어느정도 효과가 있다면, 경미한 부작용은 주의사항으로 표시 될 수 있도록 법에서 허용하고 있다.

안전성이 확보된 건강기능식품은 기능성이 있어 효과를 나타내야 한다. 문제점은 어느 정도의 효과까지 인정해야 하는 문제이다. 기본적으로 건강기능식품법에서는 질병의 치료 및 예방은 허용하고 있지 않다. 건강기능식품법에서는 기능성을 영양소기능, 영양소기능 외 기타기능, 질병위험발생감소기능으로 나눈다. 영양소기능은 인체의 성장·증진 및 정상적인 기능에 대한 영양소의 생리학적 작용을 말하며, 영양소기능의 기타기능은 인체의 정상기능이나 생물학적 활동에 특별한 효과가 있어 건강상의 기여나 기능향상 또는 건강유지·개선을 나타내는 영양소이외의 성분의 기능을 말하며, 질병위험감소기능은 질병의 발생 또는 건강상태의 위험감소와 관련한 기능을 말한다. 이러한 구분은 식품의 국제기준인 CODEX에서 사용하고 있는 건강강조표시(Health Claim)의 내용과 동일하다.

이와같이 안전성과 기능성이 있으면, 이들의 특성을 지속적으로 확보할 수 있는 품질관리 방법이 필요하다. 이러한 품질관리 방법이 기준 및 규격이다. 기준 및 규격은 제품을 표준화하여 안전성과 기능성이 일정하게 확보되도록 하는데 그 목적이 있다. 이러한 규격화(표준화)에는 기능성분의 함량과 품질과 관련된 여러 항목, 미생물, 중금속, 잔류농약 들의 위해물질에 대한 항목이 필요하다.

제품의 품질관리를 위하여 기준 및 규격을 설정하기 위해서는 각 항목에 대한 시험방법이 확립되어야 한다. 시험은 기준 및 규격을 설정하기 위해서도 필요하지만 제품이 기준 및 규격대로 만들어지고 있는지 또는 제대로 만들어 졌는지 사전이나 사후에 확인하기 위한 기본적인 도구이다.

상기와 같이 건강기능식품의 기본적으로 안전성, 기능성, 기준 및 규격, 시험방법이 모두 구비되었을 때 비로소 그 기능을 수행할 수 있다.

7 건강기능식품의 종류

'건강기능식품'은 "기능성원료를 사용하여 제조가공한 제품으로, 기능성원료는 식품의약품안전처에서 건강기능식품 공전에 기준 및 규격을 고시하여 누구나 사용할 수 있는 고시된 원료와 개별적으로 식품의약품안전처의 심사를 거쳐 인정받은 영업자만이 사용할 수 있는 개별인정 원료로 나눌 수 있다."라고 정의하고 있다.

과거에는 특수영양식품, 건강보조식품, 인삼제품류로 그 유형을 나누고 있지만 현재는「건강기능식품에 관한 법률」이 전면 시행되면서 이를 한데 묶어 건강기능식품이라고 하며 그 종류는 아래와 같다. 건강기능성 식품에는 고시형 건강기능성 식품과 개별인징형 건강기능싱식품으로 구분힐 수 있다. 고시형 건깅기능식품의 종류는 아래와 같다.

표 1-3. 건강기능식품의 종류

구분	개정 전	개정 후
영양소	[영양소] 1. 영양보충용제품	Ⅱ.1 영양소 Ⅱ.1.1.1 비타민 및 무기질(또는 미네랄) Ⅱ.1.2 식이섬유 Ⅱ.1.3 단백질 Ⅱ.1.4 필수 지방산
기능성 원료	[기능성 원료] 2. 인삼제품 3. 홍삼제품 4. 뱀장어유제품 5. EPA/DHA 함유제품 6. 로얄젤리제품 7. 효모제품 8. 화분제품 9. 스쿠알렌함유제품 10. 효소함유제품 15. 배아유제품 16. 배아제품 17. 레시틴제품	Ⅱ.2 기능성 원료 Ⅱ.2.1 터핀류 Ⅱ.2.1.1 인삼 Ⅱ.2.1.2 홍삼 Ⅱ.2.1.3 엽록소 함유 식물 Ⅱ.2.1.4 스피루리나/클로렐라 Ⅱ.2.2 페놀류 Ⅱ.2.2.1 녹차추출물 Ⅱ.2.2.2 알로에 전잎 Ⅱ.2.2.3 프로폴리스추출물 Ⅱ.2.3 지방산 및 지질류 Ⅱ.2.3.1 오메가-3 지방산 함유 유지 Ⅱ.2.3.2 감마리놀렌산 함유 유지

<table>
<tr>
<td>기능성
원료</td>
<td>18. 옥타코사놀제품함유제품
19. 알콕시글리세롤함유제품
20. 포도씨유제품
21. 식물추출물발효제품
22. 뮤코다당 · 단백제품
23. 엽록소함유제품
24. 버섯제품
25. 알로에제품
26. 매실추출물제품
27. 자라제품
28. 베타카로틴제품
29. 키토산함유제품
30. 키토올리고당함유제품
31. 글루코사민함유제품
32. 프로폴리스추출물제품
33. 녹차추출물제품
34. 대두단백함유제품
35. 식물스테롤함유제품
36. 프락토올리고당함유제품
37. 홍국제품</td>
<td>Ⅱ.2.3.3 레시틴
Ⅱ.2.3.4 스쿠알렌
Ⅱ.2.3.5 식물스테롤/식물스테롤 에스테르
Ⅱ.2.3.6 알콕시글리세롤 함유 상어간유
Ⅱ.2.3.7 옥타코사놀 함유 유지
Ⅱ.2.3.8 매실추출물
Ⅱ.2.4 당 및 탄수화물류
Ⅱ.2.4.1 글루코사민
Ⅱ.2.4.2 N-아세틸글루코사민
Ⅱ.2.4.3 뮤코다당 · 단백
Ⅱ.2.4.4 식이섬유
Ⅱ.2.4.5 알로에 겔
Ⅱ.2.4.6 영지버섯 자실체 추출물
Ⅱ.2.4.7 키토산/키토올리고당
Ⅱ.2.4.8 프락토올리고당
Ⅱ.2.5 발효미생물류
Ⅱ.2.5.1 프로바이오틱스
Ⅱ.2.5.2 홍국
Ⅱ.2.6 아미노산 및 단백질류
Ⅱ.2.6.1 대두단백
Ⅱ.2.7 일반원료
Ⅱ.2.7.1 로얄젤리
Ⅱ.2.7.2 버섯
Ⅱ.2.7.3 식물추출물발효
Ⅱ.2.7.4 자라
Ⅱ.2.7.5 효모
Ⅱ.2.7.6 효소
Ⅱ.2.7.7 화분</td>
</tr>
</table>

1) 고시된 원료

'건강기능식품'은 기능성원료를 사용하여 제조가공한 제품으로, 기능성원료는 식품의약품안전처에서 「건강기능식품 공전」에 기준 및 규격을 고시하여 누구나 사용할 수 있는 고시된 원료와 개별적으로 식품의약품안전처의 심사를 거쳐 인정받은 영업자만이 사용할 수 있는 개별인정 원료로 나눌 수 있다.

고시형은「건강기능식품 공전」에 등재되어 있는 기능성 원료를 말한다. 공전에서 정하고 있는 제조기준, 규격, 최종제품의 요건에 적합할 경우 별도의 인정절차가 필요하지 않으며, 영양소(비타민 및 무기질, 식이섬유 등)등으로 영양소(비타민 및 무기질, 식이섬유 등)등 95종(2016년 12월 기준)의 원료가 등재되어 있다. 고시형에는 건강기능식품에 관한 법률 제14조 제1항의 규정에 의하여 식품의약품안전청장이 그 기준 및 규격을 정하여 고시하는 건강기능식품" 을 말한다. 즉, 공전에서 정하고 있는 제조기준, 규격, 최종제품의 요건 등에 적합할 경우 별도의 인정 절차가 필요하지 않다. 또한 개별인정형의 경우는 고시되지 아니한 기능성원료·성분은 건강기능식품제조업·수입업 영업자가 그 안전성 및 기능성 등에 관한 자료를 식품의약품안전처장에게 제출하여 건강기능식품 원료 또는 성분으로 인정받아 사용하는 것을 말한다.

표 1-4. 고시형 건강기능식품 현황(2017년 4월 기준)

구분	기능성 원료 및 성분
영양소 (28종)	[비타민] 비타민 A, 베타카로틴, 비타민 D, 비타민 E, 비타민 K, 비타민 B1, 비타민 B2, 나이아신, 판토텐산, 비타민 B6, 엽산, 비타민 B12, 바이오틴, 비타민 C [무기질 (또는 미네랄)] 칼슘, 마그네슘, 철, 아연, 구리, 셀레늄(또는 셀렌), 아이오딘, 망간, 몰리브덴, 칼륨, 크롬 [필수지방산] [단백질] [식이섬유]
기능성 원료 (67종)	[기능성원료] 53종 인삼, 홍삼, 엽록소, 클로렐라, 스피루리나, 녹차추출물, 알로에 전잎, 프로폴리스 추출물, 코엔자임 Q10, 대두아이소플라본, 구아바잎 추출물, 바나바잎 추출물, 은행잎 추출물, 밀크시슬(카르두스 마리아누스) 추출물, 달맞이꽃종자 추출물, 오메가-3 지방산 함유 유지, 감마리놀렌산 함유 유지, 레시틴, 스쿠알렌, 식물스테롤/식물스테롤에스터, 알콕시글리세롤 함유 상어간유, 옥타코사놀 함유 유지,매실 추출물, 공액리놀레산, 가르시니아캄보지아 추출물, 루테인, 헤마토코쿠스 추출물, 쏘팔메토 열매 추출물, 포스파티딜세린, 글루코사민 N-아세틸글루코사민, 뮤코다당·단백, 알로에겔, 영지버섯자실체 추출물, 키토산/키토올리고당, 프럭토올리고당, 프로바이오틱스, 홍국, 대두단백, 테아닌, 엠에스엠(Methyl sulfonylmethane, MSM), 폴리감마글루탐산, 히알루론산, 홍경천 추출물, 빌베리 추출물, 마늘, 라피노스, 분말한천, 크레아틴, 유단백 가수분해물, 상황버섯 추추물, 토마토 추출물, 곤약감자 추출물 [식이섬유] 14종 구아검/구아검 가수분해물, 글루코만난(곤약, 곤약만난), 귀리식이섬유, 난소화성말토덱스트린, 대두식이섬유, 목이버섯식이섬유, 밀식이섬유, 보리식이섬유, 아라비아검(아카시아검), 옥수수겨 식이섬유, 이눌린/치커리추출물, 차전자피식이섬유, 폴리덱스트로스, 호로파종자식이섬유

1) ___: 개별인정형 원료에서 고시형 원료로 전환된 원료 (39종)

2) 라피노스, 분말한천, 레아틴, 유단백가수분해물, 상황버섯추출물, 토마토추출물, 곤약감자추출물은 2017년 7월 1일 시행 예정

※ 건강기능식품의 기준 및 규격, 식품의약품안전처, 2016.12.21 개정고시

2) 개별인정 원료

「건강기능식품 공전」에 등재되지 않은 원료로, 식품의약품안전처장이 개별적으로 인정한 원료를 말한다. 이 경우, 영업자가 원료의 안전성, 기능성, 기준 및 규격 등의 자료를 제출하여 관련 규정에 따른 평가를 통해 기능성 원료로 인정을 받아야 하며 인정받은 업체만이 동원료를 제조 또는 판매할 수 있다. 현재까지 140여종의 기능성원료가 있다. 개별 인정된 기능성 원료는 다음 중 하나에 해당될 경우 건강기능식품 공전에 등재되어 고시형 원료로 전환될 수 있다. 다만 당해 영업자가 요청할 경우 타당성을 검토하여 기능성 원료 인정 후 품목제조신고 또는 수입신고한 날로부터 5년 이내에서 유예할 수 있다.

- 기능성 원료로 인정 후 품목제조/수입 신고한 날로부터 3년이 경과 하였거나 3개 이상의 영업자가 인정받은 후 품목제조/수입 신고한 경우
- 인정받은 자가 등재를 요청하는 경우(다만 인정받은 자가 3명 이상인 경우에는 3분의 2가 요청해야 함)

건강기능식품은 기능성원료(고시형 원료 또는 개별인정형 원료)를 사용하고, 기타원료(식품 또는 식품첨가물 기준 및 규격에 적합한 것, 또는 건강기능식품의 기준 및 규격에 적합한 것) 등을 사용하여 정해진 기준 및 규격에 맞게 제조하여야 한다.

표 1-5. 개별인정형 원료의 종류

구분	기능성 내용		원료 또는 성분	갯수
1	간 건강	간 건강에 도움	도라지추출물, 밀크씨슬 추출물, 발효울금, 복분자추출물(분말), 브로콜리스프라우트분말, 표고버섯균사체추출물(분말), 표고버섯균사체, 유산균발효마늘추출물	8
		알콜성 손상으로부터 간 보호에 도움	유산균 발효 다시마추출물, 헛개나무과병추출물	2
2	갱년기 남성건강	갱년기 남성의 건강에 도움	MR-10 민들레 등 복합추출물, 마카젤라틴화 분말, 옻나무추출분말	3
3	갱년기 여성건강	갱년기 여성의 건강에 도움	프랑스해안송껍질추출물, 백수오 등 복합추출물, 석류추출물, 홍삼(홍삼농축액), 석류농축액, 회화나무열매추출물, 오미자추출물	7

4	과민피부 상태개선	면역 과민반응에 의한 피부 상태 개선에 도움	L. sakei Probio 65, 감마리놀렌산함유유지, 과채유래 유산균(L.plantarum CJLP133), 프로바이오틱스ATP	4
5	관절/뼈건강	관절 건강에 도움	CMO함유FAC(Fatty acid Complex), Dimethylsulfonylmethane(MSM), N-아세틸글루코사민, 가시오갈피 등 복합추출물, 강황추출물, 글루코사민, 닭가슴연골분말, 로즈힙분말, 보스웰리아추출물, 비즈왁스알코올, 전칠삼추출물 등 복합물, 지방산복합물, 차조기등복합추출물, 초록입홍합 추출오일, 호프추출물, 황금추출물등 복합물, 까마귀쪽나무 열매 주정추출물, 참당귀추출분말	18
		뼈 건강에 도움	가시오가피숙지황복합추출물, 대두이소플라본, 흑효모배양액 분말, 유단백추출물	4
6	기억력 개선	기억력 개선에 도움	구기자추출물, 녹차추출물/테아닌복합물, 당귀 등 추출복합물, 비파엽추출물, EPA 및 DHA 함유 유지, 원지 추출 분말, 은행잎추출물, 인삼, 가시오갈피 등 혼합추출물, 테아닌 등 복합추출물, 피브로인 효소 가수 분해물, 홍삼(홍삼농축액), 천마 등 복합추출물(HX106)	12
7	긴장 완화	스트레스로 인한 긴장 완화에 도움	L-테아닌, 아쉬아간다추출물, 유단백가수분해물, 돌외잎추출물	4
8	눈건강	눈의 피로도 개선에 도움	빌베리추출물, 헤마토코쿠스추출물	2
		눈 건강에 도움	들쭉열매추출물, 루테인/지아잔틴복합추출물, 루테인복합물, 루테인지아잔틴복합추출물20%, 마리골드추출물(루테인에스테르), 지아잔틴추출물, EPA 및 DHA 함유 유지	7
9	면역기능 개선	면역력 증진에 도움	L-글루타민, 게르마늄효모, 금사상황버섯, 당귀혼합추출물, 동충하초 주정추출물, 스피루리나, 클로렐라, 청국장균배양정제물(폴리감마글루탐산칼륨), 표고버섯균사체, 효모베타글루칸, 인삼다당체추출물, Enterococcus faecalls 가열처리건조분말	12
		과민면역반응 완화에 도움	Enterococcus faecalis 가열처리건조분말, 구아바잎추출물 등 복합물, 다래추출물, 소엽추출물, 피카오프레토 분말 등 복합물, 합성PLAG	6
10	배뇨기능 개선	방광에 의한 배뇨 기능 개선에 도움	호박씨추출물 등 복합물	1
11	수면질 개선	수면의 질 개선에 도움	감태추출물	1
12	어린이 성장발육	어린이 키 성장에 도움	황기추출물등복합물(HT042)	1
13	여성 질건강	유산균 증식을 통한 여성질 건강에 도움	UREX 프로바이오틱스	1
14	월경전 상태개선	월경 전 변화에 의한 불편한 상태 개선	감마리놀렌산 함유 유지	1
15	위 건강/소화기능	헬리코박터균 증식억제 및 위 건강에 도움	감초추출물	1
		위 불편감 개선에 도움	매스틱검	1
		위점막을 보호하여 위 건강에 도움	비즈왁스알코올	1
		담즙분비를 촉진하여 지방소화에 도움	아티초크추출물	1
16	요로건강	요로 건강에 도움	크랜베리추출물, 파크랜 크랜베리추출분말	2

17	운동수행 능력	운동능력 향상에 도움	마카 젤라틴화 분말, 크레아틴, 헛개나무과병추출분말	3
		지구력 증진에 도움	동충하초 발효 추출물	1
18	인지능력 향상	인지능력 개선에 도움	Lactobacillus Helveticus 발효물, 도라지추출물(DRJ-AD), 참당귀뿌리추출물, 참당귀추출분말, 포스파티딜세린	5
19	장 건강	장내 유익균 증식 및 유해균 억제에 도움	갈락토올리고당, 구아검가수분해물, 대두올리고당, 라피노스, 락추로스파우더, 밀전분유래난소화성말토덱스트린, 이소말토올리고당, 자일로올리고당, 커피만노올리고당분말, 프락토올리고당	10
		면역을 조절하여 장 건강에 도움	프로바이오틱스(VSL#3)	1
		배변활동 원활에 도움	대두올리고당, 라피노스, 목이버섯, 무화과페이스트, 분말한천, 이소말토올리고당, 자일로올리고당, 커피만노올리고당, 프락토올리고당	9
20	전립선 건강	전립선 건강 유지에 도움	쏘팔메토열매추출물, 쏘팔메토열매추출물 등 복합물	2
21	정자 운동성	정자 운동성 개선에 도움	마카젤라틴화 분말	1
22	체지방 감소	체지방 감소에 도움	Lactobacillus gasseri BNR17, L-카르니틴타르트레이트, 가르시니아캄보지아껍질추출물, 공액리놀렌산(유리지방산), 공액리놀렌산(트리글리세라이드), 그린마떼추출물, 그린커피빈추출물, 깻잎추출물, 녹차추출물, 대두배아추출물등복합물, 돌외잎주정추출분말, 락토페린(우유정제단백질), 레몬밤 추출물 혼합 분말, 마테열수추출물, 미역등 복합추출물(잔티젠), 발효식초석류복합물, 보이차추출물, 서목태(쥐눈이콩) 펩타이드복합물, 식물성유지디글리세라이드, 와일드망고종자추출물, 중쇄지방산(MCFA) 함유유지, 콜레우스포스콜리추출물, 키토산, 키토올리고당, 풋사과 추출 폴리페놀(Applephenon), 핑거루트추출분말, 히비스커스등복합추출물	27
23	치아건강	충치발생 위험 감소에 도움	자일리톨	1
24	칼슘흡수 촉진	칼슘 흡수에 도움	폴리감마글루탐산, 프락토올리고당	2
25	피로개선	피로 개선에 도움	발효생성아미노산복합물, 헛개나무과병추출물, 홍경천추출물	3
26	피부건강	자외선에 의한 피부손상 피부 건강을 유지하는데 도움	소나무껍질추출물등복합물, 포스파티딜세린, 핑거루트추출분말, 홍삼 · 사상자 · 산수유복합추출물, 프로바이오틱스 HY7714, PME 88 메론추출물	6
		피부 보습에 도움	AP콜라겐효소분해펩타이드, Collactive 콜라겐펩타이드, N-아세틸글루코사민, 곤약감자추출물, 민들레등 복합추출물, 쌀겨추출물, 옥수수배아추출물, 저분자콜라겐펩타이드, 지초추출분말, 포스파티딜세린, 히알루론산, 프로바이오틱스 HY7714, 콩,보리 발표복합물, 핑거루트추출분말, 밀배유추출물	15
27	항산화	항산화에 도움	녹차추출물, 대나무잎추출물, 메론추출물, 복분자추출물(분말), 비즈왁스알코올, 유비퀴놀, 코엔자임Q10, 토마토추출물, 포도종자추출물, 프랑스해안송껍질추출물, 홍삼(홍삼농축액)	11

28	혈당조절	식후 혈당상승 억제에 도움	L-arabinose, nopa추출물, 계피추출분말, 구아바잎 추출물, 난소화성말토덱스트린, 동결건조누에분말, 마주정추출물, 바나바잎추출물, 상엽추출물, 서목태(쥐눈이콩) 펩타이드복합물, 솔잎증류농축액, 실크단백질효소 가수분해물, 알부민, 인삼가수분해농축액, 잔나비걸상 버섯균사체(인정취소), 지각상엽추출혼합물, 콩발효추출물, 타가토스, 탈지달맞이꽃종자추출물, 피니톨, 홍경천등복합추출물, 히드록시프로필메틸셀룰로오스	22
29	혈압조절	높은 혈압 감소에 도움	L-글루타민산유래GABA함유분말, 가쯔오부시올리고펩타이드, 나토균배양분말, 서목태(쥐눈이콩) 펩타이드복합물, 연어펩타이드, 올리브잎추출물, 정어리펩타이드, 카제인가수분해물, 코엔자임Q10, 포도씨효소분해추출분말, 해태올리고펩티드	11
30	혈중중성 지방개선	혈중중성지방 개선에 도움	DHA농축유지, 글로빈가수분해물, 난소화성말토덱스트린, 대나무잎추출물, 식물성유지디글리세라이드, 정어리정제어유, 정제오징어유	7
31	혈중 콜레스테롤 개선	혈중 콜레스테롤 개선에 도움	녹차추출물, 대나무잎추출물, 보리베타글루칸추출물, 보이차추출물, 사탕수수왁스알코올, 스피루리나, 식물스타놀에스테르, 씨폴리놀감태주정추출물, 아마인, 알로에복합추출물, 알로에추출물, 적포도발효농축액, 클로렐라, 홍국쌀, 창녕양파추출액	15
32	혈행 개선	혈행 개선에 도움	DHA농축유지, L-아르기닌, 나토균배양분말, 나토배양물, 메론추출물, 은행잎추출물, 정어리정제어유, 정제오징어유, 카카오분말, 프랑스해안송껍질추출물, 홍삼(홍삼농축액)	11
			총계	263

1) ___ : 개별인정형 원료에서 고시형 원료로 전환된 원료

※ 건강기능식품 기능성 원료 인정 현황, 식품의약품안전처, 2016,
2016 가공식품 세분시장현황, 한국농수산식품 유통공사, 2016

표 1-6. 사용불가 원료 (기준: 2015.01.08.)

식물성 원료		동물성 원료	기타 원료
감수(甘遂)	세네키오(Senecio)	건조갑상선	로벨린 또는 그 염류
겔세민(Gelsemine)	스코폴리아(Scopolia)	(Dried thyroid)	(Lobeline or its salts)
견우자(牽牛子)	스트로판투스(Strophanthus)		
관동(款冬)	쓴쑥(Wormwood)	담즙·담낭	불보카프닌 또는 그 염류
낙타봉(駱駝蓬)	앵속(罌粟)	(Bile & gall bladder)	(Bulbocapnine or its salts)
다투라(Datura)	얄라파(Jalapae)		
대극(大戟)	영란(鈴蘭)	맥각	브루신 또는 그 염류
대황(大黃)	요힘베(Yohimbe)	(麥角, Ergot)	(Brucine or its salts)
독미나리	운향풀(루타 그래베올랜스)		
등황(藤黃)	원화(芫花)	반묘	사비나유
디기탈리스(Digitalis)	위령선(威靈仙)	(斑猫, Blister beetle)	(Sabina oil)
마두령(馬兜鈴)	인도사목(印度蛇木)		
마전자(馬錢子)	저백피(樗白皮)	사독	세파란틴
마편초(馬鞭草)	천남성(天南星)	(蛇毒, Venom)	(Cepharanthin)
마황(麻黃)	천초근(茜草根)		

만년청 (萬年靑)	청목향(靑木香)	사람의 태반	아가리틴 또는 그 염류
면마(綿馬)	초오(草烏)	(Human placenta)	(Agaritine or its salts)
목단피(牧丹皮)	채퍼랠(Chaparral)		
목방기(木防己)	카바카바(Kava kava)	사람의 혈액	아레콜린 또는 그 염류
목통(木桶)	카스카라사그라다	(Human Blood)	(Arecoline or its salts)
반하(半夏)	(Cascara sagrada)		
방기(防己)	카트(Khat)	사향	카이닌산
방풍(防風)	컴프리(Comfrey)	(麝香, Musk)	(Kainic acid)
백굴채(白屈菜)	콜로신스(Colocynth)		
백부자(白附子)	콜키쿰(Colchicum)	섬수	코타르닌 또는 그 염류
백선피(白鮮皮)	키나(Quina)	(蟾酥, Toad Venom)	(Cotarnine or its salts)
베라트룸(Veratrum)	탠지(Tansy)		
벨라돈나(Belladonna)	토근(吐根)	오공	트로파코카인 또는그염류
보두(寶豆)	투보쿠라린	(蜈蚣, Scolopendrae Corpus)	(Tropacocaineor its salts)
복수초(福壽草)	(Tubocurarine)		
부자(附子)	파두(巴豆)	뇌하수체	방사성물질
빈랑자(檳榔子)	팔각련(八角蓮)		(Radioactive substance)
사리풀(Henbane leaf)	해총(海葱)	벌독	
상륙(商陸)	행인(杏仁)		화학구조가 의약품과 근원적
석류피(石榴皮)	황백(黃栢)	전립선	으로 유사한 합성물질

8 기능성 원료 인정신청 절차

기능성 원료는 건강기능식품 기능성 원료 및 기준·규격 인정에 관한 규정에 따라 인정 신청을 하고, 심사를 거쳐 인정서를 발급받아야 한다. 고시되지 않은 신규 원료의 경우 신청, 심사, 처리하는 기간이 약 120일이 소요되며, 이미 인정된 원료의 내용 변경 또는 추가의 경우는 약 60일이 소요된다. 신청 원료는 식품의약품안전평가원에 기준·규격 평가, 기능성 평가, 안전성 평가 3가지 심사를 거쳐야 기능성 원료로 인정받을 수 있다.

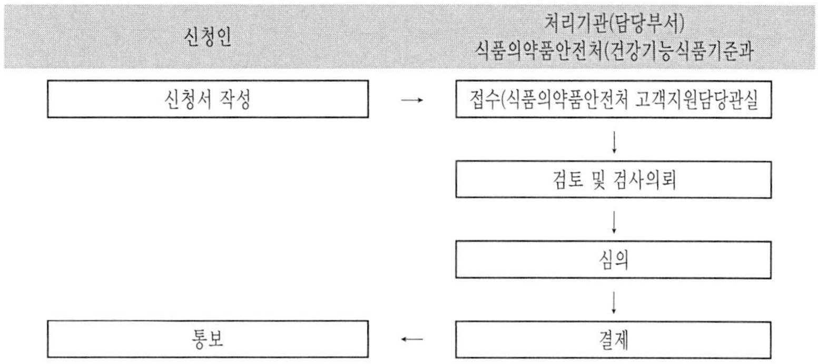

그림 1-1. 건강기능식품 기능성 원료 인정신청 처리절차

※ 건강기능성식품 기능성 원료 인정 제출 자료

1) 제출자료 전체의 총괄 요약본

2) 기원, 개발경위, 국내·외 인정 및 사용현황 등에 관한 자료
   - 개발경위, 재료의 기원, 학명, 원산지, 사용부위 등 기재
   - 국내·외 및 국제기구에서의 인정·허가 상황, 사용 기준·규격 등의 관련 내용
   - 국제식품규격위원회(Codex Alimentarius Commission, CAC)등 국제기구에서 검토 중인 경우에는 안전성 평가 상황 및 사용기준, 규격 등 관련 내용 첨부
   - 국내·외에서 식품사용실적이 있는 경우에는 사용용도, 유통량, 제조회사, 섭취실태자료

3) 제조방법 및 그에 관한 자료
   - 제조방법을 구체적으로 기재(제조공정에서 사용된 용매, 효소, 미생물 등 안전성·기능성 평가와 관련된 모든 사항)
   - 수입건강기능식품인 경우 제조회사가 발행한 자료 제출
   - 두 가지 이상의 원재료를 혼합한 경우 각 원재료의 명칭, 함량 등을 기재

4) 원료의 특성에 관한 자료
   - 원료 성상 / 물성, 원료의 기능성분(또는 지표성분)에 관한 자료

5) 기능성분(또는 지표성분)에 대한 규격 및 시험방법에 관한 자료
   - 기능성분(또는 지표성분)의 규격은 분석오차를 고려하여 표시하고자 하

는 값에 대한 하한치와 상한치를 백분율로 설정

- 기능성분(또는 지표성분)의 규격과 시험방법의 타당성을 검토하기 위하여 국내 건강기능식품검사기관의 시험결과와 분석자료

6) 유해물질에 대한 규격 및 시험방법에 관한 자료

- 원재료 또는 제조과정 중에서 오염 또는 잔류의 가능성이 있는 유해물질로부터 안전성을 확보하기 위해 규격과 시험방법은 건강기능식품공전, 식품공전, 식품첨가물공전, CAC규정, AOAC 방법 등 국내외에서 공인된 방법 및 국내 건강기능식품검사기관 시험성적서

7) 안전성에 관한 자료

- 제안한 방법에 따라 섭취하였을 때 당해 원료가 인체에 위해가 없음을 확인할 수 있는 과학적 자료. 안전성에 관한 자료는 섭취 근거 자료, 해당 기능성분 또는 관련 물질에 대한 안전성 정보 자료, 섭취량평가자료, 영양평가자료, 생물학적유용성(bioavailability)자료, 인체시험자료(중재시험, 역학조사 등), 독성 시험자료 등을 사용 안전성 자료의 요건은 다음 중 어느 하나에 해당되어야 한다.

(1) 섭취 근거 자료는 당해 원료가 안전하다고 판단할 수 있는 역사적 사용 기록 뿐 아니라 제조방법, 용도, 섭취량 등이 기술된 과학적 자료이어야 한다.

(2) 해당 기능성분 또는 관련물질에 대한 안전성 자료는 국내·외 학술지에 게재되거나 게재증명서를 받은 것, 국내·외 정부 보고서 또는 국제기구 보고서, 관련 데이터베이스 검색결과 등이어야 한다.

(3) 섭취량 평가 자료는 다양한 과학적 자료(섭취실태조사자료, 통계자료 등)를 사용하여 작성하여야 한다.

(4) 영양평가자료, 생물학적유용성자료, 인체시험자료 등은 국내·외 학술지에 게재되거나 게재증명서를 받은 것이어야 한다.

(5) 독성시험자료는 우수실험실운영규정(Good Laboratory Practice, GLP)에 따라 운영된 기관에서 실시하고, 경제협력개발기구 (Organization for Economic Cooperation and Development, OECD)에서 정하고 있는 독성시험방법(OECD Test Guideline)에 따르거나 이에 준하여 시험한 것

8) 기능성 내용 및 그에 관한 자료

- 기능성에 관한 자료는 인체시험, 동물시험, 시험관시험, 총설(review), 메타분석(meta-analysis), 전통적 사용 근거 자료 등을 사용

9) 섭취량, 섭취 시 주의사항 및 그 설정에 관한 자료
  - 안전성 및 기능성 자료를 근거로 원료의 안전성이 보장되고 기능성이 나타날 수 있는 일일 최소 및 최대 섭취량을 설정하고, 섭취 시 주의사항을 기재

10) 의약품과 같거나 유사하지 않음을 확인하는 자료
  - 「건강기능식품의 기준 및 규격」에 따라 의약품과 같거나 유사하지 않음을 확인한 자료

제 Ⅱ장

건강기능식품 산업 시장 현황

The new health functional food
최신 건강기능식품학

Ⅱ-1 국내시장

1 국내 건강기능식품 시장현황

2015년도 우리나라 식품산업의 시장규모는 생산액을 기준으로 약70조 4천억 원 정도이다. 그 중에서 가공식품이 대부분인 46조 5천원억원을 차지하고, 식육포장처리업과 축산가공품이 다음을 차지하고 있다. 건강기능식품은 생산액 기준으로 1조 1천억 원이고, 출하량 기준으로 약 1.7조의 시장을 형성하고 있다. 국내 건강기능식품의 시장은 연평균 13.1%(2007 ~ 2013년)의 성장률 기록하였으며, 2013년도 이후에도 매년 꾸준한 성장세를 보이고 있다.

건강기능식품제조업체 현황으로는 전체 487개 업체가 있으며, 전문제조업체가 434개 업체이고 53개 업체가 벤처제조업체이다. 지역별로는 경기도가 29.6%인 144개 업체가 밀집하고 있으며, 전문제조업은 125개소 벤처제조업으로 19개소가 있는 것으로 나타났다.

표 2-1. 식품 등 생산액, 출하액, 수출액 - 연도별/품목유형별 : 2005-2015

단위 : 천원, $

	구 분	생산액(천원)	출하액(천원)	수출액(천원)	수출액($)
2013	소계	72,059,505,230	51,397,585,536	4,310,326,215	3,936,229,697
	가공식품 등(주류포함)	47,387,774,991	49,991,007,845	4,037,188,447	3,686,795,409
	건강기능식품	1,042,002,680	1,406,577,691	75,422,137	68,878,664
	축산물 가공품	12,696,375,146	-	166,516,847	152,064,625
	식육포장처리업	10,933,352,413	-	31,198,784	28,490,999
2014	소계	70,699,136,458	72,029,679,281	4,296,894,146	4,080,267,182
	가공식품 등(주류포함)	49,530,575,375	49,648,954,228	4,087,331,850	3,881,268,086
	건강기능식품	1,120,757,558	1,564,056,002	66,985,603	63,614,058
	축산물 가공품	9,011,017,014	9,430,439,083	121,541,612	115,410,980
	식육포장처리업	11,036,786,511	11,386,229,968	21,035,081	19,974,058
2015	소계	70,411,816,772	78,672,281,648	4,432,069,798	3,916,953,635
	가공식품 등(주류포함)	46,503,763,210	52,006,304,418	4,132,720,136	3,652,361,546

2015	건강기능식품	1,133,222,686	1,732,559,521	90,433,556	79,958,936
	축산물 가공품	10,754,577,146	12,206,640,794	185,964,510	164,349,291
	식육포장처리업	12,020,253,730	12,726,776,915	22,951,596	20,283,862

자료:식품의약품안전처식품소비안전과, 건강기능식품정책과, 축산물위생안전과

표 2-2. 건강기능식품 관련업체 현황 - 업종별, 연도별 : 2005-2015

단위 : 개소

구분	총계	건강기능식품제조업			수입업	건강기능식품판매업		
		소계	전문	벤처		소계	일반	유통전문
2005	44,307	310	298	12	1,635	42,362	41,614	748
2006	49,203	337	313	24	1,955	46,911	45,833	1,078
2007	50,255	345	319	26	2,201	47,709	46,649	1,060
2008	58,570	356	328	28	2,395	55,819	54,538	1,281
2009	63,601	385	349	36	2,528	60,688	59,370	1,318
2010	75,449	397	361	36	2,818	72,234	70,753	1,481
2011	83,377	424	386	38	2,772	80,181	78,591	1,590
2012	87,343	435	396	39	2,926	83,982	82,246	1,736
2013	96,199	449	407	42	3,139	92,611	90,687	1,924
2014	101,426	460	414	46	3,386	97,580	95,404	2,176
2015	98,774	487	434	53	3,596	94,691	92,217	2,474

자료 : 식품의약품안전처 건강기능식품정책과(2016)

표 2-3. 건강기능식품 제조업체 시도별 현황

단위 : 개소

구 분	건강기능식품 제조업		
	총 계	건강기능식품 전문제조업	건강기능식품 벤처제조업
총 계 Total	487	434	53
서 울 Seoul	11	1	10
부 산 Busan	4	4	-
대 구 Daegu	7	6	1
인 천 Incheon	14	14	-
광 주 Gwangju	-	-	-
대 전 Daejeon	11	5	6
울 산 Ulsan	2	2	-

세 종 Sejong	6	6	-
경 기 Gyeonggi	144	125	19
강 원 Gangwon	27	25	2
충 북 Chungbuk	70	67	3
충 남 Chungnam	82	78	4
전 북 Jeonbuk	34	32	2
전 남 Jeonnam	26	23	3
경 북 Gyeongbuk	22	20	2
경 남 Gyeongnam	19	19	-
제 주 Jeju	8	7	1

자료 : 식품의약품안전처 건강기능식품정책과(2015)

표 2-4. 건강기능식품 제조품목 현황(2011-2015)

번호	제품군	총 계	2011년	2012년	2013년	2014년	2015년
1	비타민 및 무기질	21,046	3,171	3,768	4,217	4,721	5,169
2	식이섬유(보충용)	469	106	111	98	62	92
3	단백질	777	51	81	164	244	237
4	필수지방산	105	10	16	18	26	35
5	인삼	1,606	267	303	326	340	370
6	홍삼	10,493	1,635	1,913	2,164	2,227	2,554
7	엽록소 함유 식물	191	35	34	38	39	45
8	클로렐라/스피루리나	740	143	148	149	187	113
9		116					116
10	녹차추출물	568	55	84	126	144	159
11	알로에	1,158	173	217	219	254	295
12	프로폴리스추출물	1,926	322	332	377	425	470
13	코엔자임Q10	746	58	119	157	188	224
14	대두이소플라본	274	31	52	58	61	72
15	구아바잎 추출물	34	-	-	9	7	18
16	바나바잎 추출물	115	-	-	34	37	44
17	은행잎 추출물	388	-	-	100	131	157
18	밀크씨슬 추출물	754	-	-	180	247	327
19	달맞이꽃종자 추출물	48	-	-	13	17	18
20	EPA 및 DHA 함유 유지	3,623	556	604	743	821	899
21	감마리놀렌산 함유 유지	1,144	198	218	228	245	255
22	레시틴제품	570	116	115	114	118	107

23	스쿠알렌	104	19	22	18	22	23
24	식물스테롤/식물스테롤에스테르	18	1	6	3	2	6
25	알콕시글리세롤 함유 상어간유	57	10	11	10	12	14
26	옥타코사놀 함유 유지	507	71	82	91	113	150
27	매실추출물	83	17	17	17	18	14
28	공액리놀레산	839	162	165	160	175	177
29	가르시니아캄보지아추출물	3,721	407	531	757	915	1,111
30	루테인	1,083	100	159	213	276	335
31	헤마토코쿠스추출물	112	12	22	28	25	25
32	쏘팔메토열매추출물	796	81	140	173	190	212
33	포스파티딜세린	47	-	-	11	17	19
34	글루코사민	1,809	374	380	352	349	354
35	N-아세틸글루코사민	674	82	115	148	155	174
36	뮤코다당·단백	71	17	14	15	15	10
37	식이섬유	1,592	314	347	370	511	50
38	영지버섯자실체추출물	62	-	-	22	19	21
39	키토산/키토올리고당	884	151	156	156	194	227
40	프락토올리고당	199	37	40	35	40	47
41	프로바이오틱스	6,456	830	943	1,153	1,622	1,908
42	홍국제품	97	17	16	21	21	22
43	대두단백	11	1	2	2	3	3
44	테아닌	95	-	-	22	31	42
45	엠에스엠	633	-	-	154	213	266
46	폴리감마글루탐산	15	-	-	-	-	15
47	마늘	21	-	-	-	-	21
48	개별인정제품	5,743	1,146	1,192	818	1,153	1,434
총 제조품목 수		73,120	10,776	12,475	14,281	16,632	18,956

자료 : 식품의약품안전처 건강기능식품정책과

최근 5년간(2011 ~ 2015) 건강기능식품 제조품목 현황을 보면, 비타민 및 무기질 제품(28.8%), 홍삼 제품(14.4%), 프로바이오틱스 제품(8.8%), 개별인정 제품(7.9%), 가르시니아캄보지아추출물(5.1%), EPA 및 DHA 함유 유지 제품(5.0%) 순으로 품목수가 많았다(표 2-4).

Ⅱ-2 국외시장

1 국외 산업의 동향

세계의 건강기능 식품 시장 규모는 1,179억 달러(약 131조 원, 2015년 기준) 규모로 추산되며, 2020년에는 연평균 7.3% 성장하여 1,677억 달러(약 187조 원)에 이를 것으로 추정된다. 국가별로는 미국으로 약 404억 달러(약 45조 원, 점유율34.3%) 규모이며, 중국 약 163억 달러(약 18조 원, 점유율 13.8%), 일본 약 109억 달러(약12조 원, 점유율 9.2%) 순이고, 서유럽은 14.2%를 차지하고 있는 것으로 나타났다. 한국은 2015년도를 기준으로 21억 달러 규모의 시장을 형성하고 있으며 세계 시장에서의 점유율은 1.78%를 차지하고 있다.

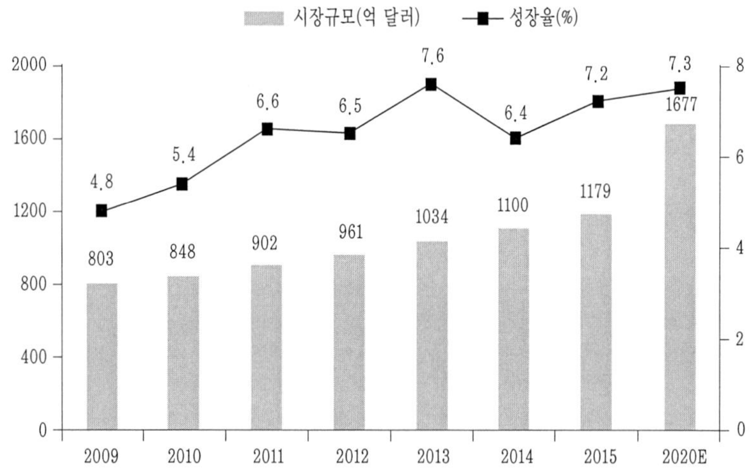

자료: Nutrition Business Journal global supplement & nutrition industry report, 2014

그림 2-1. 세계 건강기능식품 시장 규모 및 성장률(2009년 ~ 2020년)

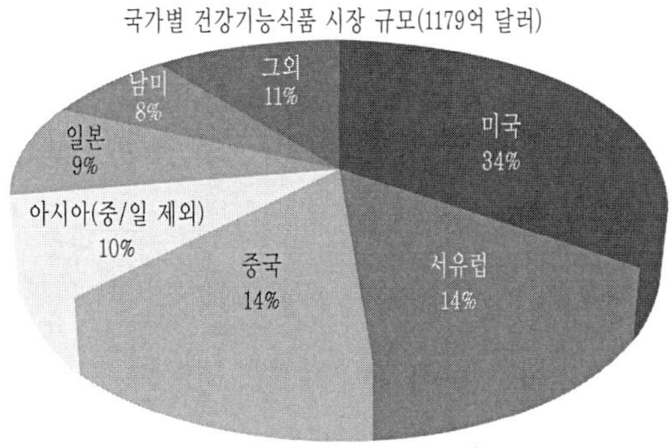

자료: Nutrition business journal(2014)

그림 2-2. 국가별 건강기능식품 시장의 규모(2015)

1) 미국의 시장

(1) 건강기능식품의 정의

미국은 1990년 10월 미국 의회가 영양표시교육법(Nutrition labelling and education act, NLEA)을 제정하여 1994년부터 시행하고 있다. 영양 성분뿐만 아니라 건강 강조 표시도 할 수 있게 되어 질병의 위험을 줄이는 식품의 성분과 그 질병과의 관계를 표시할 수 있게 되었다. 1999년 현재 표시가 허가되어 있는 식품(성분)과 질병의 관계는 칼슘과 골다공증, 식사 지방과 암, 나트륨과 고혈압, 포화지방산 및 콜레스테롤과 관상동맥 심장질환의 위험, 식이섬유가 포함된 곡류·과일·야채와 암의 위험 수용성 식이섬유가 포함된 과일·야채·곡류와 관상동맥 심장질환의 위험, 과일·야채와 암의 위험, 엽산과 신경관 결손증, 당알코올과 충치, 어떤 종류의 식품(귀리, 사이리윰 껍질)의 수용성 식이섬유와 관상동맥 심장질환의 위험 등 10항목이며, 또 하나의 항목이 제안되어 있다. 영양표시교육법에 이어 1994년 10월에 식이보조제건강교육법(Dietary spplement health and education act, DSHEA)이 제정되었고 1999년 3월부터 시행되고 있다. 식이 보조제는 다음에 설명하는 성분과 소재 중 하나 또는 2개로 만들어진 식품으로 다음의 4가지 조건이 충족되어야 하며 "통상적인 식품의 형태를 띠지 않고 특정 성분의 섭취를 증가시킴으로써 식단을 보조하기 위해 해당 성분을 공급하는 식품"으로 정의하고 있다.

※ 성분과 소재

① 비타민, 미네랄류

② 허브류 및 기타 식물에서 유래되는 성분

③ 아미노산과 농축물

④ 식사로 섭취되고 있는 것

⑤ 대사물질과 구성 물질, 이들 성분의 추출액

(2) 시장규모

미국의 건강기능식품 시장은 2009년 기준으로 매출액 269억 달러에서 2012년도에 325억 달러로 매년 6.4%정도의 성장세를 기록하고 있으며, 2020년도에는 568억 달러로 추청하고 있다.

※ 조건

① 식사를 보완하는 목적의 식품일 것(담배는 제외)

② 캡슐, 정제, 액상, 분말, 소프트 겔 등의 형태로 일반식품 또는 식사로 섭취할 수 있는 것이 아닌 것

③ 캡슐, 정제, 액상, 분말, 소프트 겔의 형태가 아닌 경우에도 일반식품 또는 식사로 섭취할 수 있는 것이 아닌 것

④ 식이 보조제를 또는 식사로 섭취할 수 있는 것이 아닌 것

표 2-5. 미국 식이보충제 품목별 매출현황(단위: 억 달러)

구분	2009	2010	2011	2012	2020(예측)
비타민제	91	96	100	106	163
허브·식물제제	50	50	52	56	92
스포츠영양제	29	32	35	40	77
미네랄제	22	22	23	24	36

식사대체제	27	28	28	36	86
특수·기타 보충제	49	52	55	62	114
총계	268	280	293	324	568
성장률(%)		4.3	4.4	9.6	5.4

2) 일본

(1) 건강기능식품의 정의

일본에서 건강기능식품과 비슷한 용어로는 보건기능식품이 있으며, 이것은 특정보건용식품과 영양기능식품으로 나뉜다. 기능성 식품(機能性 食品, functional food)이라는 용어의 사용은 일본에서 시작되었으며, 1987 ~ 1988년경부터 이른바 기능성 식품이라 불리는 식품이 시장에 등장하기 시작하였다. 일본에서는 일찍이 식품의 생체방어, 신체리듬 조절, 노화방지, 비만방지, 질병의 예방과 회복 등 생체조절 기능을 식품의 3차 기능이라 정의하였으며, 이러한 기능이 강화된 식품이란 뜻을 가진 기능성 식품이라는 용어를 탄생시켰다. 일본에서도 초기에 기능성 식품의 유통과정에서 그 개념을 명확히 하지 않은 채 유통되었기 때문에 후생성은 관련 학자로 구성된 기능성 식품 간담회(1988년)를 설립하고 기능성 식품에 대한 방향성을 제시하고자 하였다. 1989년에 기능성 식품을 "식품성분이 갖는 생체방어, 생체 리듬의 조절, 질병의 방지와 회복 등에 관한 조절 기능을 생체에 대하여 충분히 발현 가능하게 설계되고 가공된 식품" 이라고 정의하고, 그 범위를 "식품으로 통상 이용되는 소재로부터 나오고, 통상의 형태 및 방법으로 섭취되는 것, 식품으로 일상적으로 섭취되는 것과 신체의 조절 기능에 관한 표시를 한 것"으로 하였다. 이후 1990년 기능성 식품 검토회에서 기능성 식품은 "특정보건용식품(food for specified healthy use)"이라고 명칭을 변경하였다. 이후 2001년에 특정보건용 식품과 영양기능식품도 보건기능식품에 편입되었다.

(2) 표시

1993년 "특정보건용식품" 제도의 도입으로 업자가 입증자료를 제출하면 국가로부터 사전에 인증을 받은 식품에 대해서는 기능성을 표시·광고할 수 있게 되었다.

- 특정보건용식품 : 특정보건용식품이란 신체의 생리학적 기능 등에 영향을 미치는 보건기능성분(관여성분)을 포함하는 식품이며 혈압, 혈중콜레스테롤 등을 정상으로 유지하는 것을 도와주거나 또는 질병의 상태를 개선하는 등 특정한 보건용도로서 도움이 된다는 것을 표시하는 것을 일본 정부(소비자청)로부터 허가받은 식품이다. 특정보건용식품으로서 판매하기 위해서 기본적으로 최종제품마다 식품의 유효성, 안전성, 표시사항에 대해 정부의 심사 및 허가를 받을 필요가 있다.
- 영양기능식품 : 하루에 필요한 영양성분(비타민, 미네랄)의 기준 및 규격이 있는 식품을 말한다.
- 기능성표시식품 : 사업자의 책임하에 과학적 근거에 따른 기능성을 표시하는 식품을 말한다.

표 2-6. 특정보건용 식품 구분

구분	내용
특정보건용식품	- 건강증진법 제26조 제1항의 허가 또는 동법 제29조 제1항의 승인을 받아 식생활에서 특정한 보건의 목적으로 섭취하는 자에 대해 그 섭취에 의해 해당 보건의 목적을 기대할 수 있다는 취지를 표시한 식품 - 개별 상품에 대해 소비자위원회의 개별심사, 국가(소비자청)에서의 허가가 필요
특정보건용식품 (질병리스크 저감표시)	- 성분의 질병위험 저감효과가 의학적, 영양학적으로 확립되어 있는 경우 질병위험저감 표시를 인정하는 특정보건용식품 - 인정 성분은 칼슘(골다공증의 리스크저감)과 엽산(척추갈림 등 신경관 폐쇄 장애를 가지는 아이가 생기는 리스크저감)
특정보건용식품 (규격기준형)	- 특정보건용식품으로서 허가실적이 충분한 경우 등 과학적 근거가 축적되어 있는 관여성분에 대해서 규격기준을 정하여 소비자위원회의 개별심사 없이 사무국에서 규격기준에 적합한지 여부를 심사하여 허가하는 특정보건용식품 - 대상성분은 난소화성덱스트린, 폴리덱스트로오스, 구아검분해물(모두 식물섬유), 대두올리고당, 프락토올리고당, 유과올리고당, 갈락토올리고당, 크실로올리고당, 이소말토올리고당

조건부 특정보건용식품	- 근거 수준에는 미치지 못하나 일정 수준의 유효성이 확인된 식품을 한정적인 과학적 근거라는 취지의 표시를 하는 것을 조건으로 허가대상으로 인정하는 것 (표시 예: ㅇㅇ를 포함하고 있어 근거는 확립되어 있지 않으나, △△에 적합할 가능성이 있는 식품)

표 2-7. 특정보건용 식품의 종류

용도	종류
정장작용	올리고당, 유산균, 낫또균 등
콜레스테롤 억제	대두단백질, 인지질 결합 대두펩타이드, 식물스테롤, 키토산, 천연아미노산, 카데킨
체지방 및 중성지방억제	EPA, DHA, 중쇄지방산, 난소화성 덱스트린, 퀘르세틴 배당체
혈압 상승 억제	펩타이드류, 두충엽 배당류, 아미노산류
혈당 상승 억제	난소화성 덱스트린, 폴리페놀, 대두추출물, 소맥알부민
미네랄 흡수 촉진	CPP, CCM, 헴철, 아미노산류
뼈 건강	대두 아이소프라본, 마이엘린염기단백(MBP), 비타민 K2, 칼슘
충치 억제	녹차, 폴리페놀, 자일리톨, 인산화올리고당 칼슘

자료: 일본 건강 영양식품 협회(2015)

(3) 시장규모

일본의 특정보건용식품은 제도가 시행된 1997년부터 2016년 4월까지 1,251개의 상품이 특정보건용식품으로서 허가·승인(허가 1,250건, 승인 1건)되어 있다. 그러나 실제로 시장에서 판매되고 있는 상품은 30%정도인 350여건 정도인 것으로 알려졌다. 그 중에서 정장작용에 관한 제품의 시장규모가 가장 큰 것으로 알려졌다. 그 다음으로 체지방 및 중성지방억제, 충치 억제, 혈압 상승 억제, 혈압 상승 억제의 순으로 시장규모가 큰 것으로 알려졌다. 그 중에서도 체지방·중성지방 생성 억제 관련 제품이 2011년을 기점으로 20% 내외로 큰 폭의 성장세를 이루고 있으며, 치아와 잇몸 건강과 관련된 시장이 규모가 성장을 많이 하고 있다. 일본 건강기능식품 시장은 약 109억 달러(약 12조 원, 2015년) 규모로 연평균 2.3% 성장하여 약 122억 달러(약 14조 원, 2020년)에 이를 것으로 전망된다. 일본은 급속히 고령화되는 사회, 라이프 스타일의 변화로 야기된 질병과 건강관리에 대한 관심 등이 꾸준하기 때문에 완만한 성장은 계속될 것으로 전망되고 있는 실정이다.

일본의 건강식품 시장은 지난 10년 동안 매년 8~9%씩 신장하였고, 2000년도 시장 규모가 8,100억 엔에 달하는 것으로 추정되었다. 종전에는 건강식품은 고부가가치 상품이어서 판매량이 적어도 이익이 창출되어 큰 회사보다 중소기업이 영세기업이 활동하기 쉬운 분야였다. 이러한 시장에 고바야시 제약 등 큰 회사들이 뛰어들어 대량 생산, 대량 판매(통신 판매)체제로 바뀌면서 가격 파괴를 가져오고 시장 확대가 촉진되었다.

표 2-8. 일본 특정보건용식품의 용도별 시장 규모 (단위: 억 엔)

용도	2011년	2012년	2013년
정장작용	1703	1775	1776
체지방 및 중성지방억제	531	749	912
치아 · 잇몸	310	295	297
혈압 상승 억제	148	158	157
혈당 상승 억제	144	131	162
콜레스테롤 억제	148	144	144
미네랄흡수 · 뼈 건강	100	98	99
총 계	3,084	3,350	3,547

3) 중국

(1) 건강기능식품의 정의

중국에서는 1995년 10월 30일 중국 전국인민대회에서 식품위생법이 통과되어 제22항에 따라 기능성 효과가 표기 모든 식품은 보건부(시 위원회 산하)의 검사과정을 거쳐야 한다. 검사는 제조, 생산관리, 마케팅, 위생수준 등의 내용이 포함된다. 기능성 식품의 사용, 시험, 제조, 홍보 및 판매, 분류, 설명, 광고, 관리 등은 1996년 6월부터 기능성식품 관리에 대한 조치법을 시행하고 있다. 2005년 국가식품의약품감독관리국은 보건식품 관리 방법을 폐지하고 보건식품등록관리방법을 제정하고 시행하였다. 보건식품은 "특정한 보건기능이 있거나 비타민, 무기질 보충을 목적으로 하는 식품으로 특정한 사람들이 식용하기에 적합하고 신체기능을 조절

해주며, 질병 치료를 목적으로 하지 않고 급성·아급성 및 만성적으로 어떤 위해를 가하지 않는 식품" 이라고 규정하고 있다. 보건식품 중의 한 종류인 영양보충제는 "식품과 영양의 공급부족을 보충하고 만성퇴행성질환의 발생 위험을 감소시키기 위해 부족한 비타민이나 무기질을 공급하는 것을 목적으로 하며 열량을 공급하지 않는다."라고 규정하고 있다.

※ 보건식품(건강기능식품)

① 기능성 보건식품 : 건강기능식품 27종 중 하나이거나 혹은 몇 개 기능이 포함된 식품

② 영양보충제 : 비타민 보충, 광물질 함유, 에너지 제공 불가한 제품

표 2-9. 중국 보건식품의 건강기능식품 분류(27→18)

번호	기존 명칭	변경 명칭(2013이후)
1	면역력증강 기능	면역력증강에 도움을 줌
2	혈중 지질감소 기능	혈중 지질 감소에 도움을 줌
3	혈당조절 기능	혈당조절에 도움을 줌
4	항산화 기능	항산화 기능
5	기억력개선 기능	기억력개선에 도움을 줌
6	피로회복 기능	피로회복에 도움을 줌
7	납 수치 저하 기능	납 수치 저하에 도움을 줌
8	가래 제거 기능	가래 제거에 도움을 줌
8	혈압 조절 기능	취소(질병으로 오용 위해)
10	수면 개선 기능	수면 개선에 도움을 줌
11	수유 기능 기능	수유 기능에 도움을 줌
12	피로 개선 기능	피로 개선에 도움을 줌
13	산소결핍 내수력증진 기능	산소결핍 내수력증진에 도움을 줌
14	방사선으로부터 피부 보호 기능	취소(평가방법 불확실)
15	다이어트 기능	다이어트에 도움을 줌
16	성장발육 기능	취소(균형식 중요)
17	골밀도 강화 기능	골밀도 강화에 도움을 줌
18	빈혈 개선 기능	빈혈 개선에 도움을 줌

18	간 기능 보호 기능	간 기능 보호에 도움을 줌
20-22	여드름 제거 기능	안면피부건강에 도움을 줌 (3개를 묶어 통합기능 표현)
	기미 제거 기능	
	피부 수분 기능	
23	피부 유분 개선 기능	취소(과학성 부족)
24-27	장도균군 조절 기능	위장기능개선에 도움을 줌 (4개를 묶어 통합 기능 표현)
	소화 촉진 기능	
	변비 개선 기능	
	위점막 보호 기능	

(2) 표시

1997년 5월부터 국가기술감독국이 기능성식품에 대한 통일된 기준을 공포하여 시행하여 왔으며, 24가지 기능성 항목에 대하여 분류되었다. 이후 2003년 27종으로 나뉘며 비타민, 광물질 등 특정한 보건기능 갖춘 식품으로 규정하였으나, 2013년도에는 18종으로 축소되었다. 제품에 대한 기능의 표시는 우리나라와 비슷하게 "○○○에 도움을 줌"이라는 표현을 쓰고 있다. 제형에서도 우리나라와 같이 제한을 두고 있지 않다. 중국의 "보건식품 등록 및 비만 관리 방법"(2016.2.4.)에 따른 제55조 보건식품의 표시, 설명서의 주요 내용은 질병예방, 치료 효과와 연관되어서는 아니되며, "본 제품은 약품을 대체할 수 없습니다." 라는 문구를 명시하여야 한다. 제57조 보건식품 명칭에는 다음 내용을 포함할 수 없다. ① 허위, 과대 또는 절대성을 나타내는 어휘, ② 예방, 질병치료를 표시 또는 암시하는 어휘, ③ 저속하거나 봉건 미신적 색채를 갖는 어휘, ④ 인체조직기관 등 어휘, ⑤ " " 이외의 부호, ⑥ 기타 소비자를 오도할 수 있는 어휘의 내용을 금하고 있다.

(3) 시장 규모

중국의 건강기능식품 시장은 약 163억 달러(약 18조 원, 2015년) 규모로 연평균 13.8% 성장하여 약 267억 달러(약 30조 원, 2020년)에 이를 것으로 전망된다. 건강에 대한 인식이 확산되고 인구

증가 등을 고려할 때 중국시장은 더욱 성장할 것으로 예측된다.

(4) 중국시장 동향

- 보건식품의 소비층이 변화 : 과거 보건식품은 주로 중장년 및 노년층 소비자들에 의해 소비됐고, 수요 또한 기본적인 영양 보충제품 위주였으나, 최근 신세대 소비자들의 소비관념 변화로 보건식품 시장이 전체적으로 확대되고 있다.
- 스포츠, 영양 관련 보건제품의 빠른 성장 : 중국은 "전 국민 건강 및 건강소비" 유행에 따라 스포츠 영양 보건제품 소비도 대중 소비자들까지 확대되고 있으며, 기업들도 헬스 보충제 등에 대한 보건식품의 개발을 서두르고 있다.
- 영양제에서 선상 및 미용보선세품으로 활용도 증가 : 여성을 위한 체중관리, 소화 촉진 등 기능식품 소비 증대되고 있다.

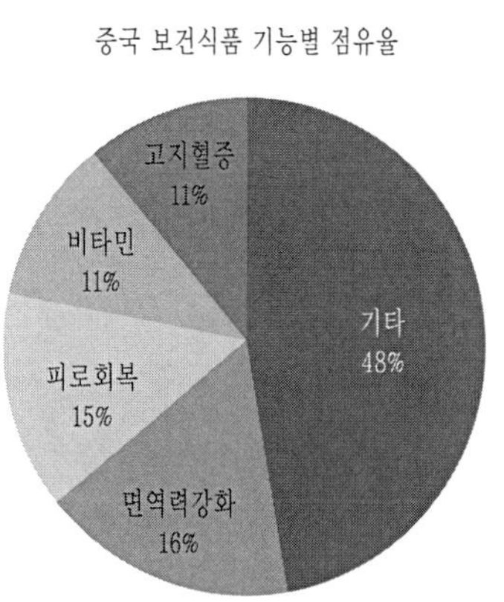

그림 2-3. 중국 보건식품 기능별 점유율

4) 유럽

(1) 건강기능식품의 정의

유럽 전체로는 1995년 기능성 식품에 대한 EU권의 통일된 견해를 도출해 내기 위해「유럽 협조 활동 계획(European Concerted program)」을 설립하여 이에 대한 검토를 해왔다. 최근에 식품보조제에 관한 EU 강령안을 채택하여 2002년 5월부터 시행하고 있다. 이 안에는 보조식품에 포함되어 있는 비타민이나 미네랄의 상한치, 안전성 확인 방법, 표시 방법 등에 관한 규정을 담고 있다.

유럽 전체에 공식적으로 통용되는 기능성식품의 정의는 없으나 유럽의 기능성식품 프로젝트인 "Functional Food Science in Europe (FUFOSE)"에서 제안한 기능성식품 정의를 가장 널리 사용하고 있다. FUFOSE에서는 기능성식품이란 "과학적으로 인체에 하나 혹은 그 이상의 건강향상을 목적으로 생산된 식품으로 그 효과가 증명된 식품"이며 일반식품 또는 일반성분의 천연적인 효과와는 달리 구분되며 "건강을 촉진하거나 혹은 질병 감염의 위험을 감소시키거나 예방하는데 도움을 주는 식품" 으로 정의하고 있다.

(2) 표시

영양 및 건강강조 표시에 관한 규칙은 2003년7월 EU 집행위원회 European Commission)가 건강정보 표시 법규 제안하였고, 2006년 12월 "식품의 영양 및 건강강조 표시 규칙 Regulation (EC) No 1924/2006"을 공식선언하고, 2007년 1월 19일 "식품의 영양 및 건강강조 표시규칙"시행되었다. 이후 2008년 4월 18일 건강강조표시 신청이 체계적이고 일관성 있게 처리되도록 "Commission Regulation(EC) No 353/2008" 발행하고, 2008년 5월 8일 'Commission Regulation(EC) No 353/2008' 채택되었다. 해당 규칙은 영양소구성(nutrient profiles)을 근거로 하여 질병 위험감소 표시를 포함하여 유럽 전역에서 적용될 식품의 영양소 또는 기능성 표시를 사용하는 것에 대해 규제화한 것이다. 목적은 식품에 대한 미입증 허위 또는 과장된 표시로부터 소비자를 보호하고, 식품생산자와 제조업자에게 공정한 경쟁을 보장하고 식품업계의 기술개발 및 혁신을 보호하며 회원국에게 식품의 영양강조표시 및 건강강조표시에 관한 통일된 규칙을 제공하는 것이다. 적용범위 라벨 광고 혹은 홍보 상업적 커뮤니케이션에 이용되는 영양 및 건강강조 표시이다.

(3) 시장규모

국가별 건강기능식품 시장 규모 및 전망(Nutrition Business Journal, 2014)에 따르면 유럽의 보건식품 시장규모는 세계시장의 29%(동유럽과 러시아 포함)를 차지하고 있는 큰 시장이다. 2012년도 기준으로 국가별로 매출현황으로는 독일(20.8%), 러시아(11.9%), 프랑스(11.7%), 영국(9.0%), 이탈리아(7.4%), 스칸디나비아(7.1%), 스페인(6.3%), 폴란드(4.7%), 벨기에(4.4%) 순으로 시장을 형성하고 있다.

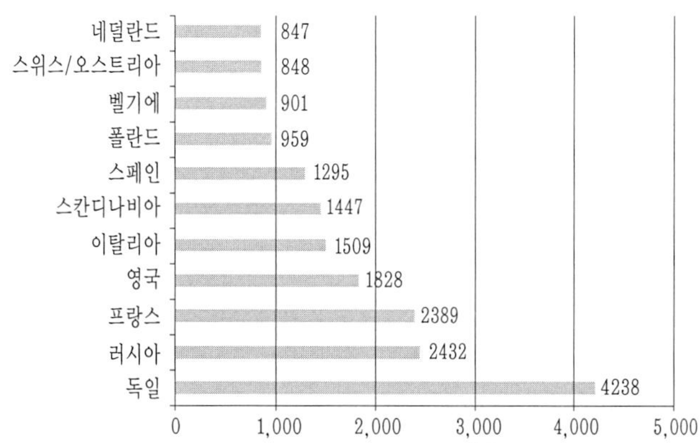

자료: Nutrition Business Journal(2014)

그림 3-4. 유럽 국가별 식품보충제 매출현황

제 Ⅲ장

건강기능식품의 표시기준 및 광고

Ⅲ - 1 건강기능식품의 표시기준

1 표시의 목적

건강기능식품의 표시 목적은「건강기능식품에 관한 법률」제17조에 따라 "건강기능식품에 표시하여야 하는 내용과 방법 등에 관한 기준을 정함으로써 건강기능식품의 품질향상을 도모하고 소비자에게 정확한 정보를 제공함을 목적으로 한다." 라고 정의하고 있다. 건강기능식품의 제정배경에 따라 일반식품을 이용하여 소비자를 혼동할 수 있는 표현을 제한하고, 실제 기능성이 확인된 내용에 대하여 홍보할 수 있는 가이드라인을 제공하고 있다. 표시의 내용은 영양소 기능표시, 기타 기능표시, 질병발생위험 감소기능 표시 등의 식품의 기능성을 표시한다.

2 표시 관련 용어의 정의

가. "제품명"이란 개개의 제품을 나타내는 고유의 명칭을 말한다.

나. "유통기한"이란 제품의 제조일로부터 소비자에게 판매가 허용되는 기한을 말한다.

다. "제조일"이란 포장을 제외한 더 이상의 제조나 가공이 필요하지 아니한 시점포장후 멸균 및 살균 등과 같이 별도의 제조공정을 거치는 제품은 최종공정을 마친 시점)을 말한다. 다만, 캅셀제품은 충전·성형완료시점으로 하고, 정제·액상 등 제품은 충진 및 포장공정을 제외한 제조공정을 마친 시점으로 한다.

라. "원료"란 건강기능식품의 제조에 사용되는 물질로서 최종제품에 함유되어 있는 것을 말하며 제조·공정에 사용되는 식품정제수를 포함한다. 또는 식품첨가물이라도 최종제품에 남아 있지 아니한 것은 제외한다.

마. "성분"이란 화합물, 혼합물 또는 식품 등에서 분리된 단일물질로서 최종제품에 함유되어 있는 것을 말한다.

바. "1회 분량"이란 제품의 특성에 따라 그 제품의 주요 소비대상 1인이 1회 섭취하기에 적당한 양을 말하며, "1일 섭취량"이란 건강기능식품에 있어 안전성과 기능성을 확보하기 위하여 하루에 섭취하여야 하는 양을 말한다.

사. "영양정보표시"란 제품의 일정량에 함유된 영양성분의 함량 및 영양성분 기준치에 대한 비율 등을 표시하는 것을 말한다.

아. "영양성분 기준치"란 식품표시를 위하여 설정한 한국인 1인에 대한 영양성분의 평균적인 1일 섭취 기준량을 말한다.

자. "기능정보표시"란 제품의 일정량에 함유된 기능성분 또는 지표성분의 함유정도와 기능성표시 등을 말한다.

차. "기능성표시"란 법 제3조 제2호에서 규정한 기능성에 관한 표시로서 인체의 성장·증진 및 정상적인 기능에 대한 영양성분의 생리학적 작용을 나타내는 영양성분기능표시와 인체의 정상기능이나 생물학적 활동에 특별한 효과가 있어 건강상의 기여나 기능향상 또는 건강유지·개선을 나타내는 영양성분기능 외의 생리기능향상표시 및 전체 식사를 통한 식품의 섭취가 질병의 발생 또는 건강상태의 위험감소와 관련한 질병발생위험감소표시를 포함한다.

카. "주원료"란 건강기능식품의 기능성을 나타내게 하는 주된 원료 또는 성분을 말한다.

타. "주표시면"이란 소비자가 건강기능식품을 구매할 때 통상적으로 소비자에게 보여지는 면을 말한다.

파. "정보표시면"이란 주표시면에 표시되지 아니한 해당 제품의 정보사항을 소비자가 보기 쉽도록 표시하는 면을 말한다.

❸ 표시대상

가. 법 제5조(영업의 허가 등)에 따라 건강기능식품제조업의 영업 허가를 받아 제조하는 건강기능식품(기능성 원료 또는 성분을 포함한다. 이하 같다)

나. 법 제8조에 따라 수입신고하는 건강기능식품

❹ 표시사항

가. 건강기능식품 표시(건강기능식품 도안)

나. 제품명

다. 업소명 및 소재지

라. 유통기한 및 보관방법

마. 내용량

바. 영양정보

사. 기능정보

아. 섭취량, 섭취방법 및 섭취시 주의사항

자. 원료명 및 함량

차. 질병의 예방 및 치료를 위한 의약품이 아니라는 내용의 표현

카. 기타 건강기능식품의 세부표시기준에서 정하는 사항

5 표시방법

1) 일반사항

가. 표시는 한글로 하는 것을 원칙으로 하되, 소비자의 이해를 돕기 위하여 한자나 외국어를 함께 표시할 수 있으며, 이 경우 한자나 외국어는 한글표시의 활자보다 크게 표시하여서는 아니 된다. 다만, 수입되는 건강기능식품과 상표법에 의하여 등록된 상표는 외국어를 한글표시의 활자보다 크게 표시할 수 있다.

나. 표시는 소비자에게 판매되는 최소 판매단위별 용기·포장에 하여야 한다. 다만, 낱알모음 하여 한 알씩 사용하는 제품은 그 낱알 포장에 제품명과 제조업소명을 표시하여야 한다. 다만 유통전문판매업소에서 위탁한 제품은 유통전문판매업소명을 표시할 수 있다.

다. 표시는 소비자가 쉽게 알아볼 수 있도록 바탕색과 구별되는 색상으로 하여야 한다. 다만, 유통기한 등 일부표시사항의 변조 등을 방지하기 위하여 각인 또는 압인 등을 사용하여 그 내용을 알아 볼 수 있도록 표시하는 경우에는 그러하지 아니하다.

라. 표시는 지워지지 아니하는 잉크로 인쇄하거나 각인 또는 소인 등을 사용하여야 한다. 다만, 탱크로리, 드럼통, 병 제품 또는 합성수지제 용기, 소비자에게 직접 판매되지 아니하는 원료용의 종이·가공지제 또는 합성수지제 포장 등 제품포장의 특성상 인쇄, 각인 또는 소인 등으로 표시하기가 곤란한 경우에는 표시사항이 인쇄 또는 기재된 라벨(Label)등을 사용할 수 있다.

마. 용기나 포장은 다른 제조업소의 표시가 있는 것을 사용하여서는 아니 된다. 다만, 건강기능식품에 유해한 영향을 미치지 아니하는 용기로서 다른 업소의 제품원료로 제공할 목적으로만 사용하는 경우에는 그러하지 아니할 수 있다.

바. 영업허가·신고 또는 품목제조신고 한 내용이 변경되어 허가·

신고관청에 변경허가·신고 수리된 경우와 단순 표시 오류에 따른 경미한 사항은 표시사항이 인쇄 또는 기재된 라벨 등을 사용하여 변경사항만을 변경처리 할 수 있다. 이 경우 경미한 사항이란 표시내용의 오·탈자, 영양·기능(또는 지표)성분의 단위 및 캅셀기제 표시의 누락, 용기·포장재질 표시의 누락, 섭취량을 정수로 표시하지 아니 한 경우(예 : 1회 1 ~ 3정) 등을 말한다. 다만, 유통기한의 표시는 변경처리 할 수 없다.

사. 표시사항이 인쇄 또는 기재된 라벨을 사용한 경우 떨어지지 아니하게 부착하여야 한다.

아. 시각장애인을 위하여 제품명, 유통기한 등 표시사항에 대하여 알기 쉬운 장소에 점자표기, 바코드 또는 점자·음성변환용 코드를 병행할 수 있다. 이 경우 스티커 등을 이용하여 표시할 수 있다.

6 표시장소 및 활자크기

1) 표시장소

표시는 소비자가 쉽게 알아 볼 수 있는 곳에 하여야 한다.

- 반드시 주 표시면에 표시 : 건강기능식품(건강기능식품 도안), 제품명, 내용량
- 정보표시면 표시 : 유통기한 및 보관방법, 영양정보, 기능정보, 섭취량, 섭취방법 및 섭취시 주의사항
- 자유롭게 표시면 선택 : 업소명 및 소재지, 원료명 및 함량, 질병의 예방 및 치료를 위한 의약품이 아니라는 내용의 표현, 기타 건강기능식품의 세부표시기준에서 정하는 사항

2) 활자크기

가. 표시사항을 표시(제품설명서를 포함한다)함에 있어 활자크기는 최소 10포인트 이상으로 하여야 한다(장평 90% 이상, 자간 -5% 이상).

나. 제5조제2호에 따라 주표시면 외의 정보표시면에 일괄 표시하여야 하는 사항을 표시면적이 적어 정하여진 크기로 표시하기가 곤란한 경우에는 최소 판매단위별 용기·포장에 제4조제3호·제4호 및 제8호(섭취량 및 섭취방법)의 사항만을 표시할 수 있으며, 그 밖의 사항은 제품설명서에 따로 기재하여 함께 포장할 수 있다. 이 경우 "제품설명서 참조"라는 표시를 하여야 한다.

3) 세부표시기준 및 방법

(1) 건강기능식품이라는 표시

가. 건강기능식품은 건강기능식품을 나타내는 아래 도안을 주표시면에 15 × 15㎜ 이상의 크기로 표시하여야 하며, "건강기능식품"이라는 문구도 동시에 표시하여야 한다. 다만, 포장면적이 150㎠ 이하인 제품의 경우 도안의 크기를 식별이 가능한 범위에서 자유롭게 표시할 수 있다.

그림 3-1. 건강기능식품 도안

나. 건강기능식품의 원료 또는 성분은 주표시면에 "건강기능식품 원료"라는 표시를 하여야 한다.

(2) 제품명

가. 제품명은 그 제품의 특성을 나타내는 고유명칭으로서, 영업허가 또는 신고관청에 품목제조신고서 또는 수입신고서에 기재한 명칭을 표시하여야 한다.

나. 법 제14조제1항에 따른 기준·규격에서 정하고 있는 영양성분·기능성 원료 명칭(해당 제품의 특성을 나타내는 명칭의 일부만 사용할 수도 있다) 또는 법 제14조제2항에 따른 식품의약품안전처장이 인정한 명칭을 사용하여야 한다. 이 경우 상호 또는 상표나 가상의 명칭을 함께 사용할 수 있다.

다. 제품의 특성과 제조상의 처리조건 등을 함께 사용하고자 하는 경우에는 소비자가 오인·혼동하지 않도록 필요한 부가적인 용어(건조, 농축, 환원, 훈연 등)를 제품명과 함께 사용하거나 제품명 주변에 표시하여야 한다.

라. 법 제18조에 따른 허위·과대·비방의 표시·광고에 해당하는 표현이나, 다른 건강기능식품과 오인·혼동할 수 있는 표현을 포함하여 사용하여서는 아니 된다.

마. 수입건강기능식품의 제품명을 한글로 표시함에 있어, 외국어 제품명을 한글로 번역하여 표시할 수 있다. 이 경우 가목 내지 라목에 적합하게 하여야 한다.

바. 제품명 주변(바로 위·아래·옆)에 해당 기준·규격상의 명칭 등이 뚜렷이 보이도록 가장 큰 제품명 활자크기의 2분의 1이상 크기로 표시하는 경우에는 기준·규격상의 명칭을 제품명에 포함하지 아니할 수 있다.

(3) 업소명 및 소재지

가. 건강기능식품제조업소의 명칭과 소재지는 영업허가증에 기재된 업소명 및 소재지를 표시하여야 한다. 이 경우 제조업소의 소재지 대신 반품교환업무를 대표하는 소재지를 표시할 수 있다.

가의2. 우수건강기능식품 적용업소에서 건강기능식품을 소분하여 재포장하는 경우에는 원래 표시 사항을 그대로 표시하여야 하며, 해당 우수건강기능식품제조기준 적용업소의 명칭(소분 재포장 업소명) 및 소재지도 표시하여야 한다. 이 경우 우수건강기능식품제조기준 적용업소의 소재지 대신 반품교환 업무를 대표하는 소재지를 표시할 수 있다.

나. 건강기능식품수입업소의 명칭과 소재지는 영업신고증에 기재된 업소명 및 소재지를 표시하고, 수입신고한 해당 제품의 수출국명과 제조업소명을 병행하여 표시하여야 한다. 이 경우 수출국명과 제조업소명이 외국어로 표시되어 있으면 한글로 따로 표시하지 아니할 수 있다.

다. 건강기능식품판매업소가 업소명 및 소재지, 상표 또는 로고 등을 추가하여 표시하고자 하는 때에는 해당 제품의 제조업소명 및 소재지, 상표 또는 로고 등의 활자크기와 같거나 작게 표시하여야 한다.

(4) 유통기한 및 보관방법

가. 유통기한은 다음의 구분에 따라 정하여 표시하여야 한다.

a. 유통기한의 표시는 "○○년○○월○○일까지"또는 " ○○.○○.○○까지", "○○○○년○○월○○일까지" 또는 ○○○○.○○.○○까지" 로 표시하여야 하고, 유통기한을 정보표시면에 일괄표시하기가 곤란한 경우에는 해당 위치에 유통기한의 표시위치를 명시하여야 한다.

b. 수입되는 건강기능식품인 경우 수출국의 유통기한 표시순서가 위의(1) 표시순서와 다를 때에는 소비자가 알아보기 쉽도록 년, 월, 일의 표시순서를 예시하여야 한다.

c. 제조일을 함께 표시하는 경우에 유통기한이 1월 이내이면 "제조일로부터 ㅇㅇ일까지", 유통기한이 12월 미만이면 "제조일로부터 ㅇㅇ월까지" 또는 유통기한이 1년 이상이면 "제조일로부터 ㅇㅇ년까지" 로 표시하여야 한다. 이 경우 제조일의 표시는 "ㅇㅇ년ㅇㅇ월ㅇㅇ일" 또는 "ㅇㅇ.ㅇㅇ.ㅇㅇ", "ㅇㅇㅇㅇ년ㅇㅇ월ㅇㅇ일" 또는 "ㅇㅇㅇㅇ.ㅇㅇ.ㅇㅇ"의 방법으로 표시하여야 한다.

나. 유통기한이 서로 다른 여러 가지 제품을 함께 포장하였을 경우에는 그중 가장 짧은 유통기한 하나만을 표시하여야 한다.

다. 유통기한을 표시함에 있어 해당 제품의 사용 또는 보존에 관한 기준이 정하여진 경우에는 이를 함께 표시하여야 한다. 이 경우 냉동 또는 냉장상태가 계속적으로 유지되어야 하는 제품은「냉동보관」또는「냉장보관」이라고 표시하여야 한다.

(5) 내용량

가. 내용물의 성상에 따라 중량·용량 또는 개수로 표시하여야 한다. 이 경우 내용물이 고체 또는 반고체일 경우 중량으로, 액체일 경우 용량으로, 고체와 액체의 혼합물일 경우 중량 또는 용량으로 표시하고, 개수로 표시할 때에는 중량 또는 용량을 괄호 속에 함께 표시하여야 한다.

나. 정제형태로 제조된 제품의 경우에는 판매되는 한 용기·포장내의 정제수와 총중량을, 캅셀형태로 제조된 제품의 경우에는 캅셀수와 피포제 중량을 제외한 내용량을 표시하여야 한다.

(6) 영양정보

가. 열량, 탄수화물, 당류(캡슐·정제·환·분말 형태의 건강기능식

품은 제외), 단백질, 지방, 나트륨과 영양성분 기준치의 30% 이상을 함유하고 있는 비타민 및 무기질은 그 명칭, 1회 분량 또는 1일 섭취량 당 함량 및 영양성분 기준치(또는 한국인 영양섭취기준)에 대한 비율(%, 열량, 당류는 제외한다)을 다음과 같이 표시하여야 한다(주원료로 사용한 비타민 및 무기질 제외). 다만, 영양성분 기준치의 30% 미만을 함유하고 있는 비타민, 무기질과 식이섬유, 포화지방, 불포화지방, 콜레스테롤, 트랜스지방은 임의로 표시할 수 있으며, 이 경우 해당 영양성분의 명칭, 함량 및 영양성분 기준치(또는 한국인 영양섭취기준)에 대한 비율(%, 불포화지방, 트랜스지방은 제외한다)을 표시하여야 한다.

a. 열량 : 열량의 단위는 킬로칼로리(kcal)로 표시하되, 그 값을 그대로 표시하거나 그 값에 가장 가까운 5킬로칼로리(kcal) 단위로 표시하여야 하며, 5킬로칼로리(kcal)미만은 "0"으로 표시할 수 있다. 열량의 계산은 각 성분 1그램(g)당 탄수화물과 단백질은 각각 4킬로칼로리(kcal), 지방은 9킬로칼로리(kcal), 알코올은 7킬로칼로리(kcal), 유기산은 3킬로칼로리(kcal), 당알코올은 2.4킬로칼로리(kcal)[에리스리톨은 0킬로칼로리(kcal)], 식이섬유는 2킬로칼로리(kcal)를 곱한 값의 합으로 한다. 다만, 탄수화물 중 당알코올 및 식이섬유의 함량을 별도로 표시하는 경우의 탄수화물에 대한 열량 산출은 당알콜은 1그램(g)당 2.4킬로칼로리(kcal)[에리스리톨은 0킬로칼로리(kcal)]를, 식이섬유는 1그램(g)당 2킬로칼로리(kcal)를, 당알콜과 식이섬유를 제외한 탄수화물은 1그램(g)당 4킬로칼로리(kcal)를 각각 곱한 값의 합으로 한다.

b. 탄수화물 : 탄수화물의 단위는 그램(g)으로 표시하되, 그 값을 그대로 표시하거나 그 값에 가장 가까운 1그램(g)단위로 표시하여야 하며, 1그램(g)미만은 "1그램(g)미만" 으로, 0.5그램(g)미만은 "0" 으로 표시할 수 있다. 이 경우 탄수화물의 함량은 건강기능식품 중량에서 조단백질, 조지방, 수분 및 조

회분의 함량을 뺀 값을 말한다. 식이섬유 또는 당류의 표시는 탄수화물 바로 아래에 탄수화물의 표시방법에 준하여 표시하여야 한다.

c. 단백질 : 단백질의 단위는 그램(g)으로 표시하되, 그 값을 그대로 표시하거나 그 값에 가장 가까운 1그램(g) 단위로 표시하여야 하며, 1그램(g)미만은 "1그램(g)미만"으로, 0.5그램(g)미만은 "0"으로 표시할 수 있다.

d. 지방 : 지방의 단위는 그램(g)으로 표시하되, 그 값을 그대로 표시하거나 5그램(g)이하는 그 값에 가장 가까운 0.5그램(g) 단위로, 5그램(g)을 초과한 경우에는 그 값에 가장 가까운 1그램(g) 단위로 표시하여야 하며, 0.5그램(g)미만은 "0"으로 표시할 수 있다.

- 포화지방 또는 불포화지방의 표시는 지방 바로 아래에 지방의 표시방법에 준하여 표시하여야 한다.
- 콜레스테롤의 표시는 지방 바로 아래에 밀리그램(mg)으로 표시하되, 그 값을 그대로 표시하거나 그 값에 가장 가까운 5밀리그램(mg) 단위로 표시하여야 한다. 이 경우 2밀리그램(mg)이상 5밀리그램(mg)미만은 "5밀리그램(mg)미만"으로, 2밀리그램(mg)미만은 "0" 으로 표시할 수 있다.
- 트랜스지방의 표시는 지방 바로 아래에 그램(g)으로 표시하되 그 값을 그대로 표시하거나 0.5그램(g)미만은 "0.5그램(g)미만"으로 표시할 수 있으며, 0.2그램(g)미만은 "0"으로 표시할 수 있다. 다만, 식용유지류 유형으로 제조된 건강기능식품에서는 100그램(g) 당 2그램(g)미만일 경우 "0"으로 표시할 수 있다.

e. 나트륨 : 나트륨의 단위는 밀리그램(mg)으로 표시하되, 그 값을 그대로 표시하거나 5밀리그램(mg)이상 120밀리그램

(mg)이하인 경우에는 그 값에 가장 가까운 5밀리그램(mg) 단위로, 120밀리그램(mg)을 초과하는 경우에는 그 값에 가장 가까운 10밀리그램(mg) 단위로 표시하여야 하며, 5밀리그램(mg)미만은 "0"으로 표시할 수 있다.

· 열량, 탄수화물, 당류, 단백질, 지방, 콜레스테롤, 트랜스지방 및 나트륨의 함량을 "0"으로 표시하는 경우에는 그 표시를 생략할 수 있다.

· 영양성분 기준치에 대한 비율(%)은 제품에 표시된 각 영양성분의 함량을 사용하여 영양성분기준치에 대한 비율을 산출한 후 이를 반올림하여 정수로 표시하여야 한다. 다만 함량이 "00g 미만" 으로 표시되어 있는 경우에는 그 실제 값을 그대로 사용하여 영양성분 기준치에 대한 비율을 산출하여야 한다.

나. 영양성분 표시량과 실제측정값의 허용범위는 다음과 같다.

a. 영양성분의 실제측정값은 법 제14조 및 제15조에 따른「건강기능식품 기준 및 규격」의 규격에 적합하여야 한다.

b. 1)에서 정하지 않는 열량, 당류, 지방, 포화지방, 콜레스테롤, 트랜스지방, 나트륨의 실제측정값은 표시량의 120퍼센트(%)미만이어야 하고, 탄수화물의 실제측정값은 표시량의 80퍼센트(%)이상이어야 한다.

c. 영양성분의 실제 측정값이 1)과 2)의 규정범위를 벗어나더라도 그 양이 가목의 영양성분별 단위 표시방법에서 정하는 범위 이내인 경우에는 허용범위를 벗어난 것으로 보지 아니한다.

다. 영양정보표시는 제7호의 기능정보표시와 함께 정보표시면에 별표 1의 영양·기능정보표시요령과 방법에 따라 표시하여야 한다.

(7) 기능정보

가. 해당 제품에 사용된 기능성원료의 기능성분 또는 지표성분의 명칭과 1회 분량 또는 1일 섭취량 당 함량을 표시하여야 한다. 단, 소비자에게 직접 판매되지 아니하는 원료용 제품은 단위 값에 함유된 최종함량으로 표시할 수 있다.

나. 기능성표시는 법 제14조 또는 법 제15조에 따른 기준·규격에서 정한 기능성이나 기타 식품의약품안전처장이 인정한 기능성을 표시하여야 한다.

[별표 1]

영양 · 기능정보 표시요령과 방법

1. 영양 · 기능정보 표시내용(예시)

〈예시 1〉

① 영양 · 기능정보
[칸 삭제]
② 1회 분량 / 1일 섭취량 : O정(Omg)

1회 분량 / 1일 섭취량 당	함 량	%영양성분기준치
③ 열량	150kcal	
탄수화물	23g	7%
당류	10g	
단백질	2g	3%
지방	6g	11%
나트륨	55mg	2%
④ 비타민 C	11mg	20%
칼슘	20mg	7%

⑤ 기능성분 또는 지표성분 Omg
⑥ ※%영양성분기준치 : 1일 영양성분기준치에 대한 비율

〈예시 2〉

① 영양 · 기능정보
[칸 삭제]
② 1회 분량/1일 섭취량 : O정(Omg)

1회 분량 / 1일 섭취량 당	함 량	%영양성분기준치
③ 열량	150kcal	
탄수화물	23g	7%
당류	10g	
식이섬유	3g	12%
단백질	2g	3%
지방	6g	11%
포화지방산	2g	13%
불포화지방산	3g	
트랜스지방		
콜레스테롤	10mg	3%
나트륨	55mg	2%
④ 비타민 C	11mg	20%
칼슘	20mg	7%

⑤ 기능성분 또는 지표성분 Omg
⑥ ※%영양성분기준치 : 1일 영양성분기준치에 대한 비율

〈예시 3〉

① 영양 · 기능정보	1회 분량 / 1일 섭취량 당	함 량	%영양성분기준치	1회 분량 / 1일 섭취량 당	함 량	%영양성분기준치
② 1회 분량 /	③ 열량	150kcal		단백질	2g	3%
1일 섭취량 : O정(Omg)	탄수화물	23g	7%	지방	6g	11%
	당류	10g		나트륨	55mg	2%
[칸 삭제]	④ 비타민 C	11mg	20%	칼슘	20mg	7%
	⑤ 기능성분 또는 지표성분	Omg				
	⑥ ※%영양성분기준치 : 1일 영양성분기준치에 대한 비율					

〈예시 4〉

① 영양 · 기능정보 [칸 삭제] ② 1회 분량/1일 섭취량 : O정(Omg)

1회 분량 / 1일 섭취량 당 함량 : 열량 kcal, 탄수화물 Og(O%), 당류 Og, 단백질 Og(O%), 지방 Og(O%), 나트륨 Omg(O%), 비타민 C Omg(O%), 칼슘 Omg(O%), 기능성분 또는 지표성분 Omg
⑦ ※( )안의 수치는 1일 영양성분기준치에 대한 비율임

(8) 섭취량, 섭취방법 및 섭취시 주의사항

가. 해당 제품에 대한 섭취 대상별 1회 섭취하는 양과 1일 섭취횟수 및 섭취방법을 표시하여야 한다.

나. 해당 제품의 섭취시 이상증상이나 부작용 우려대상, 과다 섭취시 부작용 가능성 및 그 양 등 주의해야 할 사항이 있을 경우 이를 표시하여야 한다.

(9) 원료명 및 함량

가. 원료명은 해당제품의 기능성을 나타내는 주원료를 우선표시하고 그 외의 원료는 제조시 많이 사용한 순서에 따라 표시하여야 한다. 다만, 최종제품에 남아있지 아니한 원료명은 표시하지 아니할 수 있다.

가의2. 주원료의 함량을 표시하는 경우에는 기능성분(또는 지표성분)의 명칭과 함량을 함께 표시하여야 한다.

나. 복합원료(2 종류 이상의 원료를 사용하여 제조한 제품)를 원료로 사용한 때에는 그 복합원료명을 표시하고 괄호 속에 많이 사용한 원료명을 순서에 따라 표시하여야 한다. 다만, 복합원료가 해당 제품의 5퍼센트(%) 미만에 해당되거나 복합원료 명칭에서 그 원료가 분명할 경우에는 해당 원료명을 표시하지 아니할 수 있다.

라. 제조시 사용한 정제수는 원료로 표시하여야 한다. 다만, 그 사용한 정제수가 최종제품에 남아 있지 아니한 경우와 소금물, 시럽 또는 육수 등으로 표시한 경우에는 이에 사용한 정제수를 따로 표시하지 아니할 수 있다.

바. '명칭과 용도를 함께 표시하여야 하는 식품첨가물'에 해당하는 용도로 건강기능식품을 제조·가공시에 직접 사용·첨가하는 식품첨가물은 나목 단서에도 불구하고 그 명칭과 용도를 함께 표시하여야 한다.

바의2. '식품첨가물의 간략명 및 주용도'에 해당하는 식품첨가물의 경우 식품첨가물공전의 고시된 명칭이나 동 표에서 규정한 간략명 또는 그 식품첨가물에 해당하는 주용도로 표시하여야 한다. 다만, 건강기능식품의 주원료로 사용한 경우에는 고시된 명칭만을 사용하여야 하고, '식품첨가물의 간략명 및 주용도'에서 규정한 주용도가 아닌 다른 용도로 사용한 경우에는 고시된 명칭 또는 간략명으로 표시하여야 한다.

바의3. 식품첨가물중 착향료를 사용한 경우에는 명칭 옆에 괄호로 용도를 "천연착향료" 또는 "합성착향료"로 구분하여 표시할 수 있다.

사. 원료로서 사용한 추출물(또는 농축액)의 함량을 표시하는 때에는 제품중에 함유된 각각의 원료 고형분 함량(백분율)을 함께 표시하여야 한다. 다만, 고형분 함량의 측정이 어려운 경우 배합량으로 표시할 수 있다.

(10) 질병의 예방 및 치료를 위한 의약품이 아니라는 내용의 표현

가. 질병의 예방 및 치료를 위한 의약품이 아니라는 내용의 표현은 소비자가 알아보기 쉽도록 표시면의 바닥면과 평행하게 표시하여야 한다.

나. 건강기능식품은 인체에 유용한 기능성을 가진 원료나 성분을 사용하여 제조가공한 식품이라는 표현을 할 수 있다.

(11) 기타 건강기능식품의 세부표시기준에서 정하는 사항

가. 동물에서 유래된 성분(식품첨가물을 포함한다)을 사용하는 경우에는 그 성분명, 기원동물 및 사용부위를 표시하여야 한다. 다만, 빈 캅셀 등 제조공정상 소해면상뇌증의 감염우려가 없는 품목의 경우에는 그러하지 아니하다.

라. 음주전후, 숙취해소 등의 표시를 하고자 하는 때에는 "과다한

음주는 건강을 해칩니다." 등의 경고문구를 함께 표시하여야 한다.

마. "천연"의 표시는 합성향·착색료·보존료 또는 어떠한 인공이나 수확 후 첨가되는 합성성분이 제품내에 포함되어 있지 아니하고, 비식용부분의 제거나 최소한의 물리적 공정 이외의 공정을 거치지 아니한 건강기능식품의 경우에는 표시가 가능하다.

바. "100%"의 표시는 표시대상 원료를 제외하고는 어떠한 물질도 첨가하지 아니한 경우에 한하여 표시할 수 있다.

사. 아스파탐을 첨가 사용한 제품에는 "페닐알라닌 함유"라는 내용의 표시를 하여야 한다.

아. 인삼 및 홍삼제품에 대한 표시는 다음과 같다.

a. 인삼·홍삼제품의 기준 및 규격에 적합한 제품과 인삼·홍삼을 기능성 원료로 사용한 인삼·홍삼 제품의 경우 인삼 또는 인삼을 나타내는 명칭(제품명을 포함한다), 도안 및 그림 등을 표시하거나 사용할 수 있다. 다만, 다른 법령에서 별도로 정하여진 경우에는 그러하지 아니하다.

b. 인삼·홍삼제품에 사용한 원료삼의 배합비율(백분율)을 미삼류와 인삼근류로 구분하여 표시하여야 한다.

c. 제품설명문 또는 포장에 인삼의 유래를 표기하고자 하는 때에는 인삼의 유래 기본문안을 준용하여야 한다.

d. 제품명은 한자로 표시할 수 있다.

e. 국내 시판제품에는 "대한민국특산품"이라는 자구를 한글 또는 한자로 표시할 수 있고, 수출품에는 "대한민국특산품"이라는 자구를 영어 또는 수입국의 언어로 표시할 수 있다.

자. 우수건강기능식품제조기준(GMP)적용지정업소의 제품에는 "GMP적용업소"라는 문구 또는 우수건강기능식품제조기준(GMP)적용지정업소임을 나타내는 도안(이하 "GMP 도안"이라 한다)을 표시

할 수 있다. 다만 GMP 도안을 표시할 때에는 별표 2의 GMP 도안에 따라 표시하여야 한다.

그림 3-2 GMP 인증 도안(가로 : 세로 = 1 : 0.83)

차. 알레르기 유발 원료를 사용하는 제품과 그렇지 않은 제품을 같은 제조 과정(작업자, 기구, 제조라인, 원료보관 등 모든 과정)을 통하여 생산하게 될 경우 불가피하게 혼입 가능성이 있다는 내용을 표시하여야 한다. 다만, 혼입의 가능성이 전혀 없는 경우에는 그러하지 아니하다.

예시) "이 제품은 메밀을 사용한 제품과 같은 제조 시설에서 제조하였습니다."등의 표시

카. 식품의 품질관리를 위하여 별도 포장하여 넣은 선도유지제에는 "습기방지제(방습제)", "습기제거제(제습제)"등 소비자가 그 용도를 쉽게 알 수 있도록 표시하고 "먹어서는 아니 된다"는 등의 주의 문구도 함께 표시하여야 한다.

타. 살균제품 또는 멸균제품은 "살균제품", "멸균제품"으로 각각 표시하여야 한다.

파. 카페인을 인위적으로 첨가하였거나 카페인을 함유한 원료를 사용하여 제조·가공한 액체식품은 카페인 함량이 ㎖당 0.15mg이

상 함유한 경우에 주표시면에 "고카페인함유"로 표시하여야 한다. 다만, 다류와 제품명 또는 제품명의 일부로 "커피" 또는 "차" 로 표시되는 제품은 그러하지 아니하다.

하. 보존료 및 색소 등의 식품첨가물을 사용하지 아니한 경우 이를 사용하지 아니 하였다는 표시(예 : 무(無) 보존료)를 할 수 있다. 이는「식품첨가물의 기준 및 규격」(식품의약품안전처 고시) 중 해당 제품 대하여 사용할 수 있는 식품첨가물의 경우에 한하며, 사용이 금지된 첨가물에 대해서는 사용하지 아니하였다는 표시를 할 수 없다

거. 해당 제품 섭취로 구토, 두드러기, 설사 등 부작용으로 의심되는 증상이 나타날 경우 신속하게 신고하도록 하기 위해 제품의 용기·포장에 "부작용 추정사례 신고는 국번 없이 1577-2488"의 표시를 하여야 한다. 단, 건강기능식품 원료는 표시하지 아니 할 수 있다.

7 중량 등의 허용 오차

내용량을 표시함에 있어 그 용기·포장에 표시된 양과 실제량과의 부족량의 허용오차는 아래 표 3-1와 같다.

표 3-1. 표시된 양과 실제량과의 부족량의 허용오차(범위)

품 목	표 시 된 양	허용오차
인삼 · 홍삼제품	3g 이하 3g 초과 100g이하 100g 초과 1000g이하 1000g초과	5% 3% 2% 1%
인삼 · 홍삼제품 외의 건강기능식품	50g[㎖]이하 50g[㎖]초과 100g[㎖]이하 100g[㎖]초과 1000g[㎖]이하 1000g[㎖]초과	4% 3% 2% 1%

8 적용특례

가. 건강기능식품의 원료제품의 경우에는 영양정보, 섭취량, 섭취방법 및 섭취시 주의사항, 질병의 예방 및 치료를 위한 의약품이 아니라는 내용의 표현, 기타 건강기능식품의 세부표시기준에서 정하는 사항은 표시하지 아니 할 수 있다.

나. 수출하는 건강기능식품은 수입자의 요구에 따라 표시할 수 있다.

다. 주표시면에 표시하여야 하는 사항을 부득이한 사유로 정보표시면에 표시하고자 하는 경우에는 12포인트 이상의 활자크기로 표시하여야 한다.

라. 자사제품제조용 원료로 수입하는 건강기능식품은 제4조의 표시사항중 영양정보, 섭취량, 섭취방법 및 섭취시 주의사항, 질병의 예방 및 치료를 위한 의약품이 아니라는 내용의 표현, 기타 건강기능식품의 세부표시기준에서 정하는 사항은 표시하지 아니할 수 있으며, 그 밖의 표시사항 중 다른 나라에서 사용하는 표시가 있는 경우 그에 해당하는 한글표시를 생략할 수 있다.

마. 수출국 제조업자가 그 나라 표시사항을 표시하여 제조한 제품에 이 규정에 따라 표시를 할 경우에는 제품포장의 특성에 무관하게 표시사항이 한글로 인쇄 또는 기재된 라벨을 사용할 수 있다. 이 경우 그 나라의 표시사항 중 제품명, 원료명 및 함량, 영양·기능정보, 유통기한 등 일자표시에 관한 사항 등 주요 표시시항을 가려서는 아니 된다.

9 준용

「건강기능식품의 표시기준」에 관하여 이 규정으로 정하지 아니한 식품첨가물, 기구 또는 용기·포장, '알레르기', '방사선조사', '포장재질', '인삼의 유래 기본문안', '영양성분 기준치', '한국인 영양섭취기준', '명칭과 용도를 함께 표시하여야 하는 식품첨가물', '식품첨가물의 간략명 및 주용도' 등에 대하여는「식품위생법」제10조에 따른「식품등의 표시기준」을 준용하고, 유전자변형 건강기능식품은「유전자변형식품등의 표시기준」을 준용한다.

Ⅲ-2 건강기능식품의 기능성 표시 및 광고 심의

기능성 식품의 "건강기능식품의 기능성에 대한 표시·광고를 하려는 자는 식품의약품안전처장이 정한 건강기능식품 표시·광고 심의의 기준, 방법 및 절차에 따라 심의를 받아야 한다."라고 건강기능식품에 관한 법률 제16조에서 규정하고 있다. 이 법에 따라 사전 심의 기관은 (사)한국건강기능식품협회에 위탁하여 실시하고 있다. 심의 대상은 건강기능식품의 기능성표시(법 제3조 제3호)와 건강기능식품의 기능성광고(법 제3조 제4호)이다.

단, 건강기능식품의 기준·규격으로 고시되었거나 인정된 기능성 내용만을 그대로 표시한 경우에는 품목제조 신고 또는 수입신고 시 그 표시내용을 해당기관에 제출하여 확인 받아 신고 수리된 경우 표시·광고심의를 받은 것으로 갈음한다.

기능성을 인정받은 건강기능식품은 소비자에게 판매되기 전 산전심의에 적합으로 통보를 받으면 제품 포장에 표시를 하거나 광고를 한다. 기능성 표시·광고심의위원회는 식품학, 영양학, 의학, 법학, 광고학 등 학계 전문가, 식품전문기관, 소비자단체, 산업계 등

건강기능식품전문가로 구성되어 있으며, 심의위원들은 표시·광고 내용이 식약처에서 인정한 기능성을 벗어나지 않는지를 평가한다. 사전심의를 통과한 제품은 방송, 인쇄물, 인터넷을 통한 표시·광고 시 방송의 자막 또는 멘트 및 심의 마크를 사용할 수 있다.

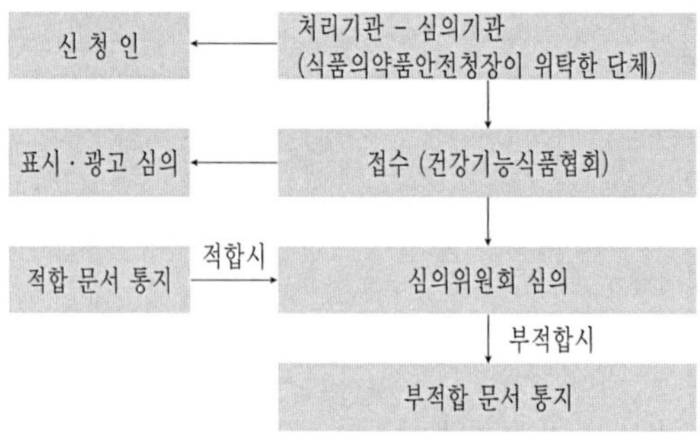

※ 심의 결과가 이의가 있는 경우 재심의 요청 가능

그림 3-2. 심의절차

그림 3-3. 표시·광고 심의필 마크

1 구비서류

- 기능성표시·광고 심의신청서
- 기능성 표시내용·광고내용
- 품목제조신고증(수입신고증)사본 또는 제조 또는 제품설명서

※ 건강기능식품기능성표시·광고심의위원회 자체세부운영규정

제1조(목적) 이 규정은 건강기능식품표시및광고심의기준 제16조의 규정에 의하여 동 심의기준에서 규정한 것 외에 심의위원회 운영에 관한 사항과 그 밖에 심의에 관하여 필요한 세부사항을 규정함을 목적으로 한다.

제2조(세부심의기준) ①심의는 건강기능식품에관한법률 제16조제1항의 규정에 의한 건강기능식품표시및광고심의기준(이하 "심의기준"이라 한다)에 의한다. 이 경우 그 세부심의기준은별표 1] 기능성표시·광고심의기준별세부지침 및 [별표 2] 심의세칙에 의한다.
②식품위생법, 약사법, 표시·광고공정화에관한법률 등의 관련규정을 참조할 수 있다.

제3조(심의방법) ①심의는 심의위원회 회의에서 직접심의 함을 원칙으로 한다. 다만, 부득이한 경우 위원장은 심의위원회의 동의를 받아 서면심의를 할 수 있다. ②위원회는 필요하다고 인정되는 경우에 신청인 및 관계자에 대하여 필요한 서류의 제출 또는 의견진술을 요청할 수 있다. ③신청인은 위원회의 동의를 받아 심의회의에 출석하여 신청내용을 설명할 수 있다.

제4조(회의개최 등) ①심의위원회 회의는 매주 화요일에 개최한다.
②심의위원회의 심의회의 개최는 1주일 전에 회의소집을 통보하고, 재적위원 과반수의 출석으로 개회한다. 다만, 심의안건을 제출한 해당 업체 또는 그룹소속 위원이나 직접적인 이해관계에 있는 위원의 경우에는 해당 심의에 참여할 수 없다.

제5조(심의신청) ①신청인은 심의기준 제4조의 규정에 의한 별지 제1호서식인 기능성표시·광고심의신청서에 아래와 같이 구비서류 및 관련 자료를 첨

부하여 심의기관에 제출하여야 한다. 구비서류 첨부물: 방송매체 기능성광고의 직·간접적 표현에 대한 방송내용(기능성내용, 자막, 도표, 그림 등) 기능성표시·광고관련 자료, 인쇄매체, 인터넷 등 기능성표시·광고내용
②제1항의 규정에 의한 심의신청은 직접 방문 또는 우편으로 접수 할 수 있다.
③심의수수료는 건강기능식품에 관한 법률 시행규칙 제15조 [별표 11] 수수료의 규정에 따라 10만원으로 한다.

제6조(재심의 신청 등) ①신청인은 위원회의 수정적합, 부적합 결정에 이의가 있을 경우 제7조에서 정하는 바에 따라 통지받은 날부터 1월 이내에 재심의를 신청할 수 있다.
②심의받은 기능성표시·광고중 일부 내용만 삭제하거나 기능성표시·광고내용에 변화를 주지 않는 범위 내에서 단순한 자구수정만을 하고자 할 경우에는 재심의 없이 기능성표시·광고를 할 수 있다. 다만, 이 경우 신청인은 기능성표시·광고가 소비자에게 알리기 전에 심의기관에 통보하여야 하며 이를 통보하지 아니하는 경우에는 심의를 받지 아니한 것으로 본다.
③제2항 단서의 규정에 의하여 기능성표시·광고의 수정내용을 통보 받은 위원장은 수정내용에 대한 재심의의 필요성이 있다고 인정되는 때에는 즉시 신청인에게 알려 재심의를 받을 수 있도록 조치하여야 한다.

제7조 (재심의 처리) ①재심의는 다음 각 호의 사항을 첨부한 심의기준 제4조 별지 제1호서식인 기능성표시·광고재심의신청서를 심의기관에 제출함으로써 행한다.
1. 재심의 신청취지 및 이유
2. 원심의 신청과 결정의 내용
3. 신청내용을 입증할 수 있는 관련자료 및 증빙물
②심의기관은 재심의 신청내용이 본래의 신청내용과 다를 경우 재심의 신청서류를 반려할 수 있다.
③위원회는 재심의신청이 이유 없다고 인정되는 때에는 이를 기각하고, 재심의신청이 이유 있다고 인정될 때에는 원심의 결정을 취소 또는 변경할 수 있다.
제8조(심의필 표시) ①심의결과 적합한 경우에는 아래의 방법에 따라 표시·광고할 수 있다.

심의대상 심의표시 심의필도안, 방송매체, 인쇄매체, 인터넷 등 ○방송중 자막 또는 멘트등의 방법으로「이 광고는 기능성표시·광고심의위원회의 심의를 받은 내용입니다」라고 할 수 있다.

○심의필 도안을 사용할 수 있다.

②심의결과에 따라 심의결과통보서에 적합, 수정적합, 부적합으로 구분하고 심의필 인장을 날인하여 교부하여야 한다. 다만, 수정적합을 받은 경우 수정한 기능성표시·광고내용을 소비자에게 알리기 전에 심의기관에 제출하여야 한다.

제9조(위법사항 보고) 심의를 거치지 아니하거나 위원회 결정대로 수정하지 아니하고 표시·광고한 행위에 대하여는 이를 식품의약품안전청장에게 보고하여야 한다.

부 칙

제1조(시행일) 이 규정은 식품의약품안전청장의 승인일로부터 시행한다.

2. 기능성표시·광고 심의 기준별 세부지침

건강기능식품표시 및 광고심의기준에 따라 건강기능식품제조업의 영업허가를 받아 제조하는 건강기능식품(기능성 원료 또는 성분을 포함한다.) 및 수입신고하는 건강기능식품에 의한 기능성 표시·광고심의를 효율적으로 할 수 있도록 심의기준별 세부지침을 다음과 같이 정한다.

기능성표시·광고 심의 기준별 세부지침

1) 목적

건강기능식품표시 및 광고심의기준 제3조 규정에 의한 기능성 표시·광고심의를 효율적으로 할 수 있도록 심의기준별 세부지침을 정한다.

2) 심의기준별 세부지침

(1) 국민의 건강증진 및 소비자보호에 관한 국가의 건강기능식품정책에 부합하여야 한다.

건강기능식품의 안전성 확보, 품질향상을 위한 정책에 부합하여야 함.

영업자간의 공정한 경쟁과 건전한 유통·판매를 도모하여 국민건강증진 및 소비자보호관련 제반정책에 부합하여야 함.

- 보건복지부의 국민식생활지침에 위배되지 아니하여야 함.

(2) 인체의 구조 및 기능에 대하여 생리학적 작용 등과 같은 보건용도에 유용한 효과에 대한 표현이어야 한다.

인체조직 기능의 일반적인 증진을 나타내는 표현이어야 함.

예) 건강유지, 건강증진, 체질개선, 영양보급 등

인체의 성장·발육 및 정상기능에 대한 영양소의 생리학적 작용에 대한 표현이어야 함.

예) 영양보충용제품(비타민, 칼슘, 철, 아미노산 등)의 기능성 표현

- 비타민D는 뼈의 형성과 장관에서 칼슘의 흡수를 도우며, 칼슘의 대사를 촉진시켜 칼슘이 체외로 배설되지 않도록 칼슘의 재흡수를 도와줍니다.

예) 식품영양학적으로 공인된 사실의 표현이어야 함.

- 임신기, 수유기, 성장기 및 노화기의 영양보급 등

인체의 정상기능 또는 생물학적 활동에 특별한 효과가 있어 건강에 기여하고 기능향상 또는 건강유지와 증진에 도움이 된다는 표현이어야 함.

예) 건강기능식품류(영양보충용제품 제외)에 대한 기능성 표현

- EPA함유제품은 콜레스테롤 개선에 도움이 되고 혈행을 원활히 하는데 도움이 됩니다.

일상의 식사를 통한 식품의 섭취는 질병의 발생 또는 건강상태의 위험요인을 감소시키는 데 도움이 된다는 표현이어야 함.

- 식품의약품안전청장이 질병발생위험감소에 대하여 현재까지 인정한 사항은 없으나 앞으로 사안별로 인정할 예정임.

예) 칼슘이 적당히 함유된 식사는 칼슘 부족으로 인한 골다공증 등의 발생 위험을 낮추는데 도움을 줄 수도 있습니다. 이 제품은 평상시 칼슘을 부족하게 섭취하는 소비자를 위한 칼슘보충용제품입니다.

(3) 객관적이고 과학적인 근거자료에 의해 표현되어야 한다.

객관적으로 인정되는 과학적인 연구결과에 따라 관계 전문가집단에서 상당한 정도 합의가 된 사실의 표현이어야 함.

학술문헌 등의 내용을 인용하는 표현은 과학적 합의가 되지 않은 사실과 부정확한 사실을 전달할 우려가 있으므로 타당성을 입증할 만한 객관적·과학적인 근거자료에 의해 표현되어야 함.

예) 부적합한 표현

- 영지는 신농본초경 및 본초강목에서 불노초, 선지로 불리며 국제심포지움을 통해서 노화방지, 간세포 부활에 효과가 있고 각종 성인병에 혁신을 가져온 신물질로 입증되었습니다.

객관적·과학적으로 인정된 근거 없이 자사제품이 타사제품보다 우수하다는 배타적·절대적 표현 또는 동일한 조건이 아닌 왜곡될 가능성이 있

는 특정한 조건하에서 얻어진 결과만으로 부적절한 비교 표현을 하여서는 아니 됨.

정에 의한 검사기관의 해당 성분·함량 등에 관한 시험·검사자료에 근거하여 표현되어야 함.

(4) 이해하기 쉽고 올바른 문장이나 용어를 사용하여 명확하게 표현하여야 한다.

표준어·식품과학용어·한글맞춤법의 사용을 원칙으로 하고 외국어는 적절한 학술용어 등이 없을 경우 외래어표기법에 따라서 표현하여야 함.

바른 언어생활을 저해하는 비속어, 은어 및 저속한 조어를 사용하여 표현하여서는 아니 됨.

같은 원료의 명칭이 식품·의약품의 명칭으로 구분되는 경우 식품의 명칭으로 표현하여야 함.

예) 도라지·길경은 "도라지", 마·산약은 "마"

해당 제품이 갖는 고유의 특성과 기능성 등에 관한 정보를 명확하고 이해하기 쉽게 표현하여 합리적인 제품선택 및 올바른 이용에 도움이 되어야 함.

예) ○○제품은 식용 가능한 어류(△△)에서 채취한 도코사헥사엔산(DHA)를 함유한 유지를 식용에 적합하도록 정제하여 이를 주원료로 제조·가공한 제품입니다. DHA가 두뇌·망막의 구성성분이므로 두뇌영양공급에 도움이 되는 건강기능식품입니다.

보통 소비자에게 익숙하지 않은 법령·행정용어 등으로 구성된 허가·신고·지정·인정·선정·인증 등을 표현할 경우에는 영업신고·품목제조신고 등을 영업허가·품목제조허가 등으로 또는 지방자치단체·협회 등에 의한 수상·선정·인증 등을 국가기관에 의한 수상·선정·인증 등으로 오인하지 않도록 사실에 근거하여 명확하게 표현하여야 함.

예) 서울지방식품의약품안전청 건강기능식품수입업 영업신고 제○호 서울특별시 은평구청 건강기능식품일반판매업 제○호

(5) 안전성 및 기능성에 관한 건강기능식품의 기준·규격 또는 원료·성분으로 고시되었거나 인정된 내용에 부합하여야 한다.

건강기능식품의 원료·성분, 제조·사용 및 보존 등에 대하여 기준과 규격을 정해서 고시한 "건강기능식품의기준 및 규격"에 부합하여야 함.

고시되지 아니한 원료·성분의 안전성·기능성 또는 식품의 기준·규격 등에 대하여 자료검토 및 검사를 거쳐 건강기능식품의 원료·성분 또는 기

준·규격으로 인정하는 "건강기능식품의 원료 또는 성분 인정에 관한규정" 및 "건강기능식품 기준 및 규격 인정에 관한 규정"에 부합하여야 함.

(6) 표시기준에 적합하여야 한다.

건강기능식품의 용기·포장 및 설명서에는 법 제17조 및 건강기능식품의 표시기준의 규정에 적합하게 표시하여야 한다.

- 건강기능식품의표시기준 제6조 제7호 나목의 규정 및 별표 2의 영양·기능정보 표시 요령 및 방법에 적합하게 기능성 표시

(7) 허위·과대의 표시·광고 범위에 해당되어서는 아니 된다.

건강기능식품의 명칭, 원재료, 제조방법, 영양소, 성분, 사용방법, 품질 등에 관하여 표시·광고를 할 경우에는 법 제18조 및 동법시행규칙 제21조 〔별표 5〕 허위·과대의 표시·광고의범위에 해당되어서는 아니됨.

예) 제1호가목 : 암 예방, 고혈압·당뇨 등 만성질환 예방
제1호나목 : 당뇨병, 고혈압 등 질병치료에 대한 표현
제1호다목 : 관절염통증 경감 등의 표현
제1호마목 : 항생제, 항균제, 살균제 등의 표현

※ 광고표현 예시

건강기능식품 광고표현

· 칼슘보충용제품 : 칼슘은 인체의 구성성분으로 2% 정도를 차지하고 있는 데, 체내 칼슘의 대부분(99%)은 골격과 치아에 존재하고 극히 일부(1%)가 세포와 세포내외의 체액에 존재하면서 신체의 생리조절 기능을 수행하고 있습니다.

· ○○제품은 성장발육이 왕성한 청소년, 칼슘필요량이 증가하는 임신·수유부, 뼈가 약해지기 쉬운 갱년기의 여성이나 식생활에서 칼슘의 섭취가 충분치 못한 현대인들의 칼슘부족 예방에 좋은 건강기능식품입니다.

· 효모추출물제품 : 효모는 아미노산 조성이 좋은 양질의 단백질과 비타민, 무기질 등 각종 영양소가 풍부하게 함유되어 있으며, 특히 비타민 B군과 셀렌, 아연 등의 미량원소를 함유하고 있어 ○○제품은 현대인의 영양불균형 개선과 건강증진 및 신진대사 기능에 유용한 건강기능식품입니다.

2 심의세칙

※ 심의세칙

(1) 식품의약품안청장이 고시 또는 인정한 건강기능식품기준 및 규격 중 건강기능식품별 기능성 내용에 따라 기능성을 표현하여야 한다. 이 경우 각 품목류별로 주원료 또는 성분의 기능성을 인정하고 있으므로 주원료 또는 성분위주로 표현하여야 한다.

(2) 기능성내용과 관련하여 주원료 또는 성분이 아닌 원료나 성분을 과장하여 표현할 경우 소비자가 주원료 또는 성분으로 오인할 우려가 있으므로 보조원료 또는 성분을 표시·광고할 경우에는 함량 표시 및 간단한 서술에 한 한다.

① 표현 허용예 : ○○ 제품은 양질의 단백질과 불포화지방산으로 이루어져 있으며, 보조원료로 키토산과 토코페롤이 첨가되었습니다.

② 표현 불허용예 : 양질의 단백질로 이루어진 ○○ 제품에는 보조원료로 면역력증가, 항균작용을 하는 키토산과 노화억제작용을 하는 토코페롤이 첨가되었으며, 조혈기능을 가진 비타민, 저항력을 증진하는 아연과 각종 미네랄, 칼슘 등이 골고루 들어 있습니다.

(3) 의약품적인 효능·효과에 해당되는 표현을 해서는 아니 된다.

예시)

① 기원, 유래 등의 설명으로 암시 : "옛날부터 스칸디나비아 사람들은 상어로부터 추출한 간유를 허약체질, 상처치유 목적, 위장질환 등 여러가지 질병에 복용시키는 민간요법으로 사용 등"

② 신문, 잡지 등의 기사나 의사, 학자 등의 담화, 학설, 경험담 등을 인용 또는 기재함으로써 암시 : "의학박사 ○○○의 말씀 「○○ 제품을 복용하면 백혈병, 암 등에 걸리지 않으며, 예방효과가 뛰어난 것으로 밝혀졌다.」 등"

③ 「호전반응」이란 표현으로 암시 : 과학적으로 증명된 바 없음에도 식품섭취시 발생하는 소화장애, 소화이상 등을 체질개선, 체내정화라는 명현반응 또는 호전반응으로 설명하여 섭취를 권장"

(4) 건강기능식품은 기능성 원료 또는 성분을 일반식품보다 고농도로 함유

하여 과잉으로 섭취할 경우 건강장해등을 일으킬 우려가 있으므로 건강기능식품의 섭취량 및 섭취방법을 표현할 경우에는 정확하고 올바른 정보제공이 되도록 하여야 한다. 이 경우 의약품의 용법·용량으로 오인하지 않도록 하여야 한다.

예시) 설사가 나지 않는 범위 내에서 최대량을 드시면 효능이 가장 좋습니다.(×) 1일 3회 1포식 복용하고, 특별한 과로시 1 ~ 2포를 별도로 섭취하면 피로감을 개선할 수 있습니다.(×)

(5) 기능성 내용과 관련하여 식품의약품안전청장이 인정하지 않은 기능성 원료 또는 성분은 과학적 검증이 이루어지지 않은 것이므로 이를 표시·광고하여서는 아니 된다.

예시) 명일엽에는 게르마늄이 460ppm 함유되어 있는 세포에 산소를 원활히 공급해 줍니다.

(6) 기능성 내용과 관련하여 제품의 특징을 사실과 다르게 또는 과장하거나 모호하게 표현하여 소비자를 오인케 하여서는 아니되며, 제품의 특징에 대한 표현은 사실대로 하여야 한다.

예시) 키토산은 인체에 가장 흡수되기 쉬운 고분자 형태로 만들어 인체의 자연치유력을 회복시켜 주는 고기능성 건강식품입니다.

(7) 기능성 내용과 관련하여 제품이 함유한 기능성 원료 또는 성분이 식품의약품안전청장이 인정하지 아니한 특정대상에게 효능·효과가 있음을 강조함으로써 소비자를 오인시킬 우려가 있는 권장표현을 해서는 아니 된다.

예시) 수험생들과 같이 학습능력증진 및 신경의 영양공급이 필수적인 분

(8) 기능성 내용의 표시·광고와 관련하여 판매사례품, 경품류, 제공기간, 반품, 교환, 대금지불방법 등의 판매방법 및 거래내용을 사실과 다르게 하거나 모호하게 하여 소비자를 기만하거나 오인시킬 우려가 있는 표현을 해서는 아니 된다.

예시) 부당하게 고객을 유인하기 위하여 실제와는 달리 한정된 기간이나 한정된 수량만을 판매하는 것으로 표시·광고하는 행위

(9) 기능성 내용과 관련하여 저속한 문구나 사진 및 도안은 미풍양속을 해

치거나 해칠 우려가 있으므로 광고윤리성을 저해하는 내용의 표현을 하여서는 아니 된다.

예시) 강력하고 정력적인 남자의 힘은 모든 남자들의 꿈, 그 꿈을 ○○ 제품으로 이루십시오.

(10) 기능성 내용과 관련하여 국민건강의식을 해칠 우려가 있는 음주, 흡연 등을 조장하는 내용을 표현 하여서는 아니 된다.

예시) 음주, 흡연 등으로 잃은 건강과 활력을 되찾는 데 도움을 줍니다.

3 허위､과대､비방의 표시､광고의 범위

※ **허위､과대､비방의 표시､광고의 범위(제21조관련)**

1. 질병의 예방 및 치료에 효능·효과가 있거나 의약품으로 오인·혼동할 우려가 있는 내용의 표시·광고에 해당하는 경우

가. 질병 또는 질병군의 발생을 사전에 방지한다는 내용의 표시·광고

나. 질병 또는 질병군에 효과가 있다는 내용의 표시·광고. 다만, 질병이 아닌 인체의 구조 및 기능에 대한 보건용도의 유용한 효과는 해당되지 아니한다.

다. 질병의 특징적인 징후 또는 증상에 대하여 효과가 있다는 내용의 표시·광고

라. 질병 및 그 징후 또는 증상과 관련한 제품명, 학술자료, 사진 등(이하 이 목에서 "질병정보"라 한다)을 활용하여 질병과의 연관성을 암시하는 표시､광고. 다만, 다음의 어느 하나에 해당하는 표시､광고는 제외한다.

1) 질병의 발생 위험을 감소시키는데 도움이 된다는 내용의 표시､광고

2) 질병정보를 제품의 기능성 표시､광고와 명확하게 구분하고, "동 질병정보는 제품과 직접적인 관련이 없습니다." 등의 표현을 병기한 표시､광고

마. 의약품에 포함된다는 내용의 표시·광고

바. 의약품을 대체할 수 있다는 내용의 표시·광고

사. 의약품의 효능 또는 질병 치료의 효과를 증가시킨다는 내용의 표시·광고

2. 사실과 다르거나 과장된 표시·광고에 해당하는 경우

가. 법 제5조부터 법 제7조까지의 규정 또는「수입식품안전관리 특별법」 제15조에 따라 허가받은 사항이나 등록·신고한 사항 또는「수입식품안전관리 특별법」제20조제1항에 따라 수입신고한 사항과 다른 내용의 표시·광고

나. 식품의약품안전처장이 인정하지 아니한 기능성을 나타내는 내용의 표시·광고

다. 정부 또는 관련공인기관의 수상·인증·선정·특허와 관련하여 사실과 다른 내용의 표시·광고

라. 해당 건강기능식품의 명칭, 원재료, 제조방법, 영양소, 성분, 섭취방법, 품질 및 건강기능식품이력추적관리와 다른 내용의 표시·광고

3. 소비자를 기만하거나 오인·혼동시킬 우려가 있는 표시·광고에 해당하는 경우

가. 각종의 감사장 또는 체험기 등을 이용하거나 "주문쇄도", "단체추천" 또는 이와 유사한 내용을 표현하는 광고

나. 의사, 치과의사, 한의사, 수의사, 약사, 한약사, 대학교수 또는 그 밖의 자가 제품의 기능성을 보증하거나, 제품을 지정·공인·추천·지도 또는 사용하고 있다는 내용 등의 표시·광고. 다만, 해당제품의 연구·개발에 직접 참여한 사실을 표시·광고하는 경우를 제외한다.

다. 외국어의 사용 등으로 외국제품으로 혼동할 우려가 있는 표시·광고 또는 외국과 기술 제휴한 것으로 혼동할 우려가 있는 내용의 표시·광고

라. 해당 제품의 제조방법·품질·영양소·원재료·성분 또는 효과와 직접 관련이 적은 내용을 강조함으로써 다른 업소의 제품을 간접적으로 다르게 인식되게 하는 광고

마. 비교표시·광고의 경우 그 비교대상 및 비교기준이 명확하지 아니하거나 비교내용 및 비교방법이 적정하지 아니한 내용의 표시·광고

바. 「식품·의약품 시험·검사 등에 관한 법률」제6조에 따라 지정된 검사기관이 아닌 기관에서 검사한 결과를 이용한 표시·광고

사. 법 제15조제2항에 따라 제출하여 식품의약품안전처장이 인정한 인체적용시험 결과(이하 이 목에서 "인체적용시험결과"라 한다)를 일부 삭제하거나 변경하여 해당 건강기능식품의 사용 전후를 비교하는 등 해당 건강기능식품의 기능 또는 효과에 대하여 소비자를 오인하게 하거

나 기만하는 표시·광고. 다만, 인체적용시험결과를 그대로 표시·광고하는 경우는 제외한다.

4. 의약품의 용도로만 사용되는 명칭(한약의 처방명을 포함한다)의 표시·광고의 경우 : 법 제24조제3항의 규정에 따라 식품의약품안전처장이 정한 의약품의 용도로만 사용되는 원료에 관한 내용의 표시·광고

5. 다른 업체 또는 그 제품을 비방하는 표시·광고에 해당하는 경우: 다른 업체 또는 그 제품에 관하여 객관적인 근거가 없는 내용을 나타내어 비방하는 표시·광고

제 Ⅳ장

식품의 영양성과 기능성

Ⅳ-1 탄수화물의 영양성과 기능성

- 식품(food material) : 한 종류 이상의 영양소를 가지는 것.
- 영양소 : 탄수화물, 단백질, 지질, 무기질, 비타민.
- 열량소 : 탄수화물, 단백질, 지질.
- 조절소 : 무기질, 비타민.

식품의 기능성 이용성에 따라 1차, 2차 및 3차 기능으로 구분한다. 1차 기능은 식품의 가장 기본인 영양적 기능으로 영양소와 에너지를 공급하는 것을 의미하며, 2차 기능은 맛, 향, 색소 및 물성의 기능을 조절을 통하여 식품에 관능미를 제공하는 기호적 기능에 있다. 그러나 최근에 영양과 기호적 기능이 충족되고 건강에 대한 관심이 증대되면서 식품의 생리활성 기능인 3차 기능의 중요성이 증가하고 있는 실정이다.

이러한 배경에는 소득수준의 향상에 따른 평균 수명의 연장과 건강한 삶에 대한 욕구가 증대되면서 관심이 커지게 되었다. 즉, 식품을 통하여 건강을 유지하고, 질병의 발생을 예방하며, 질병 치료의 보조적 및 치료적 목적으로 식품의 기능성을 이용하려는 시도가 많이 이루어지고 있는 실정이다.

1 탄수화물의 영양성

1) 탄수화물이란?

- 탄수화물(Carbohydrate) : 일반적인 분자식은 $Cm(H_2O)$로 구성되었다. 탄소의 수화물(탄수화물)을 의미하나, 아닌 경

우도 있다.

- 당질원 : 식물성 식품 대부분
  예) 쌀, 보리, 밀, 옥수수, 감자, 고구마
- 태양에너지 : 이산화탄소 + 물 -- (광합성) → 탄수화물 생성

2) 당질의 분류

(1) 단당류

- 정의 : 더 이상 가수분해 되지 않는 당
- 종류
  - · 포도당 : dextrose, 혈당(혈액내 100mg / 100mℓ), 포도, 채소, 과일, 꿀, 나무액즙
  - · 과당 : 과일, 채소, 꿀
  - · 갈락토스 : 우유, 단독 존재가 거의없다

(2) 이당류

- 정의 : 단당이 2개 결합
- 종류
  - · 설탕(sucrose) - 사탕수수, 사탕무, 과일, 꿀, Glucose + Fructose
  - · 맥아당(maltose) - 엿기름, Glucose + Glucose
  - · 유당(lactose) - 우유(4 ~ 7%), Glucose + Galactose

(3) 소당류(Oligosaccharide)

- 정의 : 당이 3 ~ 10개의 단당류로 구성된 것

- 종류 : Raffinose, stachyose, maltooligosaccharide, fruct ooligosaccharide
- 기능성 올리고당의 각광을 받고 있음(프락토올리고당-비피더스균)

(4) 다당류

- 정의 : 포도당이 10개 이상 결합된 것
- 종류
  a. 전분(Starch) : 녹말과 글리코겐은 저장용 생체 연료
    · 식물세포의 저장 다당류(포도당)
    · 아밀로펙틴 (α-1→4, α-1→6)과 아밀로오스(α-1→4)
  b. 글리코겐(glycogen)
    · 동물세포의 저장 다당류(포도당)
    · (α-1→4, α-1→6)
  c. 셀룰로오스(Cellulose) : 셀룰로스와 키틴은 생체구조의 성분
    · 식물체의 목질부를 구성(포도당)
    · (β-1→4)
  d. 키틴 (chitin)
    · 곤충, 가재, 게의 외골격을 구성(N-아세틸글루코사민)
    · 키토산(chitosan)은 deacetylation된 키틴

3) 당질의 체내 역할

(1) 주요에너지원

- 1g 산화 시 4kcal 에너지 제공
- 총에너지의 50 ~ 70% 제공
- 두뇌 에너지 급원으로 중요

(2) 케토시스의 방지

- 당 부족에 의한 지질의 이상적 대사를 막음(케톤체 혈액 내 증가 방지)
- 주요증상 : 아세톤냄새, 식욕저하, 다뇨, 갈증, 뇌손상

(3) 단맛의 제공

- 식품의 조리 용이 및 풍미 제공

(4) 식이섬유 제공

- 셀룰로스, 펙틴, 리그닌, 알긴산

4) 당질의 체내 대사

(1) 에너지 생성

총 38ATP 생성 : 혈액을 통해 세포내로 이동된 포도당 1분자 완전히 대사시

(2) 젖산 생성

격심한 운동 → 근육 내 산소부족 → (혐기상태) : 피루빈산 → 젖산(근육 내 젖산 통증유발)

(3) 글리코겐 합성

식후 → 포도당 농도 증가 → 세포내이용 → 잔여분 → 간 또는 근육에 저장(glycogen)

※ 평소운동 많이 하면 근육내의 저장능력 향상 → 지구력 증가

(4) 지방 합성

- 과잉당질 → 저장(glycogen)후 남은 것 → 지방으로 전환(체지방 증가)
  - · 고당질 과다 섭취시 체지방 증가 비만 초래
  - · 효율적인 에너지 형태인 지방으로 저장

(5) 불필수아미노산 합성

- 당질의 대사산물로부터 합성가능

  예) Gly, Ala, Cys, Tyr, Asp, Glut, Pro, Arg, Glu, Asn, His

5) 당질의 권장량

(1) 급원식품 및 권장량

- 일 최소 50 ~ 100g 권장
- 영양균형
- 당질 : 지질 : 단백질 = 60 ~ 65 : 15 ~ 20 : 15 ~ 20
- 총 영양량의 65% 권장
- 성인 1일 400g 권장

  예) 성인 1일 2,500kcal

  2,500kcal × 0.65 = 1,600kcal

  1,600kcal / 4(kcal / g) = 400g

6) 당질 섭취와 신체 변화

(1) 당뇨병

- 혈당 : 공복 시 - 70 ~ 100mg / dℓ, 식후 - 140mg / dℓ, 1 ~ 2시간 후 정상
- 공복 시 : 어지럼증, 두통, 손 떨림, 근무력증은 저혈당에 의함

a. 당뇨원인

- · 혈액내 당이 세포내로 이동하지 않기 때문에(인슐린 부족하여)
- · 인슐린이 당의 운반자 역할
- · 인슐린 부족하면 혈당은 높으나 세포는 기아상태

b. 종류

- · 유아당뇨병(TypeⅠ, 인슐린 의존형) → 췌장에서 인슐린 분비 안됨
- · 주증상 - 물의 섭취가 증가, 다뇨, 체중감소(세포기아)
- · 성인당뇨병(TypeⅡ, 인슐린 비의존형) → 인슐린 저항성 증가 - 세포내로의 포도당 이동 잘 안됨
- · 주원인 - 가족력, 스트레스, 체중과다, 설탕 과다섭취, 비만
- · 식이요법으로 치료 가능

c. 당뇨 증상

- · 3多 : 많이 먹고, 마시며, 소변을 많이 봄
- · 늘 목마르고 피곤
- · 발저림(혈액순환 부족) : 혈액순환 장애에 의해 썩을 수도 있음

d. 환자 유의 사항

- · 주 3일 저녁 식사 후 걷기(45분간), 식이요법
- · 발톱 깊게 깍지 않기

· 다리 꼬거나 무릎 꿇고 장시간 앉아 있지 말기
· 뜨거운 물 5분이상 있지 말기
· 인슐린 주사(식전 30분전 또는 직전)

(2) 유당불내성

- 원인 : 유당이 분해되지 못하여 대장으로 이동, 대장에서 발효 복통 유발
  ※ 소장세포벽에서 유당분해효소(Lactase) 분비 안됨
  예) 흑인, 아시아, 아프리카인에 많다. 우유 섭취량 많은 서양인은 별로 없다.
- 대응책 : 우유의 마시는 양을 차츰 늘려감

(3) 충치

- 음식섭취 → 음식찌꺼기 → (당류 + 박테리아) → 플라그형성 → (발효) → 젖산생성 / 입안 pH 4이하 치아 pH 떨어지면 침식 / 용해
- 예방 : 신선한 채소 및 과일

7) 식이섬유와 영양

- 의미 : 인간의 장내소화 효소에 의해 분해되지 않는 것
  예) 사과의 과피 - 식이섬유(cellulose)가 많고, 과육 - 펙틴 (용해성식이섬유 多)
- 생리기능
  a. 정장(整腸)작용 : 변비예방, 腸의 연동작용 촉진
  b. 체내 독성물질의 체외배설 촉진.
  c. 비만 및 당뇨 예방 : 포만감의 유지(저 cal. Diet용), 포도당 흡수 완만

d, 고지혈증 예방 : 대변으로 담즙산이 배설 증가, 혈중 콜레스테롤 감소(담즙산은 콜레스테롤에 의해 생성됨)

e. 담석 예방 : 식이섬유 담즙산과 결합하여 소장에서 담즙산의 재흡수 방해

8) 가공시의 변화

(1) 영양소 함량의 변화

- 가공 시 일부 영양소 감소

  예1) 도정 시 : 외곽부분 제거 - 섬유소, 비타민, 배아제거(비타민, 무기질)

  예2) 사과 : 사과 섬유소 함유량 - 2.75g, 쥬스 - 0.7g(약 1 / 4 감소)

(2) 영양소 밀도 감소

- 가공 중 첨가성분에 의해 영양소 밀도 감소

  예) 지방첨가 감자, 설탕시럽 첨가 과일통조림

(3) 가공 시의 보완책

- 손실 영양소 첨가. 예) 곡류가공 시 - VB_1, VB_2, 나이아신, 섬유소 첨가
- 원래 부족한 영양소 첨가. 예) 우유 + VD

2 탄수화물의 기능성

1) 올리고당(oligosaccharide)

올리고당은 단당류가 3 ~ 10개 중합되어 형성된 것으로 소장에서 소화되지 않고 대장에 도달하여 장내세균에 의하여 발효됨으로써 장의 건강을 유지하는 기능성 인자로 알려져 있다. 올리고당은 설탕, 유당, 맥아당, 포도당 및 전분 등을 원료로 미생물이 생산하는 당전이 효소를 이용하여 만들어지며, 설탕 대체 감미료로써 음료, 빵, 과자, 젤리 등의 제조에 이용되고 있다.

기능성 올리고당들은 소장의 소화효소들에 의하여 분해가 전혀 되지 않거나 일부만 분해되며, 잘 흡수되지 않으나 쉽게 대사되는 것과 흡수는 되지만 대사되지 못하는 것이 있다. 소장에서 소화되지 않거나 흡수되지 않은 당은 대장으로 이동하여 장내세균에 의하여 분해된다. 이러한 올리고당들은 비소화성 발효성 당이라 한다. 이들은 체내에서 유익균인 비피더스균 증식을 촉진하거나 식이섬유와 유사한 기능을 나타낸다.

올리고당의 종류에는 대두올리고당, 갈락토올리고당, 프럭토올리고당, 이소말토올리고당, 락토슈크로오스, 자일로올리고당 등이 있다. 이들 올리고당들은 그 구조가 다르기 때문에 생리적 효능도 차이가 있다.

올리고당의 생리적 기능은 다음과 같다. 첫째 장내균총과 변비개선효과이다. 올리고당은 소화 및 흡수가 되지 않아 칼로리가 없고 대장에 도달하여 대장 내의 미생물에 의하여 이용된다. 장내 유익균인 유산균과. 비피더스균 등은 활성화시키고 유해세균인 대장균군의 수는 감소시킨다. 또한 올리고당은 비피더스균에 의해 짧은 사슬 지방산이 다량 생성되어 대장의 연동작용을 자극하고, 삼투압을 유지하여 대장 내용물의 수분 손실을 막아 변의 부피를 증가시켜 변비를 개선하는 효과가 있다. 둘째 장내 부패산물의 생성억제 효과이다. 장내에서 생성되는 유해 물질에는 암모니아와 아민에 의한 간독성, 니트로소아민과 페놀과 크레졸에 의한 발암인자, 아글리콘에 의한 돌연변이성 물질, 인돌과 스케톨 및 담즙 대사산물에 의한 발암성 물질 등이 있는 것으로 알려졌다. 셋째 지방질 대사 개선효과이다. 올리고당 섭취는 혈청 내의 콜레스테롤 함량을 저하시키는 것으로 알려졌다. 이것은 올리고당에 의하여 증식된 비피더스균과 유산균이 콜레스테롤을 소비하거나 콜레스테롤의 흡수를 억제한다고 알려졌다. 넷째 혈당조절 효과이다. 올리고당은 소화효소에 의하여 분해 흡수되지 않고 그대로 대장을 통과하므로 칼로리는 없는 것으로 인정되고 있다. 이들 비소화성 올리고당들은 설탕 대체제나 저칼로리 식품 소재로 사용되고 있다. 다섯째 충지예방효과이다. 난소화성 올리고당은 치아우식에 관계하는 *Steptococcus mutans* 균에 의하여 이용되지 않기 때문에 충치를 예방할 수 있는 탄수화물이다.

(1) 대두올리고당

대두를 이용하여 대두 단백질을 만들 때 생성되는 대두 유청(whey)을 원료로 하여 제조하며 주성분은 raffinose, satchyose, sucrose 및 단당류로 구성되었다. 청량감이 있고 내열 및 내산성이 강하여 음료의 제조에 많이 이용되고 있다. Raffinose와 satchyose는 난소화성 물질로 소화·흡수되지 않고 대장에 도달하여 장내 유익균이 이용하여 장내균총의 개선과 정장작용을 하는데 효과적이다. 기능성 내용은 "장내 유익균의 증식과 유해균의 억제에 도움을 줄 수 있습니다. 배변활동을 원활히 하는데 도움을 줄 수 있습니다."[대두올리고당(건강기능식품 기능성 원료인정 현황, 식품의약품안전처)]

(2) 이소말토올리고당

전분 또는 전분질 원료(100%)를 3 ~ 10개의 포도당 분자가 α-1,6 직쇄 결합되도록 효소를 작용시켜 얻은 당액을 가공한 액상 또는 분말상의 물질이다. 이소말토올리고당은 보습성, 방부성이 우수하며 단맛의 첨가나 전분노화방지 효과도 좋아 식품가공에 폭넓게 사용된다. 충치 발생균이 이용을 못하여 특성을 이용한 제품에도 사용한다. 주로 과자, 음료, 캔디, 케이크 제조에 사용된다.

(3) 프락토올리고당

설탕 또는 설탕 원료에 설탕분자에 1 ~ 3개의 과당분자가 결합되도록 β-fructofranosidase(FFase, *Aspergillus niger*) 효소를 작용시켜 얻는다. 이 당액을 여과, 정제, 농축한 액상 또는 분말상의 것을 말한다. 체내의 소화효소에 의해 분해되지 않으며 충치 발생균이 이용하지 못하는 기능성 당이다. 식품에는 과자, 캔디, 젤리, 제빵에 이용되며 감미도는 30 ~ 60%정도이다.

(4) 갈락토올리고당

유당 또는 유탄수화물 원료에 β-galactosidase를 작용시켜 전이 반응에 의해 Gal-(Gal)n-Glu(n=1-4)가 생성되며 이중 3탄당이 주생성물이다. 자연계에서는 lactose, raffinose, stachyose(대두) 등이 있다. 감미도는 10 ~ 40% 정도이다. 열과 산에 안정성이 높아 캔디, 푸딩, 비스킷, 잼 등의 제조에 이용된다.

(5) 사이클로덱스트린(cycolodextrin)

사이클로덱스트린은 6 ~ 8개의 포도당 분자가 둥근 모양으로 결합된 구조를 갖는다. 내부는 소수성이고 바깥쪽은 친수성을 띠고 있어, 물과 섞이기 어려운 물질을 혼합하면 사이클로덱스트린 고리 안쪽으로 들어가 결합하여 마치 하나의 물질처럼 작용한다. 식품산업에서 산화되기 쉬운물질의 안정화제, 물질에 유화성을 부여하는 물성 개선제, 흡습성 방지 등의 분말화제, 이미제거를 위한 첨가제로서 활용성이 많은 물질이다.

(6) 당 알코올

저칼로리 감미료인 당 알코올이 식품산업 전반에 널리 이용되고 있다. 당 알코올은 높은 열 안정성과 갈색화 반응이 일어나지 않기 때문에 가공식품에 그 이용이 확대되고 있으며, 만니톨, 소르비톨, 자일리톨 대사에는 인슐린이 요구되지 않기 때문에 당뇨병 환자에게 유리하다.

2) 식이심유(dietary fiber)

식이섬유란 사람의 소화효소로 분해되지 않는 난소화성 다당류로 주로 식물세포의 세포벽 또는 식물종자의 배유부분에 분포하는 것으로 종류로는 셀룰로오스, 헤미셀룰로오스, 리그닌, 펙틴, 알긴산 및 키틴 등이 있다. 식이섬유는 크게 불용성 식이섬유와 수용성 식이섬유로 분류된다.

(1) 식이섬유의 생리효과

① 보수력 증대 : 변비예방 및 치료를 위해서는 충분한 수분공급과 수분을 유지할 수 있는 음식의 섭취와 규칙적인 운동이 필요하다. 식이섬유의 보수력은 변의 양을 증가시키고 대장운동을 원활하게 하여 배변을 용이하게 하며 정체시간을 단축시킨다.

② 혈중 콜레스테롤 : 식이섬유가 지방이나 콜레스테롤 흡수에 관여하는 답즙의 체외 배출을 촉진시켜, 체내흡수를 억제함으로써 콜레스테롤 함량을 낮추고 총 콜레스테롤에 대한 HDL-콜레스테롤 비율을 높여줌으로써 심장·순환기계 질환에 대한 예방효과가 있기는 것으로 알려였다.

③ 혈당 흡수 지연 : 식이섬유는 포도당 흡수를 지연시킴으로써 혈당 농도를 일정하게 유지시켜 준다.

④ 비만치료 : 식이섬유 섭취 시 포만감 및 영양 흡수억제 등에 의하여 과식을 억제하게 한다. 식이섬유는 소화물의 장 통과 속도를 빠르게 하거나, 일부 영양소들이 영양소들의 흡수를 방해하는 효과도 있다.

(2) 식이섬유 종류

① 세룰로스(cellulose) : 세룰로스는 식물세포벽의 주성분으로서 섬유소라 부르고, 식이섬유소의 대표적인 물질이며 식물의 대부분에 존재한다. 식물 건조함량의 30 ~ 50%를 차지하고 있으며, D-glucose가 β-1,6 결합하고 있다. 사람의 소화효소에는 cellulose를 분해하는 cellulase를 가지고 있지 않기 때문에 분해를 하지 못하나, 장내 세균의 일부에서 분해된다. 솜, 아마, 대마, 모시풀 등에 많이 함유되어 있다. 식품에는 cellulose 카르복시메틸 유도체(CMC)는 수용성이 높고 점성을 나타내기 때문에 아이스크림의 안정제나 잼에 이용한다.

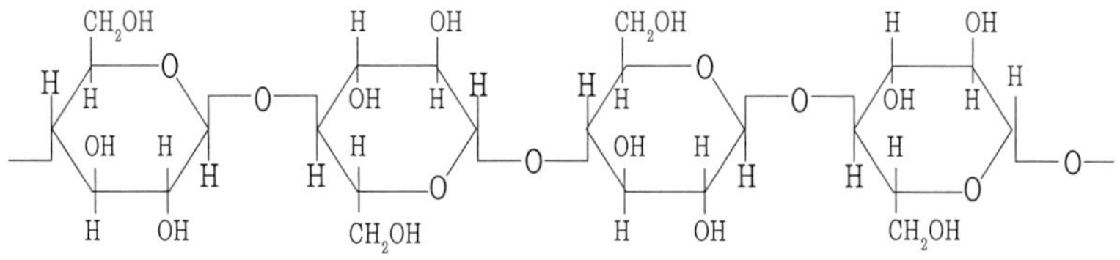

Cellulose

그림 4-1. 셀룰로스의 구조

② 헤미세룰로스(hemicellulose) : 세룰로스와 구조적으로 유사하며, 식물세포벽에서 셀룰로오스의 미섬유 사이의 기질겔을 구성하는 다당류 중 펙틴질 이외의 다당류를 총칭한다. 주요한 다당으로서는 xylan, β-1,3-glucan, β-1,4-glucan, xyloglucan, glucomannan 등이 있다.

③ 리그닌(lignin) : 식물성 섬유소의 일종으로 셀룰로오스 및 헤미셀룰로오스와 함께 목재의 구성분 중에 하나이다. 목재, 대나무, 짚 등에서 목질화한 식물체의 성분으로 페닐프로판을 골격으로 하여 생성된 그물모양 고분자 화합물이다.

④ 키틴 : 키틴과 키토산은 소화·흡수되지 않는 동물성 다당류이다. 키틴은 게와 새우의 껍질과 오징어나 조개류의 골격 성분으로 존재한다. 키틴은 키토산을 알칼리와 산성 처리하여 얻을 수 있으며, 체내에서 소화 흡수되지 않는다. 키틴의 구성분인 N-아세틸글루코사민은 인체의 관절 부위를 구성하는 물질이다. 키토산은 키틴의 아세틸기가 제거된 것으로서 약산에 잘 녹고, 키틴보다 이용하기 쉽다.

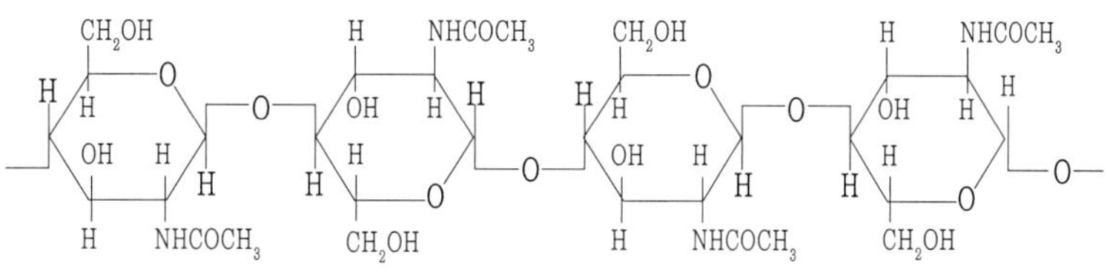

그림 4-2. 키틴의 구조

표 4-1. 키토산의 생리효과

구분	내용
건강보조제	노화억제, 면역력 강화, 혈중 콜레스테롤 저하, 비피더스균 증식
식품 가공	주류 청징화, 음료수 정화, 단백질 회수, 식품 보존성 향상
의약 분야	인공피부용 소재, 수술봉합용 실, 인공혈관 재료
기타	화장품 첨가제, 사료 첨가제(항균성), 무공해 농약

⑤ 콘드로이친(chondroitin) : 콘드로이친은 동물조직 중에서 유리 또는 단백복합체 형태로 분포하는 아미노당을 함유한 점질 다당류이고, 구조는 D-글루쿠론산과 N-아세틸-D-갈락토사민으로 이루어졌다.

⑥ 펙틴(pectin) : 펙틴은 주로 α-1,4 결합을 갖는 산성다당류인 polygalacturonic acid를 말하며, galacturonic acid의 카르복실기가 메틸에스터와 되었거나 염을 형성하거나 유리상태로 존재하기도 한다. 펙틴의 젤 형성력은 사슬의 길이와 메틸에스터화 정도에 따라 결정이 되는데, 펙틴 내에 메톡실기($-OCH_3$) 함량이 7% 이상이면 고메톡시펙틴이라고 하고, 7% 이하이면 저메톡시펙틴이라고 한다. 고메톡시펙틴는 산성(pH 3.2 ~ 3.5)과 50%이상의 당(최적 : 60 ~ 65%)이 존재하면 분자들 간에 수소결합과 소수성 결합을 통하여 회합하여 전체적으로 망상구조를 형성하여 젤(gel)을 형성한다. 이러한 특성을 이용하여 잼, 젤리, 마말레이드 제조에 이용된다. 펙틴은 사과, 딸기, 레몬, 오렌지 등의 과일에 많이 존재한다.

⑦ 알긴산(alginic acid) : 알긴산은 미역, 다시마 등의 갈조류의 세포간 충진물질로서 수용성의 복합다당류이다. 알긴산의 생리효과는 다음과 같다. 첫째 혈압조절, 동맥경화 예방, 항종양 활성이다. 알긴산은 장내에서 양이온과 결합하는 데, 그 중에서 나트륨(Na)과 결합하여 섭취된 나트륨을 변으로 배출시키기 때문에 혈압을 조절하며, 담즙산도 흡착하여 배출하기 때문에 체내 콜레스테롤 수준을 저하시키는 것으로 알려졌다. 둘째는 수용성 식이섬유의 성질이 강하기 때문에 변비예방 및 치료효과가 있다. 셋째는 체중증가 억제작용이다. 쥐 실험에서 만복감의 유지에 따른 체중증가 억제효과가 잇는 것으로 알려졌다. 넷째는 노화억제 효과이다. 알긴산은 노화를 촉진시키는 하이드록시 라디칼(hydroxy radical)과 수퍼옥사이드 라디칼(superoxide radical) 등의 활성산소종의 효과적으로 억제하고, 항산화 효소인 superoxide dismutase와 glutathione peroxidase의 활성을 증가시킴으로써 노화를 억제한다고 알려졌다. 산업적으로는 아이스크림이나 냉동과자의 안정제, 냉동식품의 해빙조절제, 맥주의 거품안정제, 의료용 수술실, 효소의 고정화 담체 등으로 이용되고 있다.

⑧ 한천(agar) : 한천은 홍조류인 우뭇가사리 등의 세포벽 성분으로 수용성 다당류인 agarose와 agaropectin으로 구성되었다. Agarose는 D-galactose와 3,6-anhydrogalactose가 교대로 β-1,3 결합과 β-1,4 결합으로 연결된 직선형 구조를 갖는다. 아가로펙틴은 황산(sulfate)기와 메틸(methyl)기가 치환되어 있다. 한천은 찬물에서는 용해되지 않으나 뜨거운 물에는 용해되며, 0.1%의 낮은 농도에서도 젤이 형성된다. 양갱이나 젤리 등의 제과·제빵 안정제나 미생물 고형화 배지 제조에 이용된다.

⑨ 잔탄검(xanthan gum) : 잔탄검은 *Xanthomonas campetris*가 생산하는 균체외성 다당류로 기본구조는 세룰로스와 같은 포도당이 β-1,4 결합으로 이루어졌으며, 주사슬에 D-mannose 2개와 D-glucuronic acid 1개의 3당류 곁사슬이 glucose 잔기에 하나 건너 결합한 것이다. 산, 염, 효소, 소화, 열 등에 강하다. 온도에 따른 점도 변화가 없어 샐러드드레싱, 쵸코릿 시럽 등의 점도 증강제나 안정제, 샴푸와 로션에도 이용된다. 기타 미생물성 검류로는 cudlan, gellan, pullulan 등의 있다.

표 4-2. 식이섬유의 분류

대분류	기원		소분류	성분
불용성	세포벽 구조물질	식물성	셀룰로스	글루코스, 셀로비오스
			헤미셀룰로스	자일로스, 글루쿠론산, 아라비노스
			불용성펙틴	갈락투론산, 갈락토스
			리그닌	방향족탄화수소중합체
		동물성	키틴	글루코사민
수용성	비구조 물질	식물성	펙틴	갈락투론산, 아라비노스
			알긴산	마누론산, 글루론산
			한천	갈락토스, 안하이드로갈락토스
		미생물성	잔탄검	만노스, 글루쿠론산

3) 베타 글루칸(β-glucan)

β-Glucan은 식품의 여러 소재에 존재하고 있다. 다당류의 일종으로 효모의 세포벽, 버섯류, 곡류 등에 존재하고 있다. 면역기

능 증강에 의한 항암효과, 혈당과 혈중 콜레스테롤을 감소, 지질 대사 개선 및 체지방 형성과 축적억제, 항산화능 등의 생리활성을 갖는 것으로 알려졌다. 이것의 구조는 포도당 중합체로서 포도당이 1, 3위치 또는 1,6 위치에 β-글리코시드 결합을 기본구조로 가지고 있으며, 이들의 결합위치에 따라 구조 및 물리화학적 성질이 다른 것으로 알려졌다. 버섯류는 영지버섯, 목질진흙(상황)버섯, 양송이, 표고버섯의 자실체와 균사체에 존재하며 다양한 생리활성을 나타내는 것으로 알려졌다.

(1) 면역활성

β-Glucan에 의한 면역활성은 B 세포, T 세포, 대식세포 및 natural killer(NK) 세포의 매개에 의해서 일어난다고 알려졌다. 특히 β-Glucan에 의해 유도된 interleukin-1(IL-1)과 tumor necrosis factor(TNF-α)는 helper T세포(T_H) 전구세포 및 natural killer(NK) 세포 등을 성숙 분화시키고, T 세포 활성화에 의해 생성된 interleukin-2(IL-2), interferone(IFN-γ), 대식세포 활성화 인자(MAF) 등은 세포 상해성 T 세포(CTL), NK 세포 및 대식 세포를 성숙시키거나 활성화시키며, 이들은 표적세포를 특이적 또는 비특이적으로 상해·파괴시키는 것으로 알려졌다. 또 다른 경로는 대식세포 또는 helper T 세포로부터 분비된 IL-1과 TNF-α에 의해 혈청 단백질의 증가 및 보체계의 활성화를 통하여 비특적으로 세포상해성 대식세포를 유도하여 종양세포를 상해한다고 알려졌다.

(2) 항산화 작용

산소를 이용하는 생명체는 대사과정 중 다량의 활성산소종(active oxygen)을 생성하는데, 이들은 산소보다 산화력이 더 큰 분자들로 주로 hydrogen peroxide(H_2O_2), superoxide anion, hydroxyl radical, singlet oxygen, peroxy radical 등을 말

한다. 이것들은 높은 반응성으로 인해 여러 생체 물질과 반응하여 생체 내에서 자동 산화반응의 개시, 이중결합에 수산화기나 singlet oxygen의 첨가, 지질의 과산화반응, 지방족 탄화수소로부터의 탈수소 반응 등에 의해 DNA 염기의 변형, 돌연변이, 염색체 절단, 세포 독성, 발암성 등을 나타내는 것으로 알려졌다. 이러한 결과 활성산소 종은 높은 반응성으로 인해 많은 생체 물질과 다양한 반응을 할 수 있고, 결과적으로 돌연변이, 노화, 치매, 관절염, 국소변형에 의한 손상, 심장 질환, 백내장 등의 원인이 될 수 있고, 특히, 다단계 발암 과정에서도 중요한 역할을 하는 것으로 알려졌다. 버섯에 함유되어 있는 다당류는 세포의 기능저하나 동맥경화, 간장해 예방 및 노화억제효과 등에 대한 생체조절 기능성을 갖는 훌륭한 건강식품(nutriceutical)으로 주목을 끌고 있다.

(3) 간보호작용

영지버섯과 구름버섯으로부터 분리한 다당류 성분과 영지버섯의 ganoderic acid R, S는 간장보호 작용을 하는 것으로 알려졌다. 이들의 간장 질환 치료기작은 간염 virus의 감염에 의해 저하된 면역능을 회복시키는 것으로 알려졌다. 임상적으로 구름버섯(*Coriolus versicolor*)으로부터 얻어진 다당류를 만성간염 환자에 투여한 결과, HB_e 항체의 출현과 HB_s 항원이 소실되는 효과가 있으며, CCl_4로 독성이 유발된 실험동물에서도 간 기능을 개선시키는 효과가 있다고 보고되었다. 영지(*Ganoderma lucidum*)는 한국, 중국 및 일본에서는 오래 전부터 강장, 간염, 고혈압 및 암 등의 질환에 대한 민간요법 약제로 이용되어져 왔다. 영지의 열수 추출물은 급성간염과 간의 급성 병변을 억제하는 효과가 있으며, 최근의 연구 결과에 의하면 이들 다당류는 간경변의 진행을 억제하는 효과가 있음이 보고되었다.

(4) 혈당강하작용

버섯류 중에서 혈당강하효과가 있는 것으로는 영지버섯, 동충하초, 신령버섯(아가리쿠스) 등이 알려졌다. 영지 자실체를 열수추출하여 얻은 단백다당류인 ganoderan A와 B는 mouse의 혈당치를 감소시키고, 열수추물 엑기스의 경우도 흰쥐의 혈당치를 감소시키는 것으로 보고하였다. 또한 알칼리 추출물의 경우에도 유사한 효과가 있는 것으로 보고하였다. 이들은 단백질 부분을 제거하여도 효과가 나타나므로써 다당류 성분에 의한 효과임이 밝혀졌으며, 이러한 현상은 영지 다당류의 특성성분이 말초조직에서의 당 이용도가 높아지는 것으로 보고되었다.

표 4-3. 생리활성을 갖는 β-glucan

Polysaccharide	Source	Structure	Reference
Fungi			
Lentinan	*L. edodes*	β (1-6),β (1-3)-β -D-G β (1-6),β (1-3)-β -D-G	Chihara *et al.*, 1970
Schizophyllan	*S. commune*	Linear β (1-3)-β -D-G	Komatsu *et al.*, 1969
Pachyman	*P. cocos*	β (1-4),β (1-3)-β (1-6)	Kanayama*et al.*, 1986
Krestin (PS-K)	*C. versicolor*	β -D-G protein bounded	Tsukagoshi *et al.*, 1974
Grifolan	*G. frondosa*	β (1-6),β (1-3)-β -D-G	Ohno *et al.*, 1984
Flammulin	*F. verutipes*	β (1-6),β (1-3)-β -D-G	Yoshioka *et al.*, 1973
Oomycetes			
A1 glucan	*P. parasitica*	β (1-6),β (1-3)-β -D-G	Klaus *et al.*, 1992
Yeast			
Glucan	*S. cerevisiae*	β (1-3)-β -D-G	Williams *et al.*, 1985
Zymosan	*S. cerevisiae*	Polysaccharide-protein-lipid complex	Joices *et al.*, 1978
Glucomannan	*C. albicans*	(1-6),(1-2)-α -D-M	Whistler *et al.*, 1976
Glucomannan	*C. utilis*	(1-6),(1-2)-α -D-M	Whistler *et al.*, 1976
Scleroglucan	*S. glucanicum*	β (1-6),β (1-3)-β -D-G	Singh *et al.*, 1974
Bacteria			
Curdlan	*A. faecalis*	Linear(1-3)-β -D-G	Saito *et al.*, 1977
Levan	*A. levanicum*	(2-6)-β -D-G	Franz, 1989
Shear's PS	*S. marcescens*	Heteropolysaccharide	Whistler*et al.*, 1976
Plant			
Hemicellulose	Wheat-straw	Xyl, Ara, Glu, Gal	Whistler *et al.*, 1976
Arabinoxylan	Bamboo-leaf	Xyl, Glu, Ara	Whistler *et al.*, 1976
Laminarin	Seed weed	(1-3)-β -D-Glucan	Whistler *et al.*, 1976
Lichen			
Lichenan	*C. islandica*	(1-3),(1-4)-β -D-G	Watanabe *et al.*, 1986
Lichenan	*E. prunastri*	(1-3),(1-4)-β -D-G	Whistler *et al.*, 1976
Pustulan	*G. esculenta*	(1-6)-β -D-G	Whistler *et al.*, 1976

G : Glucan, M : Mannan.

Ⅳ-2 지질의 영양성과 기능성

1 지질의 영양성

지질이란? 물에 용해되지 않고, 유기용매에 용해되는 것, C, H, O로 구성

1) 지질의 체내 역할

① 에너지원 : 9kcal / 1g, 당질 및 단백질의 2배, 식물, 동물 모두 여분의 에너지. 지질로 전환 보관

② 절연체·신체보호 : 체온유지, 충격보호, 장기보호

③ 지용성비타민의 용매 : 지용성비타민의 체내흡수, 이용 원활

2) 지질의 분류

(1) 중성지방(Triglyceride)

- 구조 : Glycerol 1분자 + 지방산 3분자 에스테르 결합
  ※ 에스테르(ester) 결합 : 글리세롤의 H와 지방산의 OH가 빠져 나가는 것

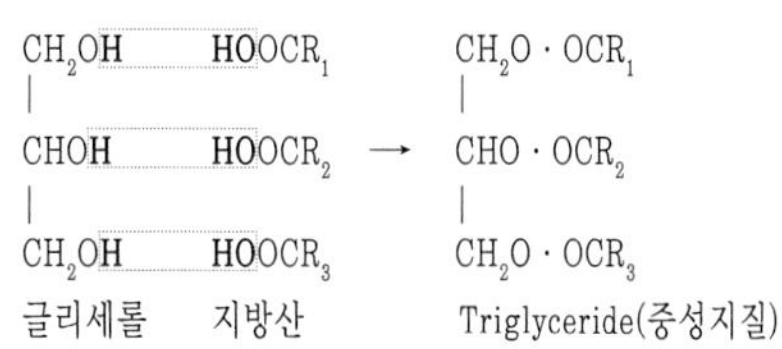

그림 4-3 중성지질의 구조

- 식품과 우리 몸 안에 저장되어 있는 지질의 95% 차지
  a. 지방산의 종류
    · 지방산 : 탄소원자가 길게 연결된 것, 일반식 : R-COOH

※ 한족 끝 : 카르복실기(-COOH, 친수기), 다른 한쪽 : 메틸기(-CH_3, 친유기)

Methyl(CH_3) Methylene(CH_2) Ca rboxyl기(COOH)

· 탄소수 : 4 ~ 22개, 탄소수가 길수록 물에 불용

· 지방산의 결합 : 단일결합, 이중결합

b. 포화지방산

· 개념 : 지방산을 구성하는 모든 탄소가 단일결합

· 일반식 : C_nH_{2n+1} COOH ↔ $C_nH_{2n}O_2$

· 일반적으로 실온에서 융점이 높아 고체상태, 동물유에 많이 함유되어 있음. 종류) 16 : 0Palmitic acid, 18 : 0 Stearic acid(쇠고기에 많이 존재), 20 : 0 Arachidic acid

c. 불포화지방산(unsaturated FA)

· 이중결합이 많을수록 융점이 낮아지고 용해도 증가

· 일반적으로 천연에서 액체상태이며 식물유에 많이 함유되어 있음

종류) 18 : 1 (ω -9)Oleic acid,
18 : 2 (ω -9, 6)Linoleic acid,
18 : 3 (ω -9, 6, 3)Linolenic acid,
20 : 4 (ω -15, 12, 9, 6)Arachidonic acid,
20 : 5 (ω -15, 12, 9, 6, 3) Eicosapentaenoic acid(EPA),
22 : 6 (ω -18, 15, 12, 9, 6, 3) Docosahexaenoic acid(DHA)

- ω (오메가)-3 : 메틸기(-CH_3)를 기준으로 하여 3번째 탄소에 이중결합

예) ω -6, ω -9

ω -3의 기능 : 심장순환계 질환 예방

혈중콜레스테롤을 낮추어 줌

+ 항암효과

- 필수지방산
  a. 의미 : 체내에서 합성되지 않거나, 합성되어도 그 양이 미량이어서 외부로부터 섭취하여야 하는 것
  b. 체내에서 합성되지 않는 지방산
    · 리노레산(Linoleic acid) : 옥수수에 다량 함유
    · 리노렌산(Linolenic acid) : 생선유에 다량 함유
  c. 체내에서 합성되거나 미량인 지방산
    · 아라키돈산(Arachidonic acid) : 생체조절기능
    · DHA : 등푸른 생선에 많이 함유, 태아와 유아의 뇌 발달에 필요

(2) 인지질

- 구조 : Glycerol 1분자 + 지방산 2분자 + 인산기 1개
- 종류 :
  a. Lecithin : 뇌, 신경, 폐, 난황과 콩에 다량 함유, 유화제, 지방간 방지 작용
  b. Cephalin : 뇌단백, 난소, 신경세포
  c. Sphingomyelin : 뇌, 신경, 척추
    · 세포막의 주요구성 성분

(3) 스테롤

- 동물성 스테롤 : 콜레스테롤, 난황, 버터, 간장 육류, 굴, 오징어, 식물체 없음. 인체 필수 성분(세포막, 부신피질호르몬, 담즙산, 뇌, 신경조직). 체내 간에서 2 / 3 합성, 1 / 3 외부 음식에서 보충
- 식물성 스테롤 : phytosterol
- 미생물 스테롤 : ergosterol-provit D_2

3) 지질의 소화, 흡수 및 대사

(1) 소화 및 흡수

- 지질 + 담즙 → Lipase와 결합
- 지질 : 지방산과 글리세롤로 분해 → Chylomicron 형성 → 혈관 → 간

(2) 지질의 운반

- 지질 비수용성이므로 변화되어야 혈액 이동
- 지단백의 구조 : 수용성이 : 강한 인지질과 유리콜레스테롤은 바깥쪽, 중성지질 콜레스테롤은 안쪽
- 지단백의 종류 : 중성지방과 단백질의 상대적인 양에 따라 구별
  a. VLDL(Very low density lipoprotein, 초저밀도 지단백) : 중성지방 〉 단백질, 간에서 합성
  b. DL(Low density lipoprotein, 저밀도 지단백) : "나쁜 콜레스테롤". 중성지방 〉 단백질, 콜레스테롤 함유량이 가장 높다, 혈중 콜레스테롤의 70%. 혈관순환 시 말초혈관 내부 벽에 버려짐 → 동맥경화 원인
  c. HDL(High density lipoprotein, 고밀도 지단백) : "좋은 콜레스테롤". 중성지방 〈 단백질, 혈관순환 시 말초혈관에 쌓여있는 콜레스테롤 걷어냄

(3) 대사

- 체내 지질의 대사 다양
- 신체내 에너지가 충분한 경우 : 지방산 → (합성) → 중성지질합성 보관
- 신체내 에너지가 필요한 경우 : 중성지방 → (분해) → 에너지원

(Acetyl - CoA) / (Acetyl - CoA) → TCA cycle 에너지원으로 이용

4) 지질의 섭취량

(1) 지질의 섭취 권장량

- 총에너지 섭취량의 20%
- 필수지방산 총섭취량의 1 ~ 2% 권장
  예) 우리나라 20대 여성의 하루권장량 2,000kcal
    (2,000 kcal × 0.2) / (9kcal / 1g) = 44.4g 지질/일
    (2,000 kcal × 0.01 ~ 0.02) / (9kcal / 1g) = 2.2 ~ 4.4g 필수지방산/일

5) 지질섭취와 심혈관계 질환

(1) 고지혈증

- 의미 : 혈액 중에 지질성분(콜레스테롤 또는 중성지질)의 농도가 높은 상태
- 고혈압 및 심혈관계 질환 요인
- 바람직한 혈중 지질 농도
  총 콜레스테롤 : 200mg / dℓ 이하
  LDL - 콜레스테롤 : 130mg / dℓ 이하
  중성지방 : 170mg / dℓ 이하
- 고지혈증의 식사지침
  a. 균형식 : 규칙적이고, 다양하게
    · 지질섭취량 제한 : 총에너지 섭취의 20% 정도
    · 지방산섭취의 균형 : 포화 : 단일불포화 : 다가불포화

지방산 = 1 : 1 : 1

· 콜레스테롤 : 하루 300mg이하로

· 당질 : 단순당류 섭취 줄임

· 섬유소 : 채소, 해조, 과일류 섭취 충분

b. 정상체중 유지 : 규칙적인 식사, 운동

c. 기타 : 과음절제, 금연

(2) 심혈관계 질환

– 심혈관계 질환 : 뇌출혈, 뇌졸중, 뇌경색, 심장질환

a. 심근경색의 발생과정

혈액중의 지방(TC)덩어리 동맥벽에 축적

→ 지방덩어리 표면의 혈액이 응고, 혈전(plaque)

→ 관상동맥 경화(동맥경화증) : 동맥 내경 좁아짐

→ 점차 심해짐

심장근육 산소공급 결핍 : 심근경색, 심장마비

b. 뇌출혈

뇌혈관의 내경 좁아짐

→ 모세혈관 파열

→ 뇌출혈, 뇌졸중(중풍)

※ 최근 우리나라 소아비만환자 증가에 따른 소아중풍 환자 증가

c. 발생요인

· 혈중 LDL의 증가

· 혈중 HDL의 감소

· 혈중 중성지질 증가

· 고혈압, 당뇨병, 흡연, 비만도

· 운동부족, 스트레스, 경구피임약 복용, 나이증가, 가족력, 갱년기

2 지질의 기능성

지질은 인체 내에서 에너지원으로 중요하며, 탄수화물이나 단백질보다 농축된 열량원일 뿐만 아니라 생체 세포막을 구성하고 피하조직이나 장기 등의 보호작용 등의 1차 기능이 있다. 식품에 풍미를 부여하고 조리·제과·제빵에서는 부드러움과 부스러지기 쉬운 성질 등을 부여하는 2차 기능을 나타내며, 불포화지방산을 중심으로 지질의 3차 기능이 주목되고 있다.

1) 중간사슬 중성지방질(medium chain triglycerides, MCT)

중간사슬 중성지방질(MCT)은 구성지방산이 8 ~ 10개로 구성된 것으로 caprylic acid와 capric acid로 이루어진 중성지질을 말한다. 이들은 산화에 대해서 비교적 안정하고, 저온에서도 액상을 유지하며, 비교적 점도가 낮아 튀김 후에도 점도가 상승하지 않는 장점이 있다. 샐러드드레싱, 제빵, 아이스크림 등에 식물성 유지 대신 MCT를 사용하기도 한다. MCT는 긴사슬 중성지방질과는 달리 소장에서 가수분해 되지 않고 그대로 흡수되어, 지방질 소화흡수 능력이 저하되어 긴사슬 지방산을 흡수하지 못하는 환자의 영양원으로 이용되고 있다.

2) 고도불포화지방산(polyunsaturated fatty acid, PUFA)

고도불포화지방산은 이중결합을 두개 이상 갖는 지방산이다. 체온상태에서 액체로 존재하여 세포막을 이루는 중요한 물질이다. 에스키모인들이 많이 섭취하는 고도불포화지방산이 혈소판의 응집방해, 혈관확장 중성지방질의 저하, 고혈압 개선, LDL-콜레스테롤 감소 등의 효과가 있는 것으로 알려졌다.

(1) 리놀레산(linoleic acid)

리놀레산($C_{18:2}$)은 필수지방산으로서 피부의 보습작용, 혈중 콜레스테롤 저하작용, 항암작용 등이 알려져 있다. 혈중 콜레스테롤과 결합하여 배설을 쉽게 하는 성질이 있어 동맥경화증을 치료하는 데 이용된다. 리놀레산은 콩기름, 면실유, 참기름, 해바라기유에 40~60%, 올리브유에 25% 정도 들어 있다.

※ 공액리놀레산(conjugated linoleic acid, CLA)

위치이성질체로 리놀레산의 이중결합이 cis 9, trans 11이거나 trans 10, cis 12 등 공액(짝, 접합, conjugated) 상태로 존재하는 리놀레산을 말한다.

공액 리놀레산(CLA)은 체지방 감소, 항암성, 성장촉진, 항동맥경화, 콜레스테롤 감소, 당뇨 억제 등의 활성을 갖고 있는 것으로 보고되었다.

CLA를 생산하는 방법으로 알칼리 이성질화법은 잇꽃씨 기름 등에 NaOH를 가한 후 200℃ 정도의 고온에서 반응시켜서 얻는다. 효소법은 유산균이나 버섯에서 생산된 CLA isomerase를 이용하는 방법이 개발되고 있다.

(2) 리놀렌산(linolenic acid)

리놀렌산($C_{18:3}$)은 ω-3계열의 지방산으로서 암 예방, 혈소판 응집억제, 고혈압 저하 등의 기능이 알려져 있다. α-리놀렌산 섭취를 증가하면 혈장과 혈소판에서 EPA 함량이 증가한다고 알려져 있다. γ-리놀렌산은 ω-6 계열의 지방산이다. 주공급원은 달맞이꽃 기름이다. 생체 내 기능으로는 지방질 감소에 의한 체중감량 효과, 혈중 콜레스테롤 저하작용, 고지혈증 예방, 아토피성 피부염 개선, 알코올성 지방간 억제, 생리통 경감 작용 등이 있는 것으로 알려졌다.

(3) 아라키도닌산(arachidonic acid)

아라키도닌산($C_{20:4}$)은 모유, 계란, 간, 생선에 함유되어 있다. 생선을 제외한 식품은 다량의 콜레스테롤도 같이 함유하고 있어서 고지혈증 예방을 위한 식품원으로는 부적당하다. 생리기능은 혈액·면역계 조절 기능, 피부건조 억제, 위벽보호, 혈중 콜레스테롤 저하, 지방간 예방, 간장보호, 태아의 신체와 뇌 발육 등이 있다.

(4) 에이코사펜타에노산(eicosapentaenoic acid, EPA)

에이코사펜타에노산($C_{20:5}$)은 탄소수 20개, 5개의 이중결합을 가진 ω-3계열의 지방산으로서, 정어리나 고등어 등의 등푸른 생선의 어유에서 착유, 탈색, 농축, 탈취하여 얻는다. EPA는 특히 혈소판 응집 억제작용이 우수하며, 그 외에도 항혈전 작용, 항지혈작용, 혈압저하 작용, 항염증 작용, 항알러지 작용 등 생리기능과 혈중 중성지방질과 콜레스테롤 함량 저하작용 및 대장암과 전립선암 억제작용 등이 알려져 있다. 이와같은 작용에 의하여 뇌졸중, 심장병, 동맥경화, 고혈압 등과 같은 혈액 순환기계 질병의 예방과 치료에 효과가 있는 것으로 알려졌다. EPA 함유제품은 기능성 식품으로 각광 받고 있으나, 산화 안정성이 낮음과 특유의 비린내 극복이 문제이다.

(5) 도코사헥사에노산(docosahexaenoic acid, DHA)

도코사헥사에노산($C_{22:6}$)은 세포막 유동성을 증가시키고 뇌, 신경강막, 고환, 정자에 많이 존재한다. DHA 결핍은 생식능력과 학습능력에 영향을 미친다. DHA 기능으로는 학습기능 향상, 유방암, 대장암, 폐암 등 암 증식억제, 혈중콜레스테롤과 중성지방질 저하, 혈압저하, 항알러지, 혈당감소, 항부정맥, 시력저하 억제작용 등이 있다.

3) 인지질(phospholipid)

지질의 구성원소는 탄소(C), 수소((H), 산소(O)로 구성되었으며, 기타 성분으로는 질소(N), 인(S) 등을 함유하고 있는 지질은 복합지질이라 부르며, 복합지질 중 가수분해 후 인산이 생기는 것을 인지질이라 말한다. 인지질은 식물유 중 대두유, 옥수수기름, 면실유, 땅콩유에 많으며, 동물은 달걀노른자(20%), 뇌(31%), 척추, 간, 심장에 많이 함유되고 있어 생리학적으로 중요한 물질임을 알 수 있다. 종류로는 레시틴과 세팔린 등이 있다.

(1) 레시틴(lecithin)

인지질 중 가장 많은 부분을 차지하는 1위치에 포화지방산, 2위치에 불포화지방산을 가지고 있는 인지질이며 포스파티틸 콜린(phosphatidyl cholin : PC)이라고 부르며 글리세롤이 지방산, 인산, 콜린과 결합되어 있다. 레시틴은 친수성과 소수성기를 갖는 물질이며, 이러한 강한 유화성을 이용하여 식품공업에서 마가린, 초콜릿, 아이스크림 등의 유화제로 많이 이용되고 있다. 생리기능으로서는 세포막의 구성물질로서 물질의 투과와 대사에 관여하고, 레시틴에 포함된 콜린성분은 치매 및 기억력 향상에 도움을 주고, 생체 내에서 콜레스테롤의 가용화에 관계하여 혈중 콜레스테롤을 감소시키고, 지용성비타민의 흡수를 촉진시키고, 간 기능을 향상시키는 것으로 알려졌다. 구조적으로는 이중결합을 갖고 있어 공기 중에 노출되면 자동산화가 되어 노란색 또는 갈색으로 변색되는 문제점이 있다.

Ⅳ-3 단백질의 영양성과 기능성

1 단백질의 영양성

1) 개요

① Protein : 그리스어 Proteios(으뜸가는, 제일가는)의 뜻에서 유래 / 蛋白質 : 蛋(새알단), 白(흰백), 質(바탕질), 즉, 알의 흰자 물질을 의미

② 구성물질 : 아미노산

③ 구성원소 : C, H, O, N

2) 아미노산이란?

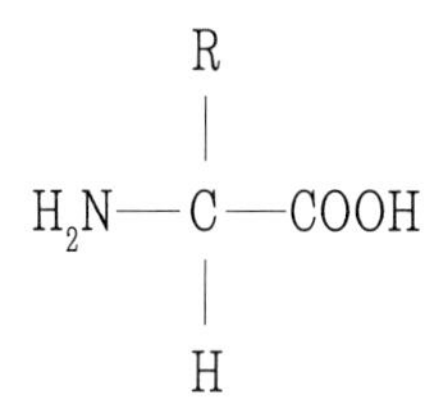

그림 4-4. 아미노산의 구조

(1) 아미노산의 개념

- 탄소를 중심으로 수소(H), 아미노기($-NH_2$), 카르복실기(-COOH), R기의 종류 : 20여 가지
- 아미노산 결합 : 단백질, 결합양식에 따라 단백질의 성질을 결정
- 아미노산 서열 결정 : DNA

(2) 아미노산의 종류

- 중성아미노산 : 같은 수의 아미노기($-NH_2$)와 카르복실기(-COOH)를 갖는 것

  예) alanine, valine, leucine, isoleucine, proline, phenylalanine, methionine, tryptophan, glycine, cystein

- 산성아미노산 : 카르복실기(-COOH)의 수가 아미노기($-NH_2$)

보다 많은 것

예) aspartic acid, glutamic acid

- 염기성아미노산 : 아미노기(-NH_2)의 수가 카르복실기(-COOH)보다 많은 것

  예) lysin, arginine, histidine

- 방향족아미노산 : Benzene핵(C_6H_6) 가짐, phenylalanine, tyrosine, tryptophan

- 함황아미노산 : 황원자를 갖는 것, cystine, cystein, methionine

- 필수아미노산 : 인체 내에서 합성이 거의 안되거나 적은 양이 합성되는 것

  종류 : isoleucine, leucine, lysin, methionine, phenylalnine, threonine, valine, tryptophan, histidine(어린이)

- 제한아미노산 : 단백질 합성 시 부족한 필수 아미노산

3) 단백질의 체내역할

(1) 체구성 성분

- 단백질 : 16%(2 / 3이 수분, 1 / 3 중 절반차지)

(2) 체액의 중성 유지

- 단백질 양쪽성 이온

- 체액의 중성 유지(pH 7.35 ~ 7.45) : 완충작용

(3) 효소, 호르몬, 항체의 형성

- 효소 : 생체내 생화학 반응 촉매

- 호르몬 : 조절작용

- 항체 : 외부 병원균에 대항
- 단백질의 구조와 밀접

(4) 수분평형유지

- 혈액단백질(알부민, 글로블린) 체내수분 유지
- 혈액단백 부족 시 부종(손, 발)

(5) 에너지 공급원

- 4 kcal / 1g

4) 단백질의 소화, 흡수

- 구강 : 기계적 소화
- 위 : 화학적 소화 by 위산(HCl)
  ※ 단백질 : 위산에 의한 변성(3차구조의 1차구조화), 펩신의 작용
- 소장 : polypeptide → 단위 peptide by 단백분해효소 → 아미노산으로 분해, 소장벽 흡수

5) 아미노산의 체내이용

(1) 단백질 합성

효소, 호르몬, 항체, 운반단백질

(2) 아미노사의 대사

- 포도당합성 : 기아상태의 신체는 우선적으로 체지방분해 이용 후, 차선책으로 단백질을 아미노산으로 분해 후 포도당 합

성하여 사용

- 체지방합성 : 잔여 아미노산은 체지방 합성에 이용
- 에너지공급 : 4 kcal / 1g

(3) 탈아미노기 반응과 요소합성

- 아미노산 → 유리아미노기(NH_3^+) -- 혈중암모니아 농도 증가 뇌손상 → 효소회로 -- 신장배설

6) 단백질 섭취

(1) 질소평형

- 질소의 섭취량과 손실량이 평형적으로 이루어져야 함
  a. 질소손실 : 소변 70 ~ 75%, 대변 25%, 피부

(2) 단백질 권장량

- 총에너지 섭취량의 15 ~ 20%
- 일반적으로 체중 1kg당 1g이 권장

7) 단백질과 건강

(1) 단백질 섭취부족

- 체단백질의 붕괴, 피부의 탄력성 저하, 빈혈 또는 면역성 저하
  a. 콰시오커
  ·단백질 결핍증 : 저개발국, 머리와 배만 크고, 팔과 다리는 마른 상태, 일종의 복부 부종(복수), 지방간, 탈지분유 공급 시 2 ~ 3주 내에 회복

- 마라스무스

  a. 단백질과 에너지가 모두 부족한 상태 : 전체적으로 마른 상태, 체지방이 거의 없음

(2) 단백질 과잉섭취

a. 신장부담 : 단백질 분해산물 처리를 위해 신장부담 신기능이 좋지않은 사람은 고단백질 식사를 피해야 함

b. 비만 : 체지방으로 전환

c. 변비유발 : 단백질 아민체 형성, 장운동 억제

d. 골다공증 : 칼슘배설 증가, 골다공증 초래

8) 단백질 식품의 종류

(1) 식품단백질의 질적인 평가

- 완전단백질 : 필수아미노산이 질적, 양적으로 충분히 함유된 것

  예) 육류, 우유, 달걀, 생선, 가금류

- 불완전단백질 : 식품 중 한 가지 또는 그 이상의 필수 아미노산이 결여된 것

  예) 쌀 - Lys, 대두 - Met,
  밀 - Lys, Met, Tryp, 옥수수 - Lys, Tryp

(2) 단백질의 보완효과

- 식물성단백(A) + 식물성단백(B)

  예) 쌀밥(Lys 부족) + 콩(Lys 풍부)

- 식물성단백 + 동물성단백

  예) 시리얼제품(Lys 부족) + 우유(Lys 풍부)

2 단백질의 기능성

단백질의 구성단위는 아미노산이다. 단백질은 체구성과 건강유지에 중요한 영양소로서 근육과 뼈, 효소, 호르몬 및 항체의 주요 성분이며 "생명을 유지하는 제일의 영양소"라는 어원을 가지고 있다. 단백질 합성에 필요한 자연계에 존재하는 아미노산 20여 가지가 있다. 아미노산의 구성단위에 따라 생체 내에서의 역할은 큰 차이가 있다. 아미노산 2개이상 수십 개 연결된 것을 펩타이드라고 하는데, 식품으로 이용되는 펩타이드 중 생리활성이 있는 것들을 기능성 펩타이드라고 한다. 이들은 구조에 따라 면역증강, 혈압강하, 혈소판응집저해, 칼슘흡수 촉진 및 혈중 콜레스테롤 저하 등의 효과가 있다. 소장에서의 흡수도 유리아미노산보다 dipeptide, tripeptide의 흡수가 훨씬 효과적인 것으로 알려졌다. 이것은 소장점막에 존재하는 이들을 이동시킬 수 있는 펩타이드 수용체가 존재하기 때문인 것으로 알려졌다.

표 4-3. 각종 아미노산의 기능적 특성

아미노산	특성
Alanine	혈중 콜레스테롤 저하, 간 기능강화, 혈당의 저하, 중금속 및 해독작용, 인슐린분비 촉진
Arginine	과민증 치료
Aspartic acid	약물 중독, 만성피로 치료
Cysteine	간경변 치료
Glutamic acid	정신장애 이완
Glycine	혈중 콜레스테롤 저하, 간 기능강화, 뇌혈류 개선, 뇌졸중 예방
Histidine	알코올중독 치료
Leucine	Muscular dystrophy 치료
Lysine	Herpes simplex leison의 치료 및 예방
Methionine	감염질환의 회복
Phenylalanine	통증치료, 주의력 부족증 치료
Serine	혈중 콜레스테롤 저하, 형당 강하, 노인성 치매 개선
Tyrosine	파킨슨 질병 치료, 주의력 부족증 치료, 기미생성 억제
Tryptophan	통증 지료
Valine	두뇌 활동 촉진, 뇌혈류 개선, 기미생성 억제

1) 타우린(taurin)

타우린(2-aminoethanesulfonic acid)은 동물성 식품인 오징어, 문어, 조개류, 해조류 등에 광범위하게 분포되어 있으나 과채류인 과일, 채소, 곡류에는 거의 들어 있지 않다. 함황 아미노산의 일종인 타우린은 인체에서 담즙 중 타우로콜산(taurocholic acid)으로 존재하며, 메티오닌(methionine)이나 시스테인(cysteine)으로부터 합성된다. 타우린은 근육, 혈소판, 두뇌, 신경조직에 다량 분포되어 있다. 그러나 채식주의자들에게 타우린 결핍이 나타나지 않고 정상적인 혈장 농도를 유지하는 것으로 보아, 보통사람들의 체내에서 충분히 합성되는 것으로 보인다. 체내에서의 기능은 타우린은 글라이신과 함께 간에서 담즙산을 포합시켜 장으로 배설하여 지질흡수를 도와주고, 망막이 광수용체 세포막의 안정화에 관여, 심근세포 내에 칼슘이 과잉 축적되는 것을 막아 심장근육을 보호하고, 생식 및 발달에 관여하는 기능을 갖는다. 특히, 타우린은 모유에 다량 함유되어 있기 때문에 신생아용 분유에 주로 첨가되고 있다.

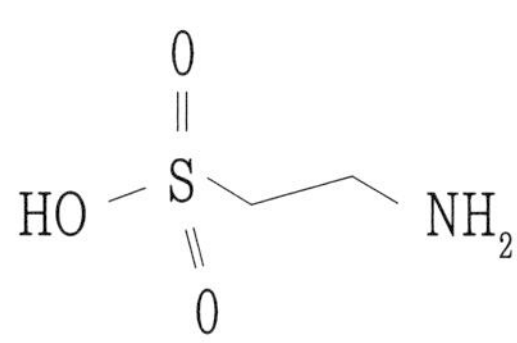

그림 4-5. 타우린의 구조

2) 콜라겐(Collagen)

콜라겐(독일어 : Kollagen, 영어 : collagen)은 동물의 몸속에 가장 많이 들어있는 섬유상 단백질로 고체의 형태로 존재한다. 결합 조직의 주성분이며 뼈와 피부에 주로 있지만, 관절, 각 장기의 막, 머리카락 등 우리 몸 전체에 분포되어 있는 성분이다. 또는 교원질(膠原質)이라고도 불리는 경단백질이다. 콜라겐은 피부, 힘줄,

관(도관, 맥관, 혈관 등), 장기, 뼈위 주성분, 연골의 주성분, 망상 섬유 조직의 주성분, 세포막의 형성 기반, 세포표면과 머리카락 및 태반을 구성하는 물질이다.

콜라겐을 추출하여 만든 젤라틴은 젤리를 만드는 응고제로 이용하고, 족발, 사골국물, 닭발, 돼지껍데기, 도가니탕 등을 만드는데 이용한다. 기능성 소재로는 피부나 뼈의 노화방지, 인공피부와 인공혈관 제조, 관절염류마티스, 백내장 등의 질병 치료에 널리 이용되고 있다. 콜라겐의 주요구성 아미노산은 글라이신-X(아미노산)-Y(아미노산)가 반복적으로 이루어진 폴리펩타이드 구조를 갖는다. X와 Y의 아미노산을 숙성하는 아미노산 중 20%가 프로린과 하이드록시프로린으로 구성되어 있다. 특히 하이드록시프로린은 콜라겐에서만 발견되는 중요한 아미노산으로 조직에서 콜라겐 함량을 측정하는 지표로 사용한다.

-Gly - X - Y - Gly - X - Y - Gly - X - Y -

그림 4-6. 콜라겐의 아미노산 배열

Ⅳ-4 비타민의 영양성과 기능성

1 비타민의 영양성

1) 비타민의 발견

- 20세기 전반 : 1900 ~ 1960년, 비타민 연구의 황금기
- 13종의 비타민 발견

- 비타민 발견 순서에 따라 알파벳 명명
  예외) 비타민 K(덴, Koagulation, 혈액응고와 관계)
- Vitamin : Vital(생명력 있는) + Amine(아민물질, RNH) 생명력 있는 아민성 물질
  초기 - vitamine, 현재 - vitamin

2) 비타민의 종류와 성질

(1) 비타민의 역할

- 고유한 생리현상 좌우
  예) 세포분열, 시력, 성장, 상처치유, 혈액응고
- 세포의 정상적인 대사활동 도움
  예) 조효소(비타민 B군)
- 영양소의 효율적 이용을 도움
  예) Vit D : Ca, P 흡수촉진
- 대부분 체내에서 합성되지 않음
  예외) Vit D : 자외선 쪼이면 피부 밑에서 합성
  Niacin : 트립토판으로부터 합성
  Vit K : 장내세균에 의해 합성

(2) 비타민의 종류

- 지용성 비타민 : 비타민 A, D, E, F, K
- 수용성 비타민 : 비타민 B군, 비타민 C

(3) 비타민의 일반적 성질

표 4-5. 지용성비타민과 수용성비타민의 비교

특성	지용성비타민	수용성비타민
용매	기름과 유기용매에 녹음	물에 용해
구성성분	C, H, O	C, H, O, N외에 S, Co 등
과량섭취 시	간 지방 조직에 저장, 체외로 방출 안됨	체내에 저장 되지 않고, 쉽게 소변이 배출됨
독성	과량 섭취시 독성 유발	독성이 거의 없다
결핍증	결핍증이 서서히 일어남, 매일 공급해주지 않아도 됨	결핍증세가 빠름, 매일 공급해 주어야

(4) 식생활에서 주의가 요구되는 비타민

- 대부분 식품에 함유된 비타민 주의 불요
  예) 판토텐산
- 장내세균 합성 비타민 주의 불요
  예) 비타민 K, 비오틴, 엽산, B12
  항생제 장기복용 시 문제
- 주의 요 비타민
  예) A, D, B1, B2, 나이아신, C 등이 문제

3) 비타민의 소화·흡수

(1) 지용성 비타민

소장 : 비타민 + 담즙 - (유화) → 소장상피세포 - (흡수) → 혈액(비타민 + 운반단백질)

(2) 수용성 비타민

소장 : 소장상피세포 - (흡수) → 혈액 → 각 세포이용

4) 지용성 비타민

(1) 비타민 A(retinol)

- 망막(retina)에 특수한 작용을 나타내며, 일종의 알코올
- 생체 내에서 retinol은 retinal 및 retinoic acid로 변환

a. 활성형과 전구체

· 활성형 : retinol, 동물성 식품에 존재, 곧바로 비타민 A의 활성을 나타냄

· 전구체 : carotenoid, 식물성 식품에 존재

b. 생리기능 및 결핍증

· 암적응 능력 :

- Rhodopsin(시자홍) ↔ (어둠, 광선) → Opsin + 레틴알데히드(시홍)
- 레틴알데히드 : 망막의 간상세포, 어둠에서 볼 수 있는 기능
- 로돕신(시자홍)은 비타민 A에 의해 합성
- 비타민 A 부족 시 로돕신 합성이 안되므로 야맹증

·정상적인 성장

- 결핍시 : 골격이상, 성장지연

※ 골격근과 연조직 성장에 필수적임
비타민A가 단백합성, 세포분열 또는 세포막의 안정에 영향을 주기 때문

c. 상피세포의 유지

· 결핍시

· 상피세포파괴

눈 - 안구건조증, 각막이 건조 / 딱딱해짐. 야맹증, 시력저하.

호흡기도 - 콧속의 섬모상피가 건조해지며 섬모는 탈락 감염이 용이, 침샘도 건조 / 입안이 마르고 갈라짐.

위장관계 – 점막의 분비기능저하 / 조직이 탈락, 소화흡수장애.

생식기계 – 요로감염, 결석, 질염이 자주 발생, 불임, 사산 및 기형아 출산.

피부 – 건조해짐, 비듬발생, 모낭각화증.

치아 – 잇몸 주위조직이 약화, 범랑질(에나멜질)구조손상.

d. 생식

결핍시 : retinol과 retinal 결핍은 불임, 고환위축, 유산, 태아형성부전 야기

e. 항암작용 : 상피조직의 종양세포의 증식을 억제하는 작용

예) 위암, 폐암, 결장암, 방광암, 자궁암, 후두암 등의 예방, 치료

– 과잉증 : 피로감, 두통, 오심, 설사, 식욕부진, 체중감소, 피부가 벗겨짐, 간, 비장비대, 간경화, 관절통, 골의 비후

– 급원 식품 및 권장량

a. 동물성 : 동물의간, 생선간유, 버터, 치즈, 전유, 계란노른자, 생선

b. 식물성 : 녹황색 야채와 과일(당근, 시금치, 호박, 살구, 멜론, 브로콜리, 양배추, 무잎, 감, 케일, 알팔파, 김, 파래, 미역, 다시마)

c. 1일 권장량 : 700ug RE

(2) 비타민 D(calciferol)

– Calciferol(석회화 : calcification)

– 비타민D가 항구루병 인자로 발견된 것은 70여 년 전

– D2 ~ D7까지 발견(생물학적 활성이 높은 것은 D2와 D3뿐임)

– 일반적으로 비타민D라고 부르는 것은 비타민 D3를 말함

a. 활성형과 전구체

· Provitamin D_2(Ergosterol) → (자외선조사) → 비타민D_2(활성형)

예) 버섯, 효모

· Provitamin D_3(7-dehydrocholesterol) → (자외선조사) → 비타민D_3(활성형)

예) 피하조직

b. 생리기능 및 결핍증

· 생리기능 : 칼슘과 인의 흡수 촉진, 혈중 칼슘과 인의 농도 조절

※ 인슐린의 기능과 유사(호르몬의 기능)

· 결핍증 : 구루병, 골다공증

· 과잉증 : 탈모, 체중감소, 설사 및 경련, 혈관경화, 신결석

· 급원식품 및 권장량 : 생선간유, 표고버섯, 정어리, 고등어, 말린 물고기, 난황, 성인 권장량 : 5ug

(3) 비타민 E(tocopherol)

- 활성형

a. Tocopherol(α, β, γ, δ …등 8종이 발견)

b. 천연물 - d형, 합성물 - dl형 (d형은 dl형의 1.4배의 효력)

- 생리기능

a. 항산화 기능 : 강한 환원력

cf) 뇌졸중 감소

c. 결핍증 : 생식기능저하(쥐), 빈혈(원숭이), 근육위축

d. 급원식품 및 권장량 : 주로 곡물의 배아, 종실유, 콩류, 푸른잎 채소, 식물성기름

※ **비타민 E의 유래**

미국의 Evans와 Bishop 박사가 쥐에 우유만 준 그룹 생식능력 쇠퇴하나, 밀의 배아유를 주면 생식능력 회복, Tocopherol(희, 애기 낳는 알코올)

(4) 비타민 K(phylloquinone)

혈액응고인자(덴, Koagulation), 가장 늦게 발견됨.

- 생리기능
  - a. 혈액응고물질인 프로트롬핀의 생성을 도움
  - b. 비타민 D와 더불어 혈청칼슘이온의 생성을 도움
  - c. 뼈의 광물질화에 관여 - 뼈의 유지 및 골절치료에 이용
  - d. 폐경기 후 골다공증 치료 및 예방
- 급원식품
  - a. 해조류, 푸른잎 야채에 풍부
  - b. 장내세균에 의해 합성되기 때문에 별로 결핍되지 않으나,
  - c. 장기간 항생제를 사용했을 경우 어린이들에게 결핍이 생길 수 있음

5) 수용성 비타민

비타민 B군 : B1(thiamin), B2(riboflavin), B3(niacin), B5(pantothenic acid), B6(pyridoxin), B7(biotin), B9(folic acid), B12(cobalamin)

(1) 비타민 B1(Thiamin)

- 생리기능
  - a. 탄수화물대사의 보조효소로 작용, TPP(thiamin pyropho

sphate)

Pyruvic acid ---TPP --- Acetyl CoA + CO_2
↘ CO_2

α -Ketoglutaric acid --- TPP --- SuccinylCoA + CO_2
↘ CO_2

결과 : 젖산생성억제(피로회복)

b. 단백질, 지방 대사촉진

c. 항산화능 : 유리기 포착능

- 결핍증

a. 각기병(beriberi)

b. 식욕감퇴

c. 체중감소

d. 심장장애

e. 신경장애(정신착란, 식욕감퇴, 운동실조)

· 각기병

- 건성각기 : 몸이 야위는 증세(다리의 약화, 신경조직의 퇴행), 주로 노년층
- 습성각기 : 부종, 심부전(부종은 모세혈관을 통해 체액 누출)
- 유아성각기 : 모유에서 VB1 부족일 때 6개월 이내의 아기에서 나타남. 경련, 혼수, 심부전이 오면 수시간 내 사망.

- 급원식품 및 권장량

a. 급원식품 : 배아, 두류, 견과, 효모, 열에 의해 쉽게 파괴(조리 시 주의)

b. 권장량 : 1 ~ 1.3mg / 일

(2) 비타민 B2(riboflavin)

- 특성
  - a. 내열성 강(조리 시 안정)
  - b. 자외선에 민감(쉽게 파괴), 2시간 광노출시 50 ~ 70% 파괴
  - c. 음료제조 시 노란색 색소로 많이 이용되고 있음
- 생리기능
  - a. 보조효소 작용
  - b. 당, 지질, 단백질 대사
  - c. 항산화능 : 유리기 포착능
- 결핍증세
  - a. 구순구각염 : 입 가장자리가 헐고, 염증
  - b. 설염 : 혀가 붉어지고 쓰린 증상
  - c. 광선공포증 : 광선을 받으면 눈이 부신 현상
  - d. 성장지연 : B2 성장촉진인자
- 급원식품 및 권장량
  - a. 급원식품 : 우유, 쇠간, 육류, 생선 및 달걀
  - b. 권장량 : 1.2 ~ 1.5mg/일

(3) 비타민 B3(niacin, nicotinic acid, nicotinamide)

- 특징
  - a. 산, 알칼리, 열 및 광선에 강함
- 생리기능
  - a. 당질, 지질, 단백질의 산화과정 촉매(보조효소)
  - b. 트립토판의 산화에 의해 생성되기도(tryptophan 60mg → niacin 1mg으로 전환)

- 결핍증
  a. Pellagra(이탈리아, 남미, 러시아, 이집트 등의 저소득층, 옥수수 주식 시)
  b. 증상 : 4D
    · 피부염(dermatitis) - 목, 얼굴, 손
    · 설사(diarrhea) - 소화기관 점막장애
    · 치매(dementia) - 중추신경장애, 정신분열, 현기증, 건망증
    · 사망(death)

(4) 급원식품 및 권장량

- 급원식품 : 트립토판이 풍부한 단백질식품(효모, 가금류, 콩, 우유)
- 권장량 : 1.3 ~ 1.7mg / 일

(5) 비타민 B5(pantothenic acid)

(그)pantose - everywhere, 자연계 널리 분포

- 생리기능
  a. Coenzyme A의 구성성분
     당, 지질, 단백질 -- Acetyl CoA 필요
  b. 결핍증
    · 자연적 상태 거의 없다
    · 결핍실험 시 : 신경과민, 소화장애
  c. 급원식품 및 권장량
    · 동·식물계 널리 분포
    · 장내세균에 의해 합성

(5) 비타민 B6(pyridoxine)

- 특성
  a. 명칭 : pyridoxin -- (산화) → pyridoxal
  pyridoxin -- (NH_3) → pyridoxamine
  b. 동물성 식품 : 피리독살, 피리독사민이 많음
  식물성 식품 : 세 가지 모두 함유
- 생리기능
  a. 아미노산 대사 : 아미노기 전이효소에 보조효소
  단백질 섭취에 비례해 요구량 증가
  b. 헴합성 : 헤모글로빈 구성성분 합성
  c. 임신초기의 입덧, 차멀미 및 뱃멀미 구토증상 치료
- 결핍증
  a. 경련성발작, 흥분, 복통
  b. 코, 턱, 입의 가장자리 거칠어짐
  c. 성인 결핍증 거의 없다(자연계 풍부)
- 급원식품 및 권장량
  a. 급원식품 : 동·식물계 널리 분포, 단백질 고함량 식품(어육류, 달걀류)
  b. 권장량 : 1.4mg / 일

(6) 비타민 B7(biotin)

미생물성장촉진(Bios) → 난황에서 분리(biotin)

- 생리기능
  a. 탄산고정반응 촉매효소 보조효소

CO_2 ↘
피부르산 ------- 옥살아세트산

- 결핍증
  a. 거의 없다(장내세균 합성)
  b. 항생제 장복 시 문제
- 급원식품 및 권장량
  a. 급원식품 : 내장고기, 닭고기, 난황, 우유, 채소, 과일
  b. 권장량 : 미설정

(7) 비타민 B9(folic acid)

Folic acid : 시금치 농축물로부터 분리 유래, 라틴어 folium(잎), 산성용액, 열 및 광선에 쉽게 파괴(조리 시 주의필요)

- 생리기능
  a. 핵산합성 : 보소효소(세포분열, 직혈구형성)
  b. 아미노산합성 : 호모시스테인 -- (엽산, B_{12}) → 메티오닌
  c. 신경전달물질 합성 : 뇌신경전달 물질, 조효소
- 결핍증
  a. 장내세균에 의해 합성(큰 문제없다)
  b. 장의 흡수능력 저하 시 문제(과량의 알코올 시)
  c. DNA/RNA합성에 문제(세포분열 비정상, 적혈구 성숙지연)
  d. 신경손상 초래(임신 초기 시 - 전신마비, 뇌수종, 지능장애)
- 급원식품 및 권장량
  a. 급원식품 : 시금치, 근대, 상추, 브로콜리(푸른색 채소)
  b. 권장량 : 250ug / 일

(8) 비타민 B12(cobalamin)

- Co 분자 함유- 적색결정성
- 항악성빈혈증 인자

- 흡수 : 소장회장 점막에서 내적인자(instrinsic factor)과 결합해야
- 흡수율 : 56 ~ 72%, 복용비타민(확산법) 1~3%

a. 생리기능

· 메티오닌 합성 : 호모시스테인 -- (엽산, B_{12}) → 메티오닌

· 핵산합성 : 엽산의 작용을 도움(세포분열, 조혈작용)

· 중추신경계 : 신경섬유간의 연결 유지

b. 결핍증

· 악성빈혈 초래 : 비정상적 세포분열(적혈구), 엽산대사장애

· 신경장애

c. 급원식품 및 권장량

· 급원식품 : 장내세균 합성, 동물성식품(간, 심장, 신장), 쇠고기, 달걀, 유제품

(9) 비타민 C(ascorbic acid)

- 레몬즙에서 몰모트의 괴혈병 치료인자 분리
- 항괴혈병 인자(괴혈병 : 잇몸출혈, 출혈, 감염, 뼈의 연화)
- 대부분 동물 합성 : 예외) 인간, 원숭이, 몰모트는 합성 못함
- 초기 항해 선원들, 광산촌 사람들 : 야채 섭취 부족에 의한 괴혈병 다발

a. 생리기능

· 항산화 기능 : 활성산소 제거, 세포보호

· 콜라겐합성 : 세포와 세포사이 연결(시멘트 역할)
피부, 연골, 치아, 모세혈관, 근육 구성물질

· 철분흡수촉진 : 결핍시 빈혈초래

· 호르몬의 형성 : 노르에피네프린(norepinephrine), 티로신(thyroxin) 합성

스트레스 시 이들 호르몬의 양이 증가(vit C가 필요)

· 항암작용 : 구강암, 후두암, 식도암

b. 결핍증

· 콜라겐 합성장애 : 결합조직 변화 → 괴혈병[초기잇몸 -- 전신(관절, 뼈)]

· 감염성 질환 빈발

c. 과잉증

· 신장결석, 통풍 : 철분과잉 흡수

· B12의 대사 방해

d. 급원식품 및 권장량

· 신선한 채소 및 과일류 : 감귤류, 딸기, 감자

2 비타민의 기능성

비타민(vitamin = vital + amine) 명칭에서 알 수 있듯이 생명력 유지에 필요한 물질로서 고유한 생리적 기능을 나타내므로 대부분의 비타민 자체가 기능성 물질이라 할 수 있다. 항산화능과 관련하여서는 베타 카로틴, 토코페롤 및 아스코르빈산이 있다. 베타 카로틴은 카로티노이드계 색소 물질로 주황색을 나타내며, 녹색의 채소에도 많이 함유하고 있으나 녹색의 엽록소 색소에 의해 감추어져 있다. 이것은 녹색 및 담황색의 채소류에 널리 분포되어 있으며, 종류로는 당근, 고추, 오렌지, 케일, 브로콜리, 대두 등에 많이 함유되어 있다. 베타 카로틴은 생리 기능은 프로비타민 A로서 비타민 A의 기능인 세포의 파괴를 억제하는 세포 정상화 작용, 피부·점막세포의 증식과 부활작용, 어둠에 대한 적응력을 제공한다. 토코페롤은 체내에서 가장 강한 항산화 기능을 수행한다.

비타민 E는 호기호흡에 의해 발생하는 산소 유리기에 의해 세포막의 불포화지방산의 산화과정을 중단시키는 역할을 한다. 유리기는 비공유 전자를 가진 매우 불안정한 화합물이다. 유리기는 세포막 또는 DNA와 같은 전자가 밀접된 세포막 구조에 대하여 매우 파괴적으로 작용할 수 있다. 비타민 E는 지용성 물질로서 체내에서 유리기가 연쇄적인 과산화과정을 시작하는 지방이 많은 부위에 작용하여 지방의 과산화반응을 어게시키는 기능을 수행한다. 즉, 비타민 E는 지방과산화 라디칼을 중화시키고 지방과산화 고자어을 예방함으로써 세포막을 보호한다. 이와같은 산화적 스트레스(oxidative stress)에 의해 발생되는 지방, 단백질 및 DNA 손상을 억제시키고, 결국에는 심혈관질환, 암, 면역기능 손상 등으로부터 보호한다.

비타민 C은 수용성으로 지용성의 비타민 E와 유사한 항산화 작용을 갖는 것으로 알려졌다. 호기적 산화과정에서 발생된 유리기에 전자를 내어주면서 안정화되어 항산화활성을 나타낸다. 비타민 C의 항산화능은 잘 알려져 있지만, 생체 내에서는 아직 명확하게 규명되지는 않았다. 당뇨환자의 경우는 비타민 C가 오히려 산화적 스트레스를 증가하는 것으로 알려졌다. 인체에서 비타민 C의 함량이 높은 곳은 안구와 백혈구인데, 이것은 안구에서 광학적으로 형성된 유리기와 면역활성화에 따라 발생된 유리기에 대한 보호 때문인 것으로 알려졌다.

Ⅳ-5 무기질의 영양성과 기능성

1 무기질의 영양성

1) 무기질이란?

- 탄소를 함유하지 않는 물질
- 식품 -- (연소, 550 ~ 650℃) → 재(무기질, 회분)
- 인체 구성분 중 약 4% 함유(약 25종)
- 다량 무기질 : 1일 100mg 이상 필요
  예) Ca(2%), P(1%), K(0.35%), Na, Cl, Mg
- 미량 무기질 : 1일 100mg 미만 필요
  예) Fe, Cu, Co, I

2) 무기질의 소화 흡수

- 식품으로부터 분리 후 흡수
- 흡수촉진 : 예) 비타민 C, 유당 - 철분 흡수촉진
- 흡수방해 : 식이섬유, 피틴산 모든 무기질 흡수 방해, 수산 - Ca 흡수방해

3) 무기질의 기능

(1) 산·알칼리 균형

세포내·외액에 이온상태로 존재(pH 7.35 ~ 7.45 유지)
예) 양이온 : 과일 / 채소류(알칼리성 식품)
Ca, K, Na, Mg

음이온 : 곡류, 육류, 달걀류, 가금류(산성식품)
P, S, Cl

(2) 신체의 구성성분

- 인체의 경조직 구성 : 뼈, 치아 구성분
  예) Ca, P, Mg
- 인체의 연조직 구성 : 근육, 피부, 혈액, 신경
  예) Zn(인슐린), Fe(혈액), S(모발), I(타이로신)

(3) 대사의 촉매 작용

- 당질, 단백질, 지질 대사 촉매
  예) P. Mg, Mn, I, Cr

2 무기질의 기능성

1) 칼슘(Ca)

(1) 체내 함유량

- 체중의 1.5 ~ 2.2%, 예) 체중 70kg 성인 – 약 1~1.5kg 함유
- 전체 99% 이상이 골격과 치아 구성분, 1% 혈액 및 체액 구성

(2) 생리적 기능

- 골격 치아 형성 : Ca와 P의 결합 $-Ca_3(PO)_4$, $CaCO_3$
- 근육수축 : 세포내액의 Ca는 근육 수축에 관여(내액이 높아

지면 근육 수축)

- 신경의 흥분 억제 : 정상이하 시 신경 흥분, 경련
- 혈액응고인자 : 피브린 분자간 결합촉진
  프로트롬빈 -- (트롬보키나제, Ca^{2+}) → 트롬빈
  피브리노겐 -- (트롬빈) → 피브린(상처 치유)

(3) 흡수와 배설

- 소장 상부에서 흡수(섭취량의 1 / 3), 대변으로 배설(2 / 3)
  cf) 흡수율 : 어린아이 75%, 어른 20 ~ 40%
- 비타민 D, C, lactose 등은 Ca 흡수 촉진
- 연령증가 신장손상 시 흡수율 저하
- 폐경기 여성 흡수율 저하 : 에스트로젠(뼈의 Ca 용출억제) 분비 중단

(4) 결핍증

- 성장정지, 뼈, 치아 질환
  ※ 치아형성기 : 치아질 불량, 잇몸이 좁아 치아가 촘촘히 난다.
- 골다공증, 골연화증
  ※ 골격 : collagen(기질) + [Ca + P](골염) : 기질과 골염이 일정비율로 결합
  골다공증 : 화학적 조성변화 없이 기질과 골염이 감소된 상태
  골연화증 : 기질은 충분히 남아있는데 석회화 장애(구루병)

(5) 급원식품 및 권장량

- 급원식품 : 우유(1잔에 1일 필요량의 1 / 3), 유제품, 멸치, 굴, 해조류

- 권장량 : 700mg / 일

2) 인(P)

(1) 생리기능

- 골격 및 치아 형성 : 체내 존재 인의 85%
- 에너지 대사 : 전세포에 존재, ATP, ADP, AMP
- 핵산의 구성성분 : DNA, RNA
- 체액의 PH 조절

(2) 급원식품 및 권장량

- 급원식품 : 동식물계 널리 분포, 곡류 및 콩류에 다량 함유(한국인 Ca보다 P 섭취가 많다), Ca와 P의 섭취 비율 = 1 : 1이 이상적, 가공식품 / 탄산음료 : 식품첨가물 인산첨가(과잉섭취 우려 - 뼈 약화)
- 권장량 : 700mg/일

3) 나트륨(Na)

맛의 기본 물질 : NaCl, 로마시대 군인들 급료 소금(saline)-salary(급여)

(1) 생리기능

- 삼투압 및 산알칼리 평형 유지 : 세포내외액의 삼투압 유지 예) 세포내 K > Na, 세포외 Na > K
- 신경자극 및 근육 수축 : Ca와 함께 근육 수축 이완

(2) 급원식품 및 권장량

- 급원식품 : 동물성 - 육류, 달걀, 유제품, 식물성 - 곡류, 콩류
- 조미료 : 간장, 된장, 고추장, MSG
- 권장량 : 2000mg / 일 (우리나라 2.5배 섭취 함)

4) 철분(Fe)

(1) 생리기능

- 헤모글로빈의 구성요소 : 체내 70%가 헤모글로빈에 존재
  cf) 적혈구 250만개 합성 / 1초, 지속적인 철분 필요
- 미오글로빈의 구성요소 : 근육색소

(2) 철분의 대사

- 폐쇄된 대사계를 가짐
  예) 적혈구 : 체내에서 120일간 생존
  -- 혈구파괴 -- (Fe) -- 헤모(미오)글로빈 재합성 이용
- 거의 손실이 없다. 단) 피부, 땀으로 일부 손실

(3) 급원식품 및 권장량

- 급원식품
  헴철 - 육류, 생선의 헤모(미오)글로빈에 함유된 것(흡수율 40%)
  비헴철 - 식품 중의 철분(유리성분, 흡수율 10%)
- 권장량 : 12mg / 일, 여성 16mg / 일

5) 요오드(I)

(1) 생리기능

- tyroxine호르몬 구성요소 : 70%
- 결핍 시 : 갑상선 비대증

(2) 급원식품

- 해조류 : 미역, 김

6) 기타 미량원소

- 구리(Cu) : 헤모글로빈 합성 촉진
- 코발트(Co) : 비타민 B12 구성성분, 악성빈혈 초래
- 아연(Zn) : 부족 시 성장부진, 생식기능저하
- 셀레늄(Se) : 항산화제(지질과산화 억제, 세포막 보호)

제 V장

기능성 별 작용기전 및 기능성 물질

The new health functional food
최신 건강기능식품학

1 항산화 효과

1) 개요

산소로 호흡하는 대부분의 생명체는 산소를 에너지의 생성을 위해 사용된다. 산소가 에너지를 생성하는 과정에서 다양한 활성산소(Reactive oxygen species : ROS)가 생겨난다. 이러한 활성산소의 일부는 인간에게 유익하게 작용하기도 하지만, 대부분은 그 불안정한 구조로 인하여 주변 세포를 파괴하는 손상을 입히는 해로운 인자로 작용한다. 활성산소인 O_2^-(또는 OH^-)는 지질과산화반응을 개시시킨다. 즉, O_2^-(또는 OH^-)에 의한 지질과산화반응은 O_2^-(또는 OH^-)의 불포화 지방산으로의 부가반응으로 생성된 산화물에 의해 개시되고, 자동산화반응 과정을 거쳐 세포막을 파괴하게 된다.

활성산소의 종류에는 슈퍼옥사이드 라디칼(superoxide radical, O_2^-), 하이드록시 라디칼(hydroxy radical, OH·), 산화질소(nitric oxide, NO·) 등과 같은 라디칼형과 과산화수소(H_2O_2), 차아염소산(HOCl), 일중항산소(singlet oxygen, $^1O_2$) 등과 같은 비라디칼형이 있다.

2) 항산화제

활성산소의 발생을 억제 또는 제거하거나, 이미 발생한 활성산소와 반응하여 화학적으로 안정한 물질로 만드는 능력을 항산화 효과라고 하고, 이러한 작용 활성을 갖는 물질을 항산화제(antioxidant)라고 한다. 항산화 기능을 나타내는 물질에는 효소적 항산화제와 비효소적 항산화제가 있다. 효소적 항산화제는 생물체의 체내에서 존재하여 호흡활동에 의해 발생된 활성산소를 제거하는 능력을 가지고 있으며, 종류로는 슈퍼옥사이드 디스뮤테이스(superoxide dismutase, SOD), 카탈레이스(catalase), 글루타티온 과산화효소(glutathione peroxidase), 글루타티온 환원효소(glutathione reductase) 등이 있다. 비효적 항산화제로서 천연에 존재하는 항산화제는 비타민 C(ascorbic acid), 비타민 E(tocopherol), 플라보노이드(flavonoid) 등이 있다. 화학합성 항산제로는 BHA(butylated hydroxyanisol), BHT(butylated hydroxytoluene), TBHQ(tertiary butylhydroquinone), PG(propyl gallic acid)

표 5-1. 항산화제의 분류

효소적 항산화제	비효소적 항산화제	
	천연 항산화제	합성 항산화제
Superoxide dismutase(SOD) Catalase Glutathione peroxidase Glutathione reductase	Tocopherol(비타민 E) Ascorbic acid(비타민 C) Flavonoid Sesamol	BHA(butylated hydroxyanisol) BHT(butylated hydroxytoluene) TBHQ(tertiary butylhydroquinone) PG(propyl gallic acid)

3) 작용 기작

(1) 효소적 항산화제

효소적 항산화 체계에서는 생성된 활성산소는 슈퍼옥사이드 디스뮤테이스(superoxide dismutase)가 작용하여 화학적으로 안정한 과산화수소 상태로 만든다. 이어서 생체내에 존재하는 카타레이스(catalase)에 의해 과산화수소(H_2O_2)를 환원시켜 물과 산소를 만든다. 또는 글루타티온 과산화효소(glutathione peroxidase)는 과산화수소(H_2O_2)를 환원시켜 물을 반응을 촉매하여 과산화수소(H_2O_2)의 체내 축적을 방지하여 활성산소 생성을 저지하는 능력을 발휘한다.

- 슈퍼옥사이드 디스뮤테이스(superoxide dismutase, SOD) 작용

  $2O_2^- + 2H+ \rightarrow H_2O_2 + O_2$

- 카타레이스(catalase) 작용

$2H_2O_2 \rightarrow 2H_2O + O_2$

- 글루타티온 과산화효소(glutathione peroxidase) 작용

$2H_2O_2 + 2GSH \rightarrow GSSG + 2H_2O$

4) 산화적 손상과 건강

(1) 심혈관 질환

활성산소에 의한 심혈관계 질환은 동맥경화를 유발하여 일어난 경우가 대부분이며, 이는 혈관 내피의 손상에 기인하는 것으로 알려졌다. 특히 혈액 중에 LDL(저밀도 리포 단백질)이 활성산소를 만나게 되면 포말 세포(foam cell)를 생성하고 이 물질이 동맥 내에 축적되면 동맥 경화를 유발 할 가능성이 높다.

(2) 암

생체 내에서 생성된 활성산소는 세포내 DNA나 지질, 단백질에 손상을 주어 암을 유발하는 것으로 알려 졌다. 암 유전자나 종양 억제유전자에 변형이 일어나면 세포의 성장, 분화 및 사멸에 영향을 미치고, 통제 불가능한 세포의 암화가 발생한다. 일반적으로 암 조직에서는 항산화효소의 활성이 낮게 나타나는 것으로 나타나, 암 발생과 활성산소는 밀접한 관계가 있는 것으로 알려지고 있다.

(3) 당뇨병

당뇨병의 발생 형태인 제1형과 제2형에 발견된 공통적인 특성인 고혈당은 다양한 경로를 통하여 활성산소종을 발생시킨다. 이들 환자의 혈장 지질과산화물의 농도가 정상인 비하여 높게 나타나고, 반면 비타민 C의 혈장농도가 낮게 나타나 활성산소와 당뇨병의 연관관계가 있는 것으로 알려졌다.

표 5-2. 활성산소 감소에 도움을 주는 건강기능식품 기능성 원료

기능성 원료	인정된 기능성 원료	고시형 원료
항산화	대나무잎추출물 메론추출물 복분자 추출물 비즈왁스알코올 코엔자임Q10 토마토추출물 포도종자추출물 프랑스해안송껍질추출물 고농축녹차추출물	클로렐라 스피루리나 프로폴리스추출물 비타민 C 비타민 E 엽록소 함유 식물 스쿠알렌

2 혈당조절

1) 개요

당뇨병(diabetes mellitus)이란? 당이뇨로 배설되는 질병으로 췌장에 있는 langerhans섬의 β-세포에서 분비되는 인슐린의 생리작용이 저조하거나 충분한 양의 인슐린을 공급하지 못함으로서 생기는 질환이다. 당뇨의 종류로는 제1형인 인슐린 의존성 당뇨병과 제2형인 인슐린 비의존성 당뇨병이 있다. 당뇨에 의한 변화로는 인슐린과 glucagon의 분비 이상으로 생체 내 대사조절기능이 비정상적으로 되어 고혈당증, 고지혈증 및 케톤산증과 근육과 지방세포에서의 변화가 생긴다. 합병증으로는 망막증, 신증, 다리의 괴저, 산독증 및 혼수 등이 있다.

2) 당뇨병의 분류

(1) 제1형 당뇨병

일반적으로 소아당뇨라 부르고 40세 이전에 발병하며, 자가면역

반응에 의해 인슐린을 분비하는 췌장 내의 베타세포를 공격하여 기능을 못하게 파괴한다. 외부의 바이러스 감염 등에 기인하는 것으로 알려졌다.

(2) 제2형 당뇨병

제1형이 인슐린 의존형이라면 제2형은 인슐린 비의존형으로 인슐린의 분비량과는 무관하게 인슐린의 저항성(insulin resistance)이 높아서 체내에서 인슐린이 적절히 이용되지 못하여 일어나는 증상이다. 즉, 혈중의 인슐린 농도는 정상이거나 고인슐린혈증 상태를 의미한다. 소화되어 흡수된 포도당을 세포내에 전달하기 위한 인슐린의 기능이 저하되어 세포가 포도당을 공급받지 못하고 혈관에는 고농도가 유지되어 여러가지 합병증을 유발한다. 당뇨병의 90%는 제2형에 속한다.

표 5-3. 당뇨의 기준

공복 혈당(mg/dL)	식후 2시간(mg/dl)	분 류	대응방법
110 미만	140 미만	정상혈당	정기적인 검사
110 - 125	140 - 199	당뇨병 전 단계	식이조절 및 운동요법 필요
126 이상	200 이상	당뇨병	식이조절 및 운동요법 필요

자료 : 식품의약품 안전처, 식품안전나라

표 5-4. 혈당조절과 관련된 건강기능식품 원료

기능성 원료	인정된 기능성원료	고시형 원료
혈당조절	구아바잎추출물 난소화성말토덱스트린 동결건조누에분말 마주정추출물 바나바추출물 솔잎 증류농축액 알부민 인삼가수분해농축액 지각상엽 추출 혼합물 쥐눈이콩 펩타이드 복합물 콩발효추출물 타가토스 탈지달맞이꽃종자추출물 피니톨 홍경천등복합 추출물 nopal추출물	구아검/구아검가수분해물 귀리 밀식이섬유 옥수수겨 호로파종자 이눌린/치커리추출물

3 면역기능 조절

1) 개요

면역기능은 생명을 유지하기 위해 내·외부의 감염 등으로부터 우리 몸을 보호하는 기능을 말한다. 우리 몸은 항상을 유지하는 능력을 가지고 있다. 생체의 정상적인 기능을 수행하기 위한 기본적인 방어기구 즉, 면역체계를 가지고 있다. 정상적인 면역체계는 체내에서 유해한 외부 물질이나 비정상적으로 변형된 세포들을 인식하고 그것들을 제거하는 고유한 기능을 수행한다. 그러나 환경오염물질, 스트레스, 인스턴트식품, 포화지방산 함유식품 과다섭취, 술과 담배, 약물의 오남용에 따른 면역체계의 균형이 깨지어 질병에 이르게 된다.

2) 면역반응의 구분

(1) 특이적 면역반응

특이적 면역반응은 특정항원에 대하여 특정 림프구가 작동하고, 그 작용이 기억되어 이후에 동일한 항원이 체내에 들어오면 면역이 일어나 저항력이 증가되는 현상을 말한다. 이러한 획득면역반응에는 체액성 면역반응(항체반응, 항체생성)과 세포성 면역이 있고, 이들은 각각 항원특이적인 반응을 일으킨다. 체액성 면역 림프구의 주역은 B 세포다.

(2) 비특이적 면역반응

병원체와 관계없이 감염되면 일어나는 면역반응을 말한다. 비특이적 면역의 주역인 대식세포(macrophage)는 일차적인 보호기능을 수행한다. 피부, 기도의 섬모 및 위액 등이 보호기관과 체액성 인자인 보체(complement), 인터페론, 리소좀, NK 세포 등이 있다. 생체방어 기구의 초기단계에서 작용하는 대식세포는 고등동물의 전신에 분포하며, 존재하는 장소에 따라 각기 다른 명칭을 가진다. 대식세포는 T 세포에 항원을 제시하고 IL-1, TNF-α 등의 조절인자를 생산하며, 또한 effector 세포로서 세포내 기생 세균 및 종양 세포를 살해시킨다. 최근의 연구에 의하면 담자균에 베타 글루칸의 항암효과는 NK 세포 이외에 대식세포의 관여에 의해 일어나는 것으로 알려졌다. 활성화된 대식세포는 TNF-α 와 IL-1α 등을 생산하며, TNF-α 는 정상 세포에는 영향을 미치지 않고 암세포 또는 종양 및 salmonellosis와 바이러스에 감염된 세포를 인지하여 살해시킬 수 있는 cytokine이다. IFN-α 및 IL-2 등에 의해 primming되고 LPS, OKT-432 등에 의해 triggering 되어 생성되는 TNF-α 는 대식세포에서 대식세포 colony-stimulating factor(M-CSF)에 의해 유도되며, 종양 살해능 역시, 부분적으로 M-CSF를 매개로 유도되는 것으로 알려졌다.

표 5-5. 면역조절 건강기능식품 원료

기능성 원료	인정된 기능성원료	고시형 원료
면역조절	게르마늄효모 금사상황버섯 당귀혼합추출물 클로렐라 표고버섯균사체 L-글루타민 다래추출물 소엽추출물 피카오프레토분말등복합물 구아바잎추출물등복합물 스피루리나 Enterococcus faecalis 가열처리건조분말	인삼 홍삼 알로에겔 알콕시글리세롤 함유 상어간유

4 간 건강

1) 개요

간은 생체 내에서 가장 큰 기관으로 무게는 체중의 약 3%를 차지한다. 간 하부의 중간쯤에 혈관과 신경이 출입하는 간문부(hepatic portal)에 간문맥, 간동맥, 림프관 및 담관이 간으로 연결된다. 간은 인체 내에서 일어나는 각종 신진대사의 homeostasis를 유지하기 위한 필수 기관이다. 간장의 물리적 기능은 수분균형, 스펀지작용(blood volume regulation), 및 여과작용을 한다. 세포적 기능으로는 metabolic pool, 저장(glycogen, proteins, fats, vitamins), 분비(glucose, proteins, coagulation factors, enzyme, bile), 해독작용을 수행한나. 간에 존재하는 쿠퍼세포(kuffer cells)는 면역반응 담당하는 중요한 세포이고, 항체를 생성하며, 박테리아와 이물질을 탐식하여 제거한다.

2) 간의 구조

인간의 간장을 구성하는 간세포는 약 2,500~3,000억 개 정도이고, 구성은 유조직 세포(parenchymal cell)가 65% 이고, 비유조직 세포가 35%이다. 비유조직 세포(non-parenchymal cell)는 간상피세포(endotheliar cells) 21.0%, 쿠퍼세포(kuffer cells) 8.5%, 별 세포(stellate cells) 5.5%로 구성되었다.

3) 간의 주요 기능

(1) 탄수화물 대사

간은 포도당을 저장 또는 공급하여 혈당을 정상적으로 조절하는 역할을 수행한다. 간 및 조직 자신의 기능, 효소계, 단백질이나 지방의 대사에 의해 자율적으로 조절되나 다시 신경계, 호르몬 등에 의해 크게 지배받는다.

(2) 단백질 대사

단백질로부터 생성된 아미노산의 분해에 따라 암모니아가 생성되고, 이것은 urea(요소)로 전환되어 배설된다. 간에서 만들어지는 혈중 단백질인 알부민은 혈관 내의 삼투압 유지에 중요하고, 글로블린은 호르몬과 콜레스테롤 운반체로 작용하며, 피브리노겐은 혈액응고의 중요한 작용을 한다.

(3) 지방 대사

간에서 합성되는 지방성분은 콜레스테롤, 답즙산, 인지질, 결합 빌리루빈 등이 있다.

(4) 호르몬 대사

인슐린은 간, 근육에서 glycogen 합성촉진한다. 간으로부터 순환 혈의 glucose 방출속도 저하, 아미노산으로부터 glycogenesis 제제한다. 즉 간에서 아미노산의 탈아미노반응을 억제한다. 글루카곤은 인슐린과 반대로 혈당이 감소하면 저장된 글리코겐을 포도당으로 변환시켜 혈중 포도당 농도를 증가시킨다. 또한 thyroid, 부신, testosterone, estrogen hormone 등의 대사도 일어난다.

(5) 해독 기능

간에서는 수용성이 낮은 이물질을 가능한 수용성이 높은 형태로 화학적으로 변환(oxidation, methylation, acethylation, esterification)하여 신속하게 체외로 배출시킨다. 또한 urea cycle, bilirubin metabolism, hepatitis에 의하거나 간염바이러스를 제거한다.

표 5-6. 간 개선에 도움을 주는 건강기능 원료

기능성 원료	인정된 기능성원료	고시형 원료
간 개선	밀크씨슬추출물 브로콜리스프라우트분말 표고버섯균사체 표고버섯균사체추출물 복분자추출분말 헛개나무 과병 추출물 유산균발효다시마추출물	

5 혈압 조절

1) 개요

혈압이란, 혈관 속으로 흐르는 혈액이 혈관 벽에 가해지는 힘(압력)을 말한다. 이때의 압력의 의미는 동맥혈관에 흐르는 혈액의 압력을 말한다. 혈압의 표현은 수축기 혈압(최고혈압)과 확장기 혈압(최저혈압)이라고 하며, 단위는 mmHg로 나타낸다. 일반적으로 수축기 혈압이 120mmHg이고 확장기 혈압이 80mmHg이면 정상범위라 말하고, 120mmHg보다 높으면 고혈압, 80mmHg 보다 낮으면 저혈압이라고 한다. 고혈압은 다양한 합병증을 유발하기 때문에 위험한 질병으로 다루고 있으며, 심혈관질환, 신장질환 및 당뇨병 등과 밀접한 관계가 있는 것으로 알려졌다. 저혈압은 현기증, 무기력증, 두통 등의 증상을 수반한다.

2) 고혈압의 분류

정상적인 혈압은 확장기 혈압이 80mmHg 이하이고, 수축기 혈압이 120mmHg 이하인 경우를 말한다. 경계역 고혈압은 확장기 혈압이 91 ~ 94mmHg, 수축기 혈압이 141 ~ 159mmHg 일 때를 말하고, 고혈압은 확장기 혈압이 95mmHg 이상이고 수축기 혈압이 160mmHg 이상이 지속될 때를 의미한다. 이러한 증세가 지속시에는 심장병, 뇌졸중, 신장병 발생이 급격히 증가 된다.

3) 원인 인자

고혈압 발생의 원인은 여러가지로 설명되고 있다. 첫째는 유전, 연령, 성별에 따른 발생이다. 둘째는 체중증가(체질량지수)에 따른 혈압의 증가이다. 셋째는 나트륨섭취, 알코올 및 지방의 섭취 증가에 따라 증가한다. 넷째는 흡연, 스트레스, 고지혈증, 기타 질환에 따른 증가이다.

표 5-7. 고혈압의 원인

구 분	위험요인
일차성 고혈압(본태성) 90%차지	유전, 연령(60세 이상), 성별(남자, 폐경기 여자) 지방과잉섭취, 비만, 흡연, 스트레스, 고지혈증
이차성 고혈압	각종 질환(신장, 내분비계, 갑상선질환), 약물섭취(경구피임약, 호르몬제제, 제산제), 임신중독증

4) 예방

고혈압 예방을 위해서는 식사요법, 운동요법 및 약물요법 등이 있다. 식사요법으로는 소금섭취량을 줄이고 알코올을 과다하게 섭취하지 않으며, 고도불포화지방산 섭취, 식이섬유 섭취를 많이한다. 운동요법은 운동을 통하여 적정체중을 유지하는 것이 중요하다.

표 5-8. 혈압조절에 도움을 주는 건강기능식품

기능성 원료	인정된 기능성원료	고시형 원료
혈압 조절	가쯔오부시올리고펩타이드 연어펩타이 올리브잎추출물 정어리펩타이드 카제인가수분해물 코엔자임Q10 해태올리고펩티드 L-글루타민산 유래 GABA함유 분말	

6 체지방 감소

1) 개요

체지방이 신체에 축적되면 나타나는 증상은 과체중과 비만이다. 비만은 신체 내에 쌓인 지방이 정상보다 높은 상태 즉, 섭취 칼로리가 소비 칼로리 보다 많은 상태를 말한다. 비만은 원인에 따라 단순성(본태성) 비만과 증후성 비만으로 분류하고, 전자는 과식과 운동부족으로 전체의 95%를 차지하며, 후자는 증후성 비만으로 유전, 내분비 질환이나 신경이상 등에 기인한다. 지방조직의 형태는 지방세포 증식형으로 지방 세포수 증가에 의해 나타나는 데 주로 생후1년과 사춘기에 발생한다. 성인비만인 경우는 지방세포 비대형이고, 고도 비만인 경우는 혼합형으로 세포 수 증가와 크기 증가가 동시에 나타난다. 체지방의 분포에 따른 분류는 상체 비만과 하체비만이 있다. 상체 비만은 복부비만형으로 복강과 복부에 지방이 축적된 것으로 주로 남성에게서 나타나며, 나이증가, 과식, 운동부족, 유전적 영향으로 발생한다. 하체 비만형은 여성에게서 나타나며 엉덩이나 허벅지에 지방이 축적된다.

2) 지방 축적의 원인

(1) 유전

부모가 모두 비만인 경우 자녀의 80% 정도는 비만이고, 부모 중 한쪽이 비만인 경우는 40%, 부모가 정상인 경우는 10% 미만이 비만이라고 한다. 이러한 결과는 자녀가 부모와 생활습관이나 식습관이 유사하기 때문에 나타나는 현상이라고 판단된다.

(2) 과식

일반적인 비만은 필요한 에너지보다 섭취하는 에너지가 반복적으로 증가하여 체지방이 체내에 지속적으로 증가되는 현상을 말한다. 즉 지방세포에 중성지방이 축적되는 현상이다. 당질 섭취는 체지방 증가에 큰 영향을 미치는데 당질의 섭취가 높아지면 인슐린 분비가 촉진되어 비만이 되고, 지질의 단독 섭취 시 보다는 당질과 함께 섭취하였을 때에 비만이 촉진된다.

(3) 운동부족

운동부족은 우리몸의 활동대사량을 감소에 따른 소비에너지가 낮아져서 여분의 에너지가 계속 저장된다. 운동부족에 따른 근육량의 감소는 기초대사량도 감소되어 저장 에너지가 증가된다.

(4) 스트레스

생활환경의 부조화에 의해 발생되는 스트레스에 의한 식습관의 변화에 기인한다. 일반적으로 급성스트레스는 식욕을 감소시키고, 만성스트레스는 식욕을 증가시키고 신체활동은 감소시켜 비만을 촉진하는 것으로 알려졌다.

(5) 내분비 요인 및 약물부작용

우리몸의 시상하부와 섭취중추에서 만복감을 조절하는 중추의 장애가 발생하면 식탐의 기능이 조절되지 않아 폭식을 하게 된다. 부신피질스테로이드계 물질이나 항우울제는 식욕을 항진시켜 비만을 유발한다.

3) 비만판정

(1) Broca 지수

- 동양인에게 적합한 방법
- 남자 표준체중 : (신장 - 100) × 0.9
- 여자 표준체중 : (신장 - 100) × 0.85(혹은 0.8)

  비만도 = {(실측체중 - 표준체중) / 표준체중} × 100
  판정 - 수 척 : -20% 미만
  저 체 중 : -10 ~ -19%
  정상체중 : -10 ~ +10%
  과 체 중 : +10 ~ +19%
  비 만 : +20% 이상

(2) 체질량지수(Body mass index : BMI)

- 체질량지수(BMI) = 체중(kg) / 신장(m^2)
  판정- 저체중 : 〈 18.5
  정상 : 18.5 ~ 22.9
  과체중 : 〉 23

(3) 허리둘레와 엉덩이둘레 이용

- Waist to hip ratio(WHR) : 허리둘레 / 엉덩이둘레
  정상 : 남자 - 0.8 ~ 1.0
  여자 - 0.7 ~ 0.85

- 허리둘레 : 남자 - 90이상, 여자 - 85이상

4) 비만과 건강

(1) 성인병 발생

비만인 사람은 제2형인 인슐린 비의존성 당뇨병에 많이 걸리고 심혈관 질환인 고혈압, 심장병, 동맥경화, 뇌졸중 등이 부수적으로 증가된다. 체중이 증가함에 따라 골관절염, 암, 담낭질환 및 우울증 등이 발생한다.

(2) 대사성 증후군

대사성 증후군이라 함은 복부비만으로 허리둘레가 남자는 102cm이상이고 여자는 88이상, 혈중 중성지질이 150mg / dL 이상, 혈중 HDL 농도가 남자는 40mg / dL 미만이고 여자는 50mg / dL 미만, 혈압 130 / 85mmHg 이상 또는 치료 중인 경우, 공복 혈당 110mg/dL 이상 또는 치료 중인 경우에 상기 사항 중 3가지 이상에 해당하는 경우를 발한다. 국내 20대 성인의 남자의 19.9%, 여자의 23.7%가 해당된다. 이것의 위험요인은 관상동맥질환, 심근경색질환, 뇌졸중 발생이 3배 이상 증가하고, 이 중에 복부비만이 가장 큰 원인이다.

(3) 성기능 이상

비만인 경우 여성은 월경불순이 나타나며, 남성은 성기능의 기능감퇴가 나타난다.

(4) 호흡기 질환

비만에 의한 체지방의 축적은 흉벽 및 횡격막 운동이 제한되고, 코골이에 따른 만성 무호흡 증후군이 나타난다.

(5) 근골격계 이상

비만에 의한 체중의 증가에 따른 관절염과 통풍(요산) 질환이 증가한다.

(6) 심리적 질환

비만이 되면 정서적 불안, 우울증, 적응장애, 인격장애, 히스테리, 열등감 등이 증가한다.

5) 비만치료

(1) 식사요법

에너지 섭취 제한은 비만치료에 가장 중요한 요법이다. 영양소는 지방과 단순당의 섭취를 제한하고, 고도비만자의 경우는 하루에 400 ~ 800 kcal / day의 저열량 식사를 하나, 일반적으로 1,200 kcal / day 이하로 줄이는 것은 권장하지 않는다. 식사는 한꺼번에 폭식을 하는 것 보다 3 ~ 4회 나누어 소량씩 균형식을 하는 것이 중요하다. 음식섭취에 있어서도 포만감을 느낄 수 있게 천천히 먹는 습관이 좋다.

(2) 운동요법

비만치료를 위해서는 식이요법과 운동이 병행될 때 좋은 효과가 있다. 반복적인 운동은 축적된 지방을 산화시키고 근육량을 증가시켜 기초대사량을 증가시키고, 심리적 스트레스를 해소시켜 준다. 또한 인슐린 수용체의 감수성을 높여주고, 말초조직에서의 인슐린의 효과를 증진시킨다. 저항성 운동은 1주일에 2 ~ 3회, 10여 가지 기술을 10여회 반복적으로 실시하고, 유산소 운동은 1주일에 3 ~ 5일, 20 ~ 60분 정도 실시한다.

(3) 행정수정요법

비만자의 생활방식을 분석하여 제중 조절과 관련되는 원인을 분석하여 수정하는 방법이다. 첫 번째로는 잘못 된 식습관의 요인을 찾아서 기록하고 분석하여 새로운 식습관을 형성해가는 모델을 만들어 실천한다.

표 5-9. 체지방 감소에 도움을 주는 건강기능식품

기능성 원료	인정된 기능성원료	고시형 원료
체지방 감소	가르시니아캄보지아껍질추출물 공액리놀레산(유리지방산) 공액리놀레산(트리글리세라이드) 그린마떼추출물 녹차추출물 대두배아추출물등복합물 레몬 밤 추출물 혼합분말 중쇄지방산함유유지 콜레우스포스콜리추출물 히비스커스등복합추출물 깻잎추출물 L-카르니틴 타르트레이트 식물성유지 디글리세라이드	

제 Ⅵ장

기능성식품 소재를 이용한 제품 개발

우리나라는 건강기능식품의 안전성 확보 및 품질향상과 건전한 유통·판매를 도모함으로써 국민의 건강증진과 소비자 보호에 이바지함을 목적으로 건강기능성 식품법이 시행되고 있다. 소비자들이 건강에 대한 관심이 증대되면서 효과가 검증되지 않은 제품을 영업자들이 제조 및 판매 시에 영리 목적으로 사실과 다르게 허위·과대 광고에 의한 소비자들의 피해사례가 많았다. 이와같이 무지 또는 부도덕한 일부 영업자들에 의한 소비자들의 피해를 예방하고, 실제 기능성이 확인된 제품의 제조 및 판매를 지원하고자 제도의 필요성이 크다고 할 수 있다. 이에 따라 2000년에 "국민건강증진을 위한 건강기능식품에 관한 법률안"이 국회에서 논의되기 시작하여 2002년에 "건강기능 식품에 관한 법률"이 제정·공포되었으며, 2003년에는 시행령이 2004년에는 시행규칙과 관련고시가 제정 및 공포되었다.

초기에는 건강기능식품이란 "인체 내에서 유용한 기능성을 가진 원료나 성분을 사용하여 정제, 캡셀, 분말, 과립, 액상, 환 등의 형태로 제조 가공한 식품으로서 식품의약품안전청장이 가능성이 있다고 인정하는 식품"을 말한다고 정의하였다. 이후에 제형의 제한에 대한 문제점이 제기되어 제형의 범위가 페이스, 바, 젤리 등의 분야로 확대되었다가, 최근에는 제형에 대해서는 제한을 두지 않고 있다. 제형에 따른 소비자들의 선호도는 정제와 캅셀의 선호도가 52%로 높게 나타나는 것으로 알려졌으며, 이것은 섭취와 보관의 용이성과 의약품과 비슷하여 소비자들의 신뢰도가 높기 때문인 것으로 알려졌다. 이들 6가지 제형에 대한 특성과 제조법에 대하여 알아본다.

표 6-1. 건강기능식품의 형태에 따른 선호도

제품 유형	선호도(%)
정제와 캅셀	52
일반식품의 형태	38
기타	20

출처 : 건강기능식품 시장도입프로그램, 일본건강산업신문사(1999)

1 정제(Tablets)

정제는 사용 목적, 제조방법에 따라서 크기, 모양, 중량, 경도, 두께, 붕해 특성 등이 다르다. 정제는 주로 압축에 의해 조제된다. 압축정은 여러가지 모양의 punch와 die로서 분말, 과립을 강한 압력을 가하여 제조한다. 고형체 중 정제는 가장 생산량이 많은 제형중의 하나이다. 정제가 많이 사용되는 이유는 이 제형이 1개의 계량단위로서 취급하기 쉽고 복용하기 용이하며 그 제조방법이 비교적 간단하기 때문이다. 그리고 코팅하여 쓴맛, 냄새, 자극에 대한 masking 및 제품의 안정화 등이 용이하기 때문이다. 정제는 기능성이 있는 식품의 원료 및 성분을 고형의 형태로 제조된 것으로 기본적인 원료에 적당한 첨가제를 가하여 조제된다.

1) 정제 특성

정제의 제조 시 이용되는 첨가제는 인체에 무해하고 기능성에 영향을 미치지 않으며, 건강기능식품으로의 사용이 허가된 원료를 사용하여야 한다. 첨가하는 물질은 정제의 역할에 따라서 부형제, 결합제, 붕해제, 활택제, 보습제 등이 이용된다.

① 사용이 간단하다.

② 용량(투여, 제조)이 정확하다.

③ 대량생산이 가능하여 가격이 저렴하다.

④ 제피에 의해 쓴맛과 냄새를 방지하고, 서방성 혹은 장용성으로 제조할 수 있다.

(1) 부형제 (Diluents)

기능성 원료의 중량 또는 희석을 위해 참가하여 정제를 일정한 크기로 만든다. 부형제 중 약효가 있는 것은 정제에 함유되는 1일 분량이 1일 상용량의 하한 1 / 5 이내이어야 한다.

- 유당 : 정제의 부피를 증가시키는데 가장 많이 쓰이며, 특성은 물에 녹기 쉽고 방출이 빠르다.
- 전분 : 정제의 부피를 증가시키는 용도 이외에 결합제, 붕해제로 이용되고, 밀, 옥수수, 감자 전분을 사용한다.
- 백당 : 강한 점착성이 있어 결합제로서 습식조립 및 건식조립 모두에서 사용하며, 감미를 제공한다.
- 만니톨 : 결정수를 가지고 있지 않아서 수분에 민감한 원료인 경우 사용한다. 감미가 있고 청량감을 부여한다.
- 무기염 : calcium phosphate, aluminum silicate, calcium sulfate 등이 있다.
- 기타 : 유당, 인산일수소칼슘, 입상만니톨, 결정세룰로오스 등이 있다.

(2) 결합제 (Binders and adhensives)

원료에 결합력을 주어 모양을 만들 수 있도록 한다. 종류로는 물, 에탄올, 아세톤이 많이 이용되고 있으며, 유당, 인산일수소칼슘, 결정세룰로오스 등의 부형제도 결합제의 기능도 한다.

- 물을 용매로 하는 것 : 백당(2 ~ 20%), 포도당(25 ~ 50%), 전분(1 ~ 4%), 젤라틴(1 ~ 4%), 카르복시메칠셀룰로오스나트륨(1 ~ 4%), 메칠셀룰로오스(1 ~ 4%), 아리비아고무(2 ~ 5%)
- 유기용매에 용해하는 것 : 에칠셀룰로오스(0.5 ~ 2%), 히드록시프로필메칠셀룰로오스(1 ~ 4%), 폴리비닐피롤리돈(2 ~ 5%) 등으로 주로 에탄올 용액이 사용된다.

(3) 붕해제 (Disintergrants)

붕해제는 정제나 과립제 제조 시에 첨가하여 붕해를 촉진시키는 물질이다. 주로 사용되는 붕해제는 전분, 카르복시메칠 셀룰로오스의 칼슘염(CMC - Ca), 메칠셀룰로오스, 결정셀룰로오스, alginate 등이 사용된다.

(4) 활택제 (Lubricants)

과립제의 압축조작을 원활하게 진행시키기 위하여 첨가하는 것이다. 옥수수전분과 탈크는 분말 또는 과립의 유통성을 좋게 하여 다이의 충전성 향상능을 제공하고, 스테아린산마그네슘과 스테아린산칼슘은 다이(die)와 펀치(punch) 사이의 마찰을 감소시키고 정제의 배출이 용이하게 한다.

(5) 흡착제 (Absorbents)

액상인 원료를 흡수하여 정제로 만들 수 있게 한다. 유동엑기스, 지용성비타민, 식물정유 등을 제조할 때 쓰인다. 종류로는 이산화 규소, 규소염류 등이 있다.

(6) 보습제(Humerctants)

원료에 보수성을 부여하여 흡착성을 증가시키기 위해 사용하는 물질이다. 종류로는 글리세린, 프로필렌글리콜, 소르비톨 등이 있다.

3) 정제의 제조방법

정제의 제조는 직접분말압축법과 과립압축법이 있다. 직접분말압축법은 제품의 결정 또는 분말에 부형제, 결합제, 붕해제 등을 가하고 균일한 건성혼합물로 하여 직접타정하는 방법 직타법이라고 부른다. 과립압축법은 조립법에 따라 건식법과 습식법으로 나누어진다. 일반적인 방법은 습식 과립압축법으로 원료물질을 넣고 습식과립을 압축하는 방법이다. 정제의 제조공정은 그림 6-1과 같다.

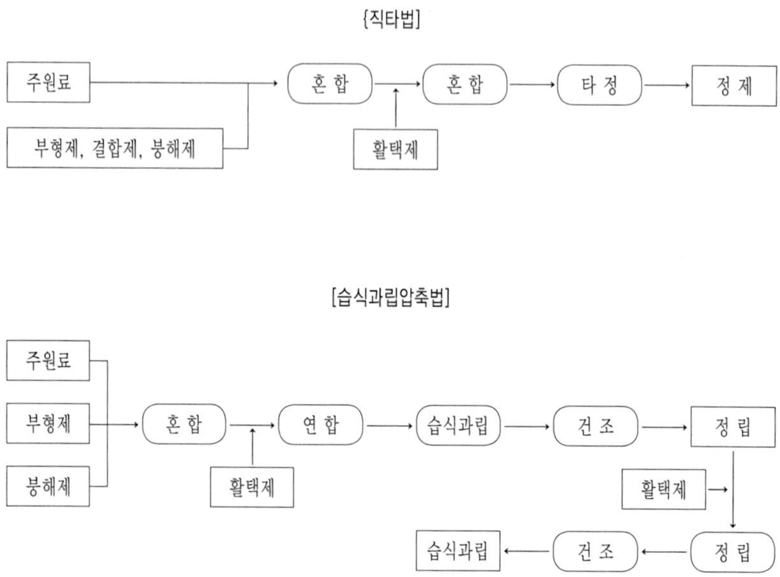

그림 6-1. 습식 및 과립 공정

(1) 직타법

이 방법은 괴립화 과정의 생략되므로 경제적 및 시간적 장점이 있다. 주원료에 부형제, 결합제, 붕해제 등을 가하고 입자가 균일한 건성혼합물로 하여 직접타정하는 방법으로 직접분말압축법이라고도 부른다.

(2) 과립압축법

원료의 조립에 따라 건식법과 습식법으로 구분한다. 정제의 제조 방법은 습식과립압축법에 의한 방법이 가장 일반적으로 이용되고 있다. 건식과립 압축법에서는 혼합분말에 수분, 결합제를 가하지 않고, 그대로 압축분쇄 후 크기를 조절하여 과립으로 한다. 따라서 주약 성분, 부형제에 부착성을 가지는 성분이 있어야 한다. 이 방법은 약물이 수분이나 건조시의 고온에 약하기 때문에 습식법을 이용할 수 없는 경우에 해당한다. 예로서 아스피린, 아스코르빈산 등의 제정에 이용한다. 습식과립압축법은 처방에 따라 주성분, 부형제, 붕해제를 가하고 혼합한다. 혼합 분말에 액체 결합제에 가해 얻어진 wet mass는 스크린(mesh size, 6 - 8 mesh)에 통과시킨다. 이것은 건조하고, dry screen 과정을 거치고 활택제를 첨가하여 혼합한 다음 체를 통과시키고 압축에 의한 타정을 실시한다.

2 캅셀 (Capsules)

캅셀는 제품의 모양에 따라 경질캅셀(hard gelatin capsules)와 연질캅셀(soft gelatin capsules)로 구분한다. 경질캅셀는 기능성 원료에 적당한 부형제 등의 첨가제를 혼합한 것 또는 과립을 충전하여 만든다. 연질캅셀(soft gelatin capsules)는 기능성 원료 또는 원료에 적당한 부형제 등을 넣은 것을 젤라틴에 글리세린, 소르비톨 등을 넣어 소성을 높인 캅셀기제로 피복하여 성형한다. 캅셀 제형은 이미·이취를 masking 할 수 있고, 생산량 조절이 가능, 제조공정이 간단, 중량 조절의 용이한 장점이 있다. 연질 캅셀은 습도와 온도의 영향을 많이 받기에, 온도는 20 ~ 25℃ 및 습도(RH)는 30~50% 유지가 필요하다.

1) 경질캅셀(Hard gelatin capsules)

경질캅셀은 젤라틴으로 만든 몸체(body)와 캡(cap)으로 구성된 원통상의 작은 캅셀에 분말상 또는 과립상의 원료를 충전한다.

캅셀의 크기는 주로 0 ~ 5호를 사용하며 정규캅셀(regula capsule)이라 하여 많이 사용된다. 주원료는 젤라틴과 백당(시럽)이며 탄성을 부여하기 위하여 글리세린, 아라비아고무, 한천 등이 사용되며 그 이외 필요에 따라서 착색제, 차광제, 보존제 등이 사용된다. 경질캅셀의 크기와 충전량은 표 6-2와 같다. 경질 캅셀의 특징은 양을 자유로이 조절할 수 있고, 표피에 인쇄가 가능하며, 내용물은 분말·과립·정제 등을 충전 할 수 있다.

표 6-2. 경질 캅셀의 크기와 충전량

호 수	000	00	0	1	2	3	4	5
중량(mg)	163.0	122.0	103.0	9.0	5.0	0.0	0.0	0.0
Body의 용적(㎖)	1.37	0.95	0.68	0.47	0.37	0.27	0.20	0.13
충전량(mg)	822	577	408	300	222	180	126	78

충전량은 충전 내용물에 따라 상이함

(1) 경질캅셀의 원료 및 제조방법

칸셀의 몸체(body)에 고형제품 분말, 과립을 충전하여 캡(cap)을 씌워 봉합하여 제조한다. 충전의 공정은 캅셀을 공급하고, 방향규제(orientation), body 및 cap 분리, 약물충전, body 및 cap 끼움 및 충전기의 배출 순으로 진행된다. 충전작업은 공캅셀의 함유수분이 변화를 일으키지 않는 온습도 조건인 25℃와 40 ~ 50 %RH에서 이뤄져야 한다.

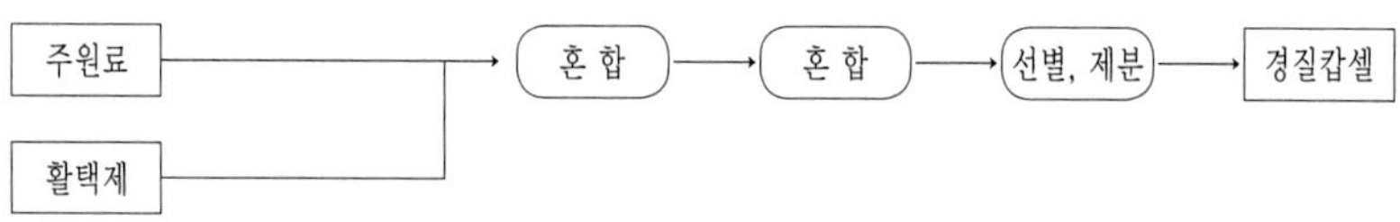

그림 6-2. 경질 캅셀제의 제조 공정도

2) 연질캅셀(Soft gelatin capsules)

경질캅셀는 미리 만들어진 공캅셀에 충전물을 넣어 몸체(body)와 캠(cap)을 끼워 제조하지만 연질캅셀는 캅셀 피막의 성형과 원료의 충전이 동시에 작업되어 제조된다. 연질캅셀의 특징은 액상을 충전가능, 내용물성분 변화 차단, 체내이용률 높음, 이미 이취 마스킹 가능 등의 특성이 있다. 연질캅셀의 피막성분은 젤라틴이 이용되며, 가소제로서 글리세린과 소르비톨이 사용된다.

(1) 연질캅셀의 제조방법

- 피막성분(capsule shell) : Gelatin은 소, 돼지 등의 진피 또는 뼈를 원료로 하며 전처리하고 가수분해를 한 후 추출·정제한 것이다.
- 연질캅셀의 제조방법 : 연질 캅셀의 침적법(dipping method), 압축성형법(stamping method)인 평판법(plate method)과 루타리법(rotary method), 적하법(drip method, seamless method)이 있다. 대량생산에는 주로 평판법과 적하법이 많이 이용된다.

  a. 평판법 : 수동적인 방법으로 젤라틴에 글리세린 또는 소르비톨을 가하여 가소성을 높인 젤라틴 sheet를 제조하고, 상하의 형판과 2장의 sheet 사이에 의약품을 삽입하여 강압기로 강압을 가해 압축하여 제조하는 방법이다.

  b. Ratary 법 : 압축성형법 중 로터리법은 2매의 캅셀기제 사이에 원료를 넣어 적당한 양을 사용하여 압축 성형하는데 형차(型車)에 의하여 좌우 양쪽에서 gelatin 판이 연속적으로 보내져서 압축되기 직전에 중앙으로부터 일정량의 원료가 떨어져 충전되고 회전하는 gelatin판이 압축성형 되는 방식이다.

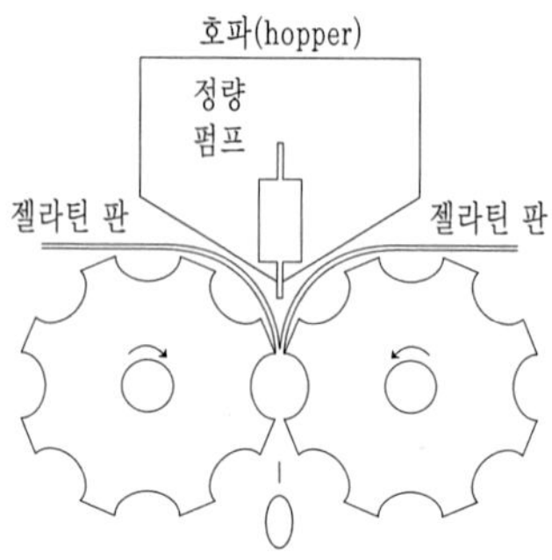

그림 6-3. 로타리법

c. 적하법(dripping method or seamless method) : 적하법은 이음매가 없기 때문에 seamless법이라고도 한다. 젤라틴액이 자동밸브를 통항 자연낙하에 의해서 일정량이 2중 노즐의 외측노즐로 보내지고 약액은 펌프를 거쳐 내측노즐에 정량 공급된다. 2층 유출액은 절단되어 액적이 되고 이 액적은 중력으로 낙하하면서 표면장력에 의하여 구체로 되고 더욱 낙하하면서 냉각, 고화하여 성형된다. 캅셀제를 경사체에 의하여 냉각매와 분리하여 냉각한 다음 세척하여 건조한 후 제품화 한다.

표 6-3. Rotary 법과 Seamless 법의 비교

항 목	Rotary 법	Seamless 법
제조방법	미리 gelatin sheet를 만들고 약액을 주입하여 압축 성형함	2중 노즐에 의하여 생성한 2층 유출액을 절단하여 표면장력으로 구형화 함
충전약액	용액에서부터 고점도의 paste 상까지 충전 가능, 충전량의 범위가 넓음	용액 충전량이 적음
젤 라 틴	고점도의 gelatin액 사용 압축성형후 불요 gelatin 손실이 큼	저점도의 gealtin액 사용 gelatin 액의 손실 적음
캅셀형상	각종 모형 가능	구형
중량편차	적다	크다
외 관	Sheet가 접착된 이음매 있음 두 종류의 색상 가능	이음매가 없음 한 가지 색상만이 가능
기 타	gelatin sheet 조제 시 일정한 온습도 유지 필요 이음매로부터 약액 누출하는 사례 있음	액적 형성 시 두께 편차 생성으로 강도 저하 가능성

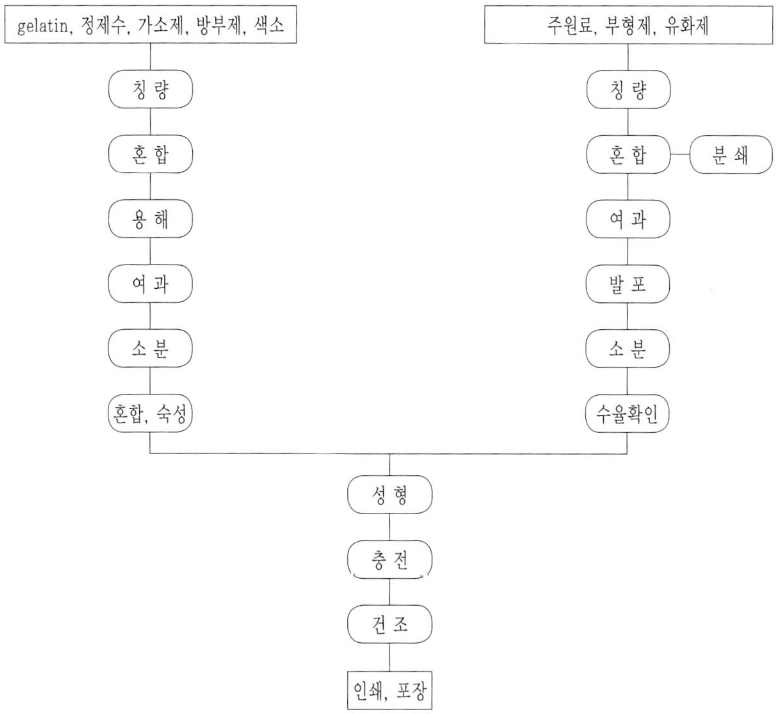

그림 6-4. 연질 캅셀의 제조 공정

3 분말(Powder)

분말은 기능성 물질을 그대로 제조하거나 부형제, 결합제, 붕해제 또는 다른 적당한 첨가제를 넣어 적당한 방법으로 분말로 제조한다. 필요에 따라 착색제, 방향제, 교미제 등을 넣을 수 있다. 분말의 장점은 액체에 비해서 안정성이 좋음, 복용 후 빨리 흡수가 도니다. 단점으로는 공기에 접촉하여 쉽게 변질하는 제품에는 적합하지 않고, 최토성이 있는 제품에는 불리, 비산성·부착성·응집성이 있다. 최근에 이러한 단점의 극복을 위해 코팅(coating) 또는 마이크로캡슐(microcapsule)화 등의 방법이 이용되고 있다.

4 과립 (Granules)

과립제는 기능성 원료를 입상으로 만든 것이다. 기능성 물질을 그대로 또는 여기에 부형제, 붕해제 및 첨가제를 넣어 고르게 섞고 입상으로 만들어 입자를 고르게 한 것이다. 과립제의 장점은 성분의 분리를 방지하고 일정한 비율로 취할 수 있고, 복용이 쉽고, 맛이 좋은 물질을 만들 수 있고, 피막을 입혀 붕해성 조정 가능, 분말의 단점인 비산성을 방지할 수 있다. 단점으로는 복용 시 분할이 어려움, 밀도가 다른 과립제 상호간 혼합이 어렵다.

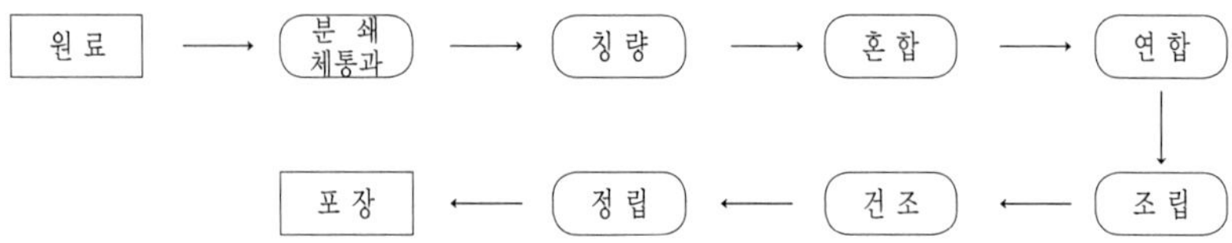

그림 6-5. 과립제의 제조 일반 공정도

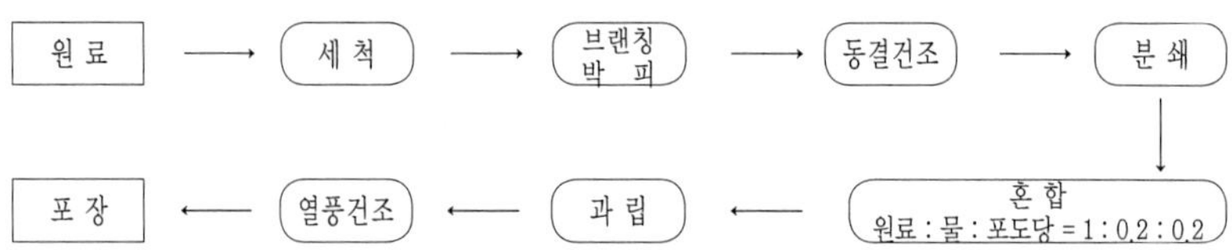

그림 6-6. 기능성 물질(하수오)의 분말과립 제조공정

5 환제(Pills)

환제는 손으로 만들 수 있기에 오래전부터 사용되어온 제약형태이다. 첨가하는 부형제, 결합제, 붕해제는 정제 제조시와 유사하다. 조제된 환제의 상호점착, 곰팡이의 발생, 수분의 증산 방지 및 교미·교취의 목적으로 환의를 실시한다. 환의제는 석송자, 탈크,

전분, 카올린, 감초가루, 계피가루, 이리스근 가루 등이 이용된다. 환제의 장점으로는 소형으로 복용하기 편리, 구형으로 부피가 작아 취급 및 휴대 편리, 환의를 통해 맛·냄새 방지, 기능성 식품원료에 적용하는데 유리하다. 단점으로는 정제에 비해 제형 단순, 습식 제조 시 안정성 영향, 붕해 속도가 느리고, 저장 중 수분이 증발되어 굳어지는 특성이 있다.

(1) 부형제

- 포도당, 유당, 전분류 : 환제의 부형제로 가장 적합하며 특히 포도당 또는 유당과 전분의 혼합물은 점성과 강한 결합성을 나타내고 붕해성도 양호하다.
- 기능성 소재 뷰말 및 엑스류 : 원료에 함유된 친수 콜로이드성 물질(단밸질, 다당질-점액질, 고무질, 펙틴)은 물이나 글리세린과 친수성 겔을 생성한다. 이것이 원료의 불용성 성분이나 엑스 성분과 함께 가소성을 가진 양호한 환제 덩어리를 만든다. 감초에스, 겐티아나 엑스, 효모엑스 등의 엑기스류도 친수 콜로이드를 함유하여 환제의 조제에 유리하다.

(2) 결합제

결합제의 양과 성질은 환제의 용해성, 안정성을 결정하기 때문에 중요하다. 시럽·글리세린액(1 : 1), 고무·포도당액(아라비아고무가루 20, 포도당 60, 물 50), 봉밀, 아라비아 고무장, 트라카칸타정, 젤라틴액, CMC액 등의 점성물질이 사용된다. 적당한 점조도를 주어 환제 덩어리를 용이하게 만들기 위해 쓰이는 결합액으로 대부분의 환제의 제조에 쓰인다.

(3) 붕해제

환제의 붕해성을 촉진하기 위하여 쓰이는 첨가제로는 라미나리아, 한천 등이 사용된다. 약용 효모는 일반 환제에 대해서 효과적인 부형제 및 결합제의 역할을 한다.

(4) 환의(dusting powder)

환의는 조제된 환제의 상호점착, 곰팡이 발생, 수분의 증발을 방지하기 위하여 또는 교미·교취의 목적으로 쓰이는 분말제로 보편적으로 석송자, 탈크, 전분, 감초가루, 계피가루, 카올린, 이리스근 가루 등이 쓰인다. 일반적으로 무색의 환제에는 무색의 환의, 착색의 환제에는 착색환의를 한다.

5) 제조방법

환제의 일반적인 제조공정은 아래의 그림 6-7과 같다.

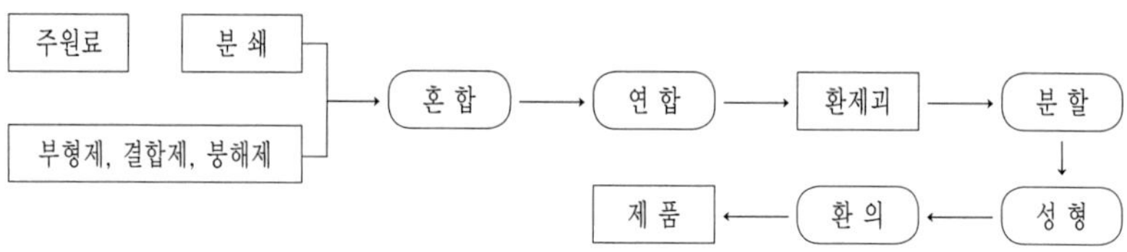

그림 6-7. 환제의 제조 공정도(수공법)

(1) 분쇄

제조 공정 중 연합과 제환공정에서 취급을 용이하게 하기 위해 원료를 조분쇄 및 분쇄된 분말로 한다. 생약도 일반원료 처럼 입자경이 적으면 소화관내에서 분비력에 대한 용해성과 흡수속도가 커진다. 미세하게 분쇄할수록 접착면이 넓어져 유리하다. 원료 물질을 분쇄 시에는 그 물질의 특성 및 성분 등의 조건에 적합한 기기를 사용하여야 한다.

(2) 혼합

혼합공정은 고체와 고체를 혼합하는 것을 의미한다. 혼합공정이 불완전하면 처방한 성분의 편중도가 커지므로 혼합이 잘 되어야 한다. 처방 중 특수성분, 유독성분, 귀중 약재의 경우는 균일하게 혼합되도록 배산법(倍散法) 등을 이용한다.

(3) 연합

연합이란 고체와 소량의 액체에 향료 등을 가하여 혼합하는 것을 의미한다. 원료를 조분쇄 및 미세한 분말로 분쇄하여 균일하게 혼합한 후, 결합액과 향료를 가하여 환제를 만드는데 적당한 조도를 부여하기 위하여 연합한다. 일정한 가소성, 점착성 및 경도가 있어야 하며 연합물을 일반적으로 환제괴라고 한다.

(4) 제환

과거에는 소량의 제환 시에는 손으로 직접 만들기도 하였다. 절환기에 제환 덩어리를 넣고 적당한 길이와 굵기로 절단하고, 건조하기 전에 제환기에 환의를 소량씩 뿌리면서 적당한 압력을 주면서 회전 운동을 시켜서 표면을 평활하고 균일한 구형을 만든다.

6 액상

식품 원료를 그대로 사용하든지 필요에 따라서 안정제, 교미제, 보존제 등의 적당한 첨가제를 넣어 제조한 것을 말하며 건강보조식품의 가장 일반적인 형태로 비닐포장, 레토르트 파우치 필름 포장 및 병 포장 등이 있다.

1) 액상제조방법

액상제품을 제조하기 위하여 원료를 잘 세척한 후 추출기에서 적절히 추출하여 필요에 따라 첨가제를 넣고 잘 용해하여 살균처리한 후 적당한 용기에 충전 및 포장하여 제품화 한다. 액상제품의 제조공정은 아래 그림 6-8과 같다.

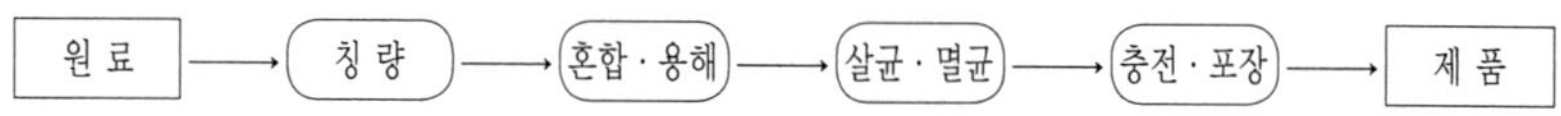

그림 6-8. 액상제품의 제조 공정도

제 Ⅶ장

건강기능식품 시험 실무

Ⅶ-1 건강기능식품 분석

❶ 수분의 정량 : 상압가열 건조법(Air-Oven Method)

1) 원리

물은 1 기압 하에서 100℃의 온도에서 기화한다. 물의 끓는점 보다 약간 높은 온도(105 ~ 110℃)에서 시료를 건조하여 그 감량의 항량값을 수분으로 한다.

2) 장치 및 기구

항온 건조기(Dry oven), 칭량접시(칭량병), Desicator, 도가니집게, 칼, 도마, 막자사발, 저울 등

3) 조작

- 칭량병의 항량 측정 (W_0)
  105 ~ 110℃ (1 ~ 2 시간)
  Desicator 내에서 30분간 방냉(실온까지)
- 시료를 정확히 칭량(2 ~ 10g)하여 칭량병에 넣고(W_1), 105 ~ 110℃의 dry oven에서 1 ~ 2 시간 건조한 후, 방냉과 칭량을 반복하여 항량값(W_2)을 구한다.

4) 시료의 종류

- 수분량이 적은 시료(곡류, 콩, 과자 등) - 상압가열 건조법 : 에이스, 크랙커

- 수분량이 많은 시료(야채, 과일 등) - 저온이나 실내에서 예비건조 후 dry oven 사용
- 액체, 점질성 시료(우유, syrup, 연유, 물엿 등)
  a. 칭량접시 + 정제규사(해사, 25 ~ 30g) + 소형 교반봉 → 항량을 구함.
  b. 여기에 시료 첨가 (2 ~ 20g, or 용량) → 칭량 → 수욕조 내에서 예비건조 → dry oven 건조

5) 결과 및 계산

①, ③의 경우;

$$수분(\%) = \frac{수분중량}{시료의\ 무게} = \frac{W_1 - W_2}{W_1 - W_0} \times 100$$

W_0 : 칭량병의 중량(g)
W_1 : 칭량병 + 시료의 중량(g)
W_2 : 건조후의 W_1의 중량(g)

②의 경우;

$$수분(\%) = 1- \frac{B}{A} \times \frac{D}{C} \times 100$$

A : 시료의 생체중량(g)
B : 풍건물의 중량(g)
C : B의 채취량(g)
D : C의 건조후 중량(g)

실험제목		정량법명	
성 명		실 험 원	
시 료 명		실험일자	
가열조건	온도 :		시간:

칭량병의 항량(g)=W_0		
칭량병+시료의 중량(g)=W_1		
시료의 칭취량(g)		
가열 건조후의(칭량병+시료) 중량(g)=W_2		
수분(%) = $\frac{W_1 - W_2}{W_1 - W_0} \times 100$		

[고찰]

2 조회분의 정량

회분(灰分)은 식품을 태워서 남은 재(灰)를 말하며, 무기물의 총량으로 정의하고 있다. 그러나 실제로 식품을 태우고 남은 재는 무기물의 총량과는 반드시 일치하지 않는다. 식품을 400 ~ 600℃로 가열하면 유기물은 산화 분해되어 많은 가스(H_2O, H_2, CO_2, NH_3, SO_2 등)를 발생하고 타르(tar) 모양으로 되며, 이후 탄화되는데 이때에 유기물과 결합되어 있는 양이온은 탄산염으로 되고 일부는 공존하는 음이온과 반응하여 인산염, 황산염 등을 생성한다. 또한 염소이온 등의 휘발성 무기물은 날아가서 재에 남지 않는다. 그러므로 시료를 400 ~ 600℃에서 회화하였을 때의 회분량은 시료속의 무기물의 총량을 정확하게 나타내는 것이 아니므로 그것을 조회분(粗灰分, crude ash)이라고 한다.

1) 원리

식품 시료를 회화용기에 넣고 400 ~ 600℃에서 회화시킨 후, 그 감량의 항량값을 조회분으로 한다.

2) 장치 및 기구

회화로(전기회화), 회화용기(도가니), Desicator, 핀셋, 도가니 집게, 저울 등

3) 조작

- 도가니의 항량 측정 (W_0)
  a. 600℃ (2 ~ 3 시간) 가열
  b. Desicator 내에서 30분간 방냉(실온까지)
  c. 가열, 냉각, 칭량 반복 → 항량까지

- 시료를 정확히 칭량(2 ~ 10g)하여 도가니에 넣고(W_1), (1N-Na_2CO_3(5.3g/100ml) 10ml가하고, 증발건고-Cl 보존위해) 550 ~ 600℃의 회화로에서 2 ~ 3시간 회화한 후(회분이 백색 또는 회백색으로 될 때까지), 가열과 방냉, 칭량을 반복하여 항량값(W_2)을 구한다.

4) 결과 및 계산

$$조회분(\%) = \frac{W_2 - W_0}{W_1 - W_0} \times 100$$

W_0 : 도가니의 항량(g)
W_1 : 도가니+시료의 중량(g)
W_2 : 회화후의 W_1의 중량(g)

3 조단백질 정량 [Semi-micro Kjeldahl 법]

1) 원리

시료 + c-H_2SO_4 + 산화제 (K_2SO_4 + $CuSO_4 \cdot 5H_2O$ = 9 : 1)
→ 가열분해 → 유기물은 탈수분해
→ 단백질 중의 질소 : NH_3 형태로 되어 $(NH_4)_2SO_4$ 로 됨.
→ 희석 (with H_2O) → 과잉의 알칼리(30% NaOH)를 가하여 가열
→ NH_3 증류 → 0.1N H_2SO_4에 흡수 → 남아 있는 산을 알칼리로 역적정.

2) 단계

- 분해 : 시료중의 질소(N) + $H_2SO_4 \rightarrow (NH_4)_2SO_4$
- 증류 : $(NH_4)_2SO_4$ + 2NaOH → $2NH_3$ + Na_2SO_4 + $2H_2O$
- 중화 : $2NH_3$ + $H_2SO_4 \rightarrow (NH_4)_2SO_4$
- 적정 : H_2SO_4 + 2NaOH → Na_2SO_4 + $2H_2O$

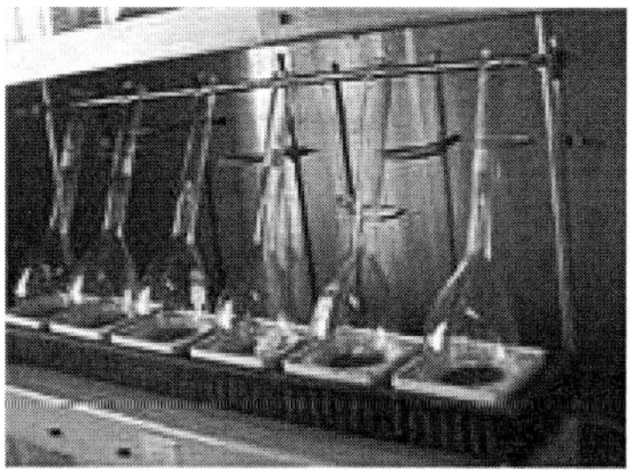

그림 7-1. 단백질 증류장치

3) 기구

- 산화, 분해장치
- 질소 증류장치
- 적정용 기구 등

4) 시약

산화제 (K_2SO_4 : $CuSO_4 \cdot 5H_2O$ = 9 : 1), C-H_2SO_4, 30% NaOH, 0.1N NaOH, 0.1N H_2SO_4, 혼합지시약 (0.2% MR : 0.1% MB = 1 : 1), 비등석

5) 분해

분해 flask (시료 + 산화제 2 ~ 4g + C-H_2SO_4 30ml) → 잘 혼합 → 가열 → 흑색 → 흑갈색 → 다갈색 → 녹갈색 → 청색, 황녹색의 투명한 액 → 20 ~ 30분간 더 가열 → 분해완결 → 냉각(방냉) → 100ml로 희석(with H_2O)

* Blank test도 병행함

6) 증류

- 증류용 flask를 미리 가열, 비등시켜 둠(H_2SO_4 수적, MR 수적 가함).
- 수기에 0.1N H_2SO_4 20ml 가함(혼합지시약 2 ~ 3방울도 가함).
- 분해 희석액 10ml 가함.
  \+ 동량의 30% NaOH 가함.
- 20 ~ 30분간 증류 (증류액이 50 ~ 100ml 되도록)
  * Blank test도 병행함.

7) 적정

- 0.1N NaOH로 적정함.
- 종말점(end point, EP) : 무색 or 담회색

8) 계산

$$\text{총 질소량(\%)} = \frac{(b - a) \times F \times 0.0014^{*} \times D}{S} \times 100$$

a : 본시험의 적정치 (ml)
b : 공시험(blank test)의 적정치 (ml)

S : 시료 채취량 (g)
F : 0.1N NaOH의 Factor(역가)
* : 0.1N NaOH 1ml에 상당하는 질소량 (g)
D : 희석배수
* 조단백질량 (%) = 총질소량 × 질소계수

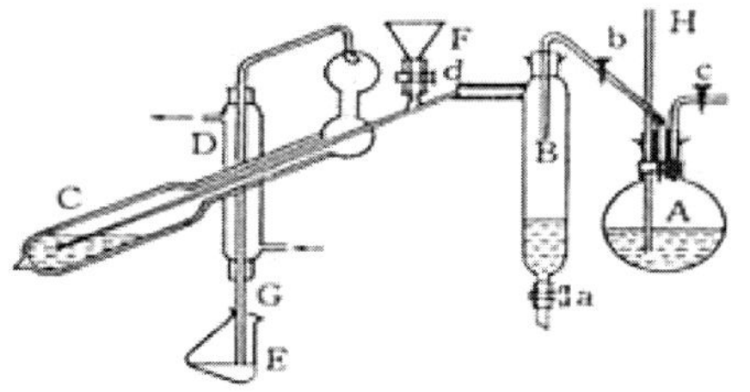

그림 7-2. 마이크로 킬달 증류장치

4 환원당의 정량

표 7-1. 당액시료의 조제

[당액시료의 조제]	
물에 용해되는 시료	① 시료 평량 (환원당으로서 0.2-1.0g의 당을 가지는 시료)(예, 우유:10-15g, 분유:1-2g) ② 200-250ml mess flask에 넣고 물 100ml를 가해 용해시킴. ③ 중성초산납 포화액(약 30%)을 침전이 더 이상 생기지 않을 때 까지 가함(단백질, 유기산, 색소 등을 침전시킴. 보통 1-2ml 소비). ④ 물을 가해 200-250ml로 채우고 혼합함. ⑤ 여과하여 침전물 제거 ⑥ 여액에 Na2C2O4(sodium oxalate) 분말을 침전이 더 이상 생기지 않을 때까지 가함. (Pb를 수산납으로 침전시킴) ⑦ 여과하여 침전을 제거하고 여액을 시료용액으로 사용
고체시료	① 시료 평량 : (예, 과일류:2-10g, 야채류:5-15g, 곡류:20-25g) ② 막자사발에서 마쇄 (정제규사나 해사 소량과 물 약 100ml 가함) ③ 200-250ml mess flask에 넣고 당침출 ④ 이하는 위와 동일

1) Bertrand 법에 의한 환원당의 정량

(1) 원리

당액에 alkali성 $CuSO_4$ 액을 가하여 끓임.

→ 구리는 당에 의해 환원되어 아산화구리(Cu_2O)로 됨. (청색→적색)

→ Cu_2O의 침전을 $Fe_2(SO_4)_3$ 산성용액으로 용해시킴.

→ Cu_2O는 산화되어 $CuSO_4$로 됨. (Fe^{3+} → Fe^{2+})

→ Fe^{2+}를 $KMnO_4$로 적정 → Cu량 산출 → 당량산출 (Bertrand 표)

$CuSO_4 + 2NaOH \rightarrow Cu(OH)_2 + Na_2SO_4$ ……………………………(1)

$R \cdot CHO + 2Cu(OH)_2 \rightarrow Cu_2O\downarrow + 2H_2O + RCOOH$………………(2)

$Cu_2O + Fe_2(SO_4)_3 + H_2SO_4 \rightarrow 2CuSO_4 + H_2O + 2FeSO_4$……………(3)

$(2Cu^+ + 2Fe^{3+} \rightarrow 2Cu^{2+} + 2Fe^{2+})$

$10FeSO_4 + 2KMnO_4 + 8H_2SO_4 \rightarrow 5Fe_2(SO_4)_3 + 2MnSO_4 + K_2SO_4 + 8H_2O$……………………………………………………………………(4)

(2) 시약

- A액 : $CuSO_4 \cdot 5H_2O$ 40g을 증류수에 녹여 1l로 한다.
- B액 : NaOH 150g과 Rochelle염 200g을 증류수에 녹여 1l로 한다.
- C액 : $Fe_2(SO_4)_3 \cdot nH_2O$ 50g과 c-H_2SO_4 200ml를 증류수에 녹여 1l로 한다.
- D액 : $KMnO_4$ 5g을 증류수에 녹여 1l로 한다.

(3) 조작

- 시료당액 20ml + A액 20ml + B액 20ml를 250ml 삼각 flask에 넣고 잘 혼합(전체가 청색으로 변함, 무변원인 : 시약불량, 당량과다)

- 정확히 3분간 가열(붉은색 침전 생성됨)
- 유수 중에 냉각
- 여과하여 침전만 모음
- 붉은색 침전을 온수로 3 ~ 4회 세척 (Alkali성이 없어질 때까지)
- 여과하여 침전만 모음
- C액 20ml로 침전을 용해시킴(연한 녹색용액이 됨)
- 온수 10ml로 깔때기 세척하여 함께 모음
- D액으로 적정(EP : 연녹색 → 미적색, 미적색이 적어도 30초간 지속되어야함)

(4) 계산

시료용액 20ml 중의 당에 해당되는 구리량(mg)

$$Cu(mg) = V \times f \times k$$

V : D용액($KMnO_4$)의 적정치 (ml)
f : D액의 factor (역가)
k : $KMnO_4$ 1ml에 상당하는 구리량 (mg) (10.08 mg)

$$\text{환원당}(g \cdot \%) = \frac{A \times D}{S} \times \quad \times 100 \times \frac{1}{1,000}$$

A : 당액 20ml 중의 포도당량 (g)
D : 희석배수
S : 시료 채취량 (g)

2) DNS(dinitrosalicylic acid)에 의한 환원당의 정량

(1) 원리

환원당은 알칼리성에서 3, 5-dinitrosalicylic acid의 NO_2기를 NH_2기로 환원

→ 적갈색을 띠게 함

→ 이 색소를 이용하여 비색정량 하는 방법

장점 : 조작이 간단하고, 신속히 할 수 있기 때문에 많은 시료를 일시에 할 수 있다.

(2) 시약

- A용액 : 4.5% NaOH용액 150ml에 1% 3,5-dinitrosalicylic acid용액 440ml를 혼합하고, 이 혼합액에 Rochelle염 127.5g을 용해한다.
- B용액 : 5g의 결정 phenol을 10% NaOH용액 11ml에 용해하고, 물을 가하여 50ml로 한 후, 이 용액 34.5ml에 $NaHSO_3$ 3.45g을 녹인다.
- DNS 시약 : A용액과 B용액을 혼합하고, 갈색병에 넣어 보존한다(이 시약은 약 1년간 안정하다).

(3) 조작

- 시료당액 1ml + DNS 시약 3ml를 25ml 메스 flask에 넣고 잘 혼합(시료희석액 1ml 중에 당 0.2 ~ 2mg 함유, 간장의 경우는 50~100배 희석)
- 끓는 수욕 중에서 3분간 가열
- 유수 중에 냉각
- 물을 가하여 25ml로 채움

- 550nm에서 흡광도 측정(표준곡선과 대조하여 당량 구함, 발색한 후 1시간 이내에 흡광도 측정)
- 공시험 : 시료 대신에 물 1ml를 같은 방법으로 처리함

(4) 표준곡선

특급 무수 포도당(glucose)을 0.25, 0.5, 0.75, 1.0 mg / ml의 용액을 만들어 동일한 방법으로 흡광도를 측정하여 만듦

(5) 계산

$$\text{환원당}(g \cdot \%) = A \times D \times \frac{1}{S} 100 \times \frac{1}{1,000}$$

A : 표준곡선으로부터 구한 시료용액 중의 환원당량(mg)
S : 시료 채취량 (g)
D : 희석배수

3) Phenol-Sulphuric acid 법(총당)

(1) 시료의 조제

당류(다당류) 5mg을 증류수 10ml에 녹인 후, 다시 10배 희석하여 사용한다.

(2) 표준액의 조제

검량곡선을 그리기 위하여 표준물질로 β-D-Glucose를 사용한다.

Glucose를 100μg / ml로 stock solution을 만들고, 다음과 같이 증류수로 희석하여 단계별 표준액을 만든다.

표준액(100μ g/ml)	증류수	최종농도
0.15 ml	0.85 ml	15 μ g/ml
0.30 ml	0.70 ml	30 μ g/ml
0.45 ml	0.55 ml	45 μ g/ml
0.60 ml	0.40 ml	60 μ g/ml

(3) 검량선의 작성

- 20ml용 시험관에 단계별 표준액 1ml를 가하고, 여기에 80% phenol 25μ l와 진한 황산 2.5ml를 첨가한다. 대조액에는 표준액 대신 증류수 1ml를 가한다.
- 시험관을 잘 혼합한 후 30℃에서 20분간 반응 시킨 후, 실온으로 냉각한다.
- 표준액 및 대조액의 흡광도를 490nm에서 측정한다.
- 흡광도를 Y축으로 하고 glucose 농도를 X축으로 하여 검량선을 작성한다.

(4) 시료 중 총 당의 농도측정

시험관에 시료 조제액 1 ml를 가하고, 여기에 80% phenol 25 μ l와 진한황산 2.5 ml를 첨가한다. 이하 검량선의 작성에서와 같은 방법으로 실험을 실시하여, 시료의 흡광도를 측정하여 검량선으로 부터 시료중의 총당의 농도를 측정한다.

5 구성 당의 분석

1) 시약 및 재료

- 0.1N HCl
- N_2 gas
- 포화된 무수 pyridune(Sigma Co.)
- Hexamethyl disilazane(HMDS)와 Trimethyl chlorosilane (TMCS)(2 : 1혼합액)
- Water bath
- Sugar standard : α-Glu, β-Glu, Gal, Man, Ara, Xyl, Fru, Rib

2) 방법

- 시료조제 : 시료 10 mg을 5 mℓ의 0.1 N HCl에 용해시켜 질소를 충진시킨다.
- 시료전처리 : 100℃에서 5시간 동안 가수분해 시킨다. 여기에 3배량의 에탄올을 가해 4℃ 에서 하루밤 방치한 후, 원심분리(8000 rpm, 10분)하여 상징액을 얻는다.
- 건조 : 얻어진 상등액을 50℃에서 감압 건조시키고 100 μℓ의 pyridine에 용해시킨다.
- Silation : 이것을 20 μℓ의 hexamethyl disilazane과 10 μℓ의 trimethyl chlorosilane을 가하고 80℃에서 30분간 반응시킨다.
- 분석 : 이 중 1 μℓ를 분석용으로 사용하였다.
  ※ 표준단당의 조제 : 각 표준물질을 5mg씩 취하여 무수

pyridine 5mℓ에 녹인 후, 100μℓ를 취하여 HMDS 20μℓ, TMCS 10μℓ를 가하고 80℃에서 30분간 반응시킨 다음 표준액으로 사용한다.

3) 분석조건

당 분석을 위한 GLC (Shimadzu GL 9A) 분석 조건은 다음과 같다.

- Column; 3% OV-17(80-100 mesh Shimalite) 3㎜ × 3m borosilicate glass column, Column temperature; 150℃~180℃, gradient; 1℃/1 min,
- Ddetector; frame ion detector(FID),
- Detector temperature; 240℃,
- Injector temperature : 240℃,
- Flow rate : N_2-gas(40 mℓ / min), H_2-gas(40 mℓ / min), air-40 mℓ / min.

6 구성 아미노산의 분석

1) 시약 및 재료

- 6N HCl, N_2 gas, Acrodisc(Gelamn acrodisc CR PTFE 0.2 ㎛), Sodium citrate buffer, Dry oven
- Amino acids standard : Wako Co. mixture - 2.5μM / mℓ 짜리를 2.5배 희석하여 1μM / mℓ을 사용한다. 50μℓ시 -

0.05μM / mℓ의 농도임

2) 실험방법

- 시료조제 : 시료 4 mg을 6 N HCl 용액 1mℓ에 용해시켜 질소를 충진시킨다.
- 시료전처리 : 110℃에서 24시간 동안 가수분해시킨 후, acrodisc로 여과하여 침전물을 제거한다.
- 건조 : 얻어진 상등액을 50℃에서 감압건조 시킨다.
- 용해 : 이것을 0.08M sodium citrate와 0.2N HCl 2mℓ로 용해시킴. ☞ 이때 단백질의 농도가 20% 이상시 - 3mℓ, 10 ~ 20% 일때 - 2mℓ, 5% 미만시 - 1mℓ의 citratc - HCl을 첨가한다.
- 분석 : 이 중 50 μℓ를 분석용으로 사용한다.

3) 분석조건

아미노산은 Beckman system 6300 amino acid analyzer를 이용하여 분석한다.

- Column; Beckman 2.6mm D × 200mm L, ion exchange resin No. 338076,
- Flow rate; buffer solution 0.33 mℓ/min, ninhydrin 0.17 mℓ/min,
- Analysis cycle time; 50min,
- Column pressure; 147 kg/cm^2, ninhydrin pressure; 7 kg/cm^2,
- Column temperature; 50℃ ~ 70℃ gradient, N_2 pressure;

2.8 kg/cm^2,

- Reaction bath temperature; 130℃,
- Wavelength; 440nm, 540nm,
- Detector; tungsten.

4) 계산

$$\frac{\text{시료의 면적}}{\text{표준물질의 면적}} \times 0.05\mu M/m\ell \ / \ 4\ mg/m\ell = (\text{면적배수})\ 0.0125\mu M/mg$$

☞ 실제 다당류내의 아미노산 함량 계산 시에는 상대적인 비율로 나타냄

Ⅶ-2 미생물 실험법

미생물학적 검사를 위해서는 반드시 모든 과정이 무균적으로 수행되어야 하며 동시에 시험과정 중의 교차오염을 방지하기 위해 실험실내는 항상 청결을 유지하여야 한다.

1 일반세균수(표준평판법)

표준한천배지에 검체를 혼합 응고시켜 배양 후 발생한 세균 집락수를 계수하여 검체 중의 생균수를 산출하는 방법이다.

1) 시험조작

시험용액 1mL와 10배 단계 희석액 1mL씩을 멸균 페트리접시 2

매 이상씩에 무균적으로 취하여 약 43 ~ 45℃로 유지한 표준한천배지 약 15mL를 무균적으로 분주하고 페트리접시 뚜껑에 부착하지 않도록 주의하면서 조용히 회전하여 좌우로 기울이면서 검체와 배지를 잘 혼합하여 응고시킨다.

확산집락의 발생을 억제하기 위하여 다시 표준한천배지 3 ~ 5 mL를 가하여 중첩시킨다. 이 경우 검체를 취하여 배지를 가할 때까지의 시간은 20분 이상 경과하여서는 아니 된다. 응고시킨 페트리접시는 거꾸로 하여 35 ± 1℃에서 48 ± 2시간(시료에 따라서 30 ± 1℃ 또는 35 ± 1℃에서 72 ± 3시간) 배양한다. 집락수의 계산은 확산집락이 없고 1개의 평판당 15 ~ 300개의 집락을 생성한 평판을 택하여 집락수를 계산하는 것을 원칙으로 한다. 검액을 가하지 아니한 동일 희석액 1mL를 대조시험액으로 하여 시험조작의 무균여부를 확인한다.

2) 집락수 산정

배양 후 즉시 집락 계산기를 사용하여 생성된 집락수를 계산한다. 부득이할 경우에는 5℃에 보존시켜 24시간 이내에 산정한다. 집락수의 계산은 확산집락이 없고(전면의 1 / 2이하 일 때에는 지장이 없음) 1개의 평판당 15 ~ 300개의 집락을 생성한 평판을 택하여 집락수를 계산하는 것을 원칙으로 한다. 전 평판에 300개 이상 집락이 발생한 경우 300에 가까운 평판에 대하여 밀집평판 측정법에 따라 계산한다. 전 평판에 15개 이하의 집락만을 얻었을 경우에는 가장 희석배수가 낮은 것을 측정한다.

3) 세균수의 기재보고

표준평판법에 있어서 검체 1mL 중의 세균수를 기재 또는 보고할 경우에 그것이 어떤 제한된 것에서 발육한 집락을 측정한 수치인 것을 명확히 하기 위하여 1평판에 있어서의 집락수는 상당 희석배수로 곱하고 그 수치가 표준평판법에 있어서 1mL 중(1g 중)의 세균수 몇 개라고 기재보고하며 동시에 배양온도를 기록한다. 숫자는 높은 단위로부터 3단계에서 반올림하여 유효숫자를 2단계로 끊어 이하를 0으로 한다.

2 건조필름법

1) 시험조작

시험용액 1 mL와 각 10배 단계 희석액 1 mL를 세균수 건조필름배지(배지 53 또는 69)에 각 2매 이상씩 접종한 후 잘 흡수시키고 35 ± 1℃에서 48 ± 2시간 배양한 후 생성된 붉은 집락수를 계산하고 그 평균집락수에 희석배수를 곱하여 일반세균수로 한다. 균수 산출 및 기재보고는 일반세균수에 따라 한다.

3 대장균군

대장균군은 Gram음성, 무아포성 간균으로서 유당을 분해하여 가스를 발생하는 모든 호기성 또는 통성 혐기성세균을 말한다. 대장균군 시험에는 대장균군의 유무를 검사하는 정성시험과 대장균군의 수를 산출하는 정량시험이 있다.

1) 정성시험

(1) 유당배지법

유당배지를 이용한 대장균군의 정성시험은 추정시험, 확정시험, 완전시험의 3단계로 나눈다. 시험용액 10mL를 2배 농도의 유당배지(배지 2)에, 시험용액 1mL 및 0.1mL를 유당배지에 각각 3개 이상씩 가한다.

- 추정시험 : 시험용액을 접종한 유당배지(배지 2)를 35 ~ 37℃에서 24 ± 2시간 배양한 후 발효관내에 가스가 발생하면 추정시험 양성이다. 24 ± 2시간 내에 가스가 발생하지 아니하였을 때에 배양을 계속하여 48 ± 3시간까지 관찰한다. 이 때까지 가스가 발생하지 않았을 때에는 추정시험 음성이고 가스발생이 있을 때에는 추정시험 양성이며 다음의 확정시험을 실시한다.
- 확정시험 : 추정시험에서 가스 발생한 유당배지발효관으로부터 BGLB 배지(배지 3)에 접종하여 35 ~ 37℃에서 24 ± 2시간 동안 배양한 후 가스발생 여부를 확인하고 가스가 발생하지 아니하였을 때에는 배양을 계속하여 48 ± 3시간까지 관찰한다. 가스발생을 보인 BGLB 배지(배지 3)로부터 Endo 한천배지(배지 5) 또는 EMB 한천배지(배지 6)에 분리 배양한다. 35 ~ 37℃에서 24 ± 2시간 배양 후 전형적인 집락이 발생되면 확정시험 양성으로 한다. BGLB배지에서 35 ~ 37℃로 48 ± 3시간 동안 배양하였을 때 배지의 색이 갈색으로 되었을 때에는 반드시 완전시험을 실시한다.
- 완전시험 : 대장균군의 존재를 완전히 증명하기 위하여 위의 평판상의 집락이 그람음성, 무아포성의 간균임을 확인하고, 유당을 분해하여 가스의 발생 여부를 재확인한다. 확정시험의 Endo 한천배지(배지 5)나 EMB한천배지(배지 6)에서 전형

적인 집락 1개 또는 비전형적인 집락 2개 이상을 각각 유당배지발효관과 보통한천배지(배지 8)에 접종하여 35 ~ 37℃에서 48 ± 3시간동안 배양한다. 이때 가스를 발생한 발효관에 해당되는 한천배지의 집락에 대하여 그람음성, 무아포성 간균이 증명되면 완전시험은 양성이며 대장균군 양성으로 판정한다.

(2) BGLB 배지법

시험용액 1 ~ 0.1mL를 2개씩 BGLB 배지(배지 3)에 가한다. 대량의 시험용액을 가할 필요가 있을 때에는 대량의 배지를 넣은 발효관을 사용한다.

시험용액을 넣은 BGLB 배지(배지 3)을 35 ~ 37℃에서 48 ± 3시간 배양한 후 가스 발생을 인정하였을 때에는(배지를 흔들 때 거품 모양의 가스의 존재를 인정하였을 때에도) Endo 한천배지(배지 5) 또는 EMB 한천배지(배지 6)에 분리 배양한다. 이하의 조작은 (1) 유당배지법의 확정시험 또는 완전시험 때와 같이 행하여 대장균군의 유무를 확인한다.

(3) 데스옥시콜레이트 유당한천 배지법

시험용액 1mL와 10배 단계 희석액 1mL씩을 멸균 페트리접시 2매 이상씩에 무균적으로 취하고 약 43 ~ 45℃로 유지한 데스옥시콜레이트 유당한천배지(배지 9) 약 15mL를 무균적으로 분주하고 페트리접시 뚜껑에 부착하지 않도록 주의하면서 회전하여 검체와 배지를 잘 혼합한 후 응고 시킨다. 그리고 그 표면에 동일한 배지 또는 보통한천배지를 3 ~ 5 mL를 가하여 중첩시킨다. 이것을 35 ~ 37℃에서 24 ± 2 시간 배양 한 후 전형적인 암적색의 집락을 인정하였을 때에는 1개 이상의 집락을, 의심스러운 집락일 경우에는 2개 이상을 Endo 한천배지(배지 5) 또는 EMB 한천배지(배지 6)에서 분리 배양한다. 이하의 조작은 (1) 유당배지법의 확정시험 또는 완전시험 때와 같이 행하고 대장균군의 유무를 시험한다.

4 균체수의 측정법

1) 목적

시료 중의 생균과 사균을 계수하고자 할 때 간단히 이용할 수 있는 장점이 있다.

2) 개요

세균수 측정방법은 크게 생균수과 총균수 측정법이 있다. 생균수 측정법으로서는 평판배양이 주로 이용되나, 총균수(생균수+사균수)를 측정하기 위한 방법으로서는 Thoma의 혈구계(Haemocytometer, 血球計)를 이용한다. Thoma의 혈구계수기는 slide glass상에 미세한 바둑모양의 줄이 그어져 있다. 그 한 구획의 가로 세로는 각각 1㎜이고, cover glass를 그 위에 얹으면 slide glass와의 사이에 0.1㎜의 공간이 생긴다. 따라서 한 칸의 용적은 가로 × 세로 × 높이 이므로 1㎜ × 1㎜ × 0.1㎜ = 0.1 ㎣이 된다. 이와 같이 한 구획내(용적)의 세포수를 세어서 1㎖에 해당하는 양으로 변환시켜 시료중의 세포수를 알아보는 방법이다.

3) 재료 및 시약

균원 시료(세균배양액 또는 효모배양액), 현미경, 혈구계수기, 시험관, 생리 식염수, 0.1% methylene blue

4) 실험방법

- 시료액을 멸균생리식염수를 사용하여 일정농도로 희석하여 균체의 농도가 일정하게 현탁시킴(한 구획에 150 ~ 200개의 균이 존재하도록 한다).

- 혈구계수기 중앙 위에 cover glass를 조심스럽게 올려놓는다.
- 마이크로피펫으로 균체 현탁액을 요철부분에 소량 주입한다(균액이 넘치거나 기포 가 생기지 않도록).
- 혈구계를 현미경의 재물대 위에 올려놓고 1 ~ 3분간 균체를 침강시킨 후, 200 ~ 400배율에서 검경한다. 구획선상의 경계에 있는 것은 두변의 것은 세고 다른 주변의 것은 세지 않는다.
- 구획내의 균을 계수하여 평균한다.

5) 계산

1 구획의 용적 = 가로×세로×높이 = 1mm×1mm×0.1mm
= 0.1mm^3 = 1×$10^{-1}$$mm^3$ = $10^{-4}$$cm^3$(1mℓ의 용적=1000 mm^3 =1cm^3)

1 구획의 평균 세균수

0.1mm^3 ---→ 1구획의 평균 균체수

1000 mm^3 ---→ X(1ml당 균체수)

X(1ml당 균체수) = 1구획의 평균균체수 × 10^4 cells

총균수 = 희석배수 × 총용량 × 1ml당 균체 수

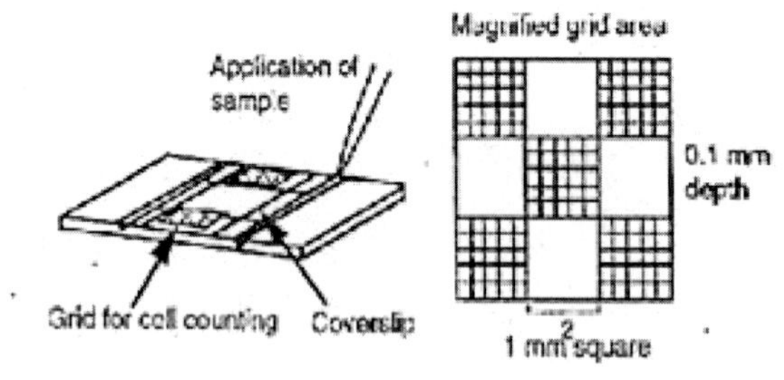

5 식품으로부터 미생물의 분리

1) 목적

여러 가지 식품으로부터 미생물을 분리하여, 식품에 따른 미생물의 분포를 조사하고, 식품별 발생 미생물의 특성을 알아본다.

(1) 도말평판법(Streak plate method)

- 고체평판 배지 상에 희석된 균원시료(식품) 일정량을 넣고, 멸균된 유리봉으로 골고루 퍼지게 도말 하여 배양기에 넣어 배양한다.
- 적절히 희석된 균원시료 일정량을 백금이로 취하여 agar plate 상에 도말한 다음, 배양기에 넣고 배양한다.

(2) 주입 평판식(Pour plate method)

희석된 균원시료 일정액을 취하여 50℃로 예비 냉각된 시험관내 배지 넣은 후, plate에 붓고 굳힌 다음 배양한다.

2) 재료

검체 식품시료(3종 이상 - 우유, 야채, 육류, 도마, 행주), 고체 배지, 알코올램프, 자동피펫, 배양기, 멸균수, 멸균된 시험관, 멸균면봉

3) 실험

- 시료 채취 : 식품공전에서 정하는 규칙에 따른다.
- 미생물 분리방법(도말평판법)
  a. 시료준비 : 균원 시료를 멸균수에 잘 혼합한다(또는 생리

식염수로 희석).

※ 시료의 희석 : 미생물 존재의 정도에 따라 멸균된 물 또는 생리식염수 이용

- 우유 : 원액 → 10배(우유 1ml + 증류수 9ml) → 100배 → 1,000배 → 10,000배
- 스낵 : 10배 (스낵 1g + 우유 1ml)

b. 시료 첨가 : 희석된 균원시료 일정량을 취하여 agar plate 상에 가한다(0.1 ~ 0.2ml).

c. 도말 : 멸균된 면봉 또는 도말봉으로 골고루 도말

※ 면봉은 멸균 또는 유리봉은 70% EtOH에 담근 후 화염 멸균하여 사용

d. 흡수 : 일정시간 방치하여 수분이 agar내로 흡수되게 한다.

e. 배양 : 접종한 plate는 뒤집어서 배양기에 넣고 37°C에서 24~72 시간 배양한다.

f. 확인 : 미생물 외관적 형태, 냄새, 현미경 관찰 등

4) 결과

- 분리된 미생물의 외형, 냄새 관찰
- 현미경 관찰

6 한천천연배지 제조법(버섯을 위한)

1) 개요

버섯균은 타가영양균으로 외부에서 영양분을 공급하여 주어야 성장이 가능하다. 균사의 생장을 위해서는 다양한 영양원이 필요하며, 버섯균에 따라 요구하는 영양원이 상이하다. 배지는 사용하는 원료에 따라 천연배지 및 합성배지로 구분한다. 다음은 버섯균에서 가장 일반적으로 사용하고 있는 감자한천평판배지 제조법에 대해 알아보기로 한다.

2) 실습재료

감자(1조당 300g), 포도당(1조당 20g), 한천(1조당 18g), 요리용 칼, 1L용 비이커, 버너, 가제, 솜(실리콘마개)

3) 방법

- 감자를 씻은 후 껍질을 벗기고 감자의 눈을 잘 도려내며, 대략 사방 1cm의 크기로 절단한다.
- 이 중 200g을 평량하여 1L용 비이커에 넣고, 물을 800ml정도 가하고, 열을 가열하여 끓기 시작한 후 10분간 전분을 추출한다.
- 가제 2 ~ 3겹으로 겹쳐서 추출물을 여과하여 여액을 모은다. 여기에 물을 첨가하여 1,000ml가 되도록 조정하고, 포도당 20g과 한천 18g을 넣는다.
  다시 열을 가하여 한천이 녹을 때까지 가열한다.
- 평판용으로 이용되는 경우는 삼각플라스크에, 시험관용은 시험관의 1 / 3정도 양을 넣고 뚜껑을 한 후, 121℃에서 15분간

멸균을 행한다.

- 멸균 완료 후, 배지가 55 ~ 60℃까지 냉각된 다음 평판접시에 적당량(20ml씩) 분주하고, 시험관은 비스듬히 눕혀 사면을 만든다.

※ 주의사항
- 평판접시에 분주 시 반드시 화염불꽃 상에서 실시하여 오염되지 않도록 한다.
- 한천 배지는 45℃이하에서는 굳기 시작하므로 너무 식지 않도록 주의한다.
- 감자 외에 당근, 오트밀(oat meal), 볏짚의 추출액도 상기와 같은 방법으로 만든다.
- 만들어진 평판 또는 사면배지는 즉시 사용함을 원칙으로 하나, 장기간 사용 시 냉장고에 보관하면서 사용한다. 단, 배지가 얼지 않도록 보관해야한다.

※ 순수분리용 배지로 이용하는 경우는 테트라싸이클린, 클로람페니콜, 스트렙토마이신 등의 항생제 및 TBZ(Thiabendazole)의 항곰팡이제를 배지에 첨가한다.

7 자실체로부터 버섯균의 분리법 및 균사 이식법

1) 개요

버섯균의 순수분리는 어떤 재료를 선택하여 분리하느냐가 중요하며, 버섯의 종류에 따라 방법이 각각 상이하다. 대표적인 방법으로서는 자실체 조직으로부터 분리, 포자에서 분리, 골목이나 토양에 생장한 균근에서 분리하는 방법 등이 있다. 본 실습에서는 자실체의 조직으로부터 분리하는 방법에 대해 알아본다. 자실체 조직에서 분리한 균은 유전적으로 순수한 균을 얻을 수 있고, 또한 조직내부는 잡균에 의한 오염의 기회가 적어 유리하다. 대부분의 버섯은 조직분리가 가능하나 인공적인 균사증식이 안되어 분리가 어려운 것도 있다.

2) 실습재료

신선한 버섯 자실체(표고버섯, 느타리버섯, 팽이버섯), 감자 - 포도당 한천평판배지, 수술용 칼, 백금구

3) 실습방법

- 버섯 준비 : 자실체는 가능한 어리고 신선한 것을 이용한다(비오는 날 채집된 것과 수분이 많은 것은 실패할 가능성이 높다).
- 자실체에 부착한 먼지 등을 제거하고 무균작업대 내에서 갓의 정단 표면을 화염불꽃 상에서 가볍게 멸균한 다음, 수술용 칼로 잘라 2개로 나눈다.
- 갓 또는 대의 절단면을 멸균한 칼로 종으로 2 ~ 3mm 간격으로 잘라놓고 또한 횡으로 몇 개 잘라 놓는다.
- 작게 잘라진 단편을 백금구를 이용하여 한천평판배지 표면에 밀착하도록 올려놓는다(1개의 버섯 조직에서 5~10개의 단편을 이용한다).
- 접종된 한천평판은 배양기에 넣고, 25℃에서 배양한다(약 1 주일).

※ 균사의 순수분리

조직에서 분리한 균사가 자라면 잡균이 없는 것을 선택하여 새로운 한천

사면배지에 백금구를 이용하여 균사의 일부를 접종하여 배양한다. 배양 후 순수 분리한 것을 버섯 발생을 위한 원균으로 이용한다.

〈주의사항〉

① 팽이버섯 등 자실체가 작은 것은 갓 부분에서 조직을 떼어내기가 어려우므로 때문에 갓과 줄기가 연결된 내부의 조직을 펜셋이나 백금구로 떼어내어 한천배지에 분리한다.

② 목이버섯처럼 육질이 얇은 것은 양면을 70% 에탄올 또는 1,000 ~ 2,000배의 승홍수로 표면을 멸균한 다음 메스로 표피를 걷어내어 내부조직을 한천배지에 분리한다.

③ 복균류는 어린 균덩어리에서 조직을 채취한다.

※ 순수 분리한 시험관에는 균주명, 채집지, 채집연월일, 채집자, 균주번호, 접종일 등을 기록하여 냉장고에 보관하면서 사용한다.

Ⅶ-3. 기능성 시험법

1 항산화 효과 측정법

1) Microsome를 이용하여 TBA법에 의한 항산화제 검색

(1) 항산화제의 작용 mechanism

자동산화과정의 초기 또는 전화단계에서 생성된 free radical과 결합하여 chain reaction을 증강시켜 항산화효과를 나타낸다.

$$ROO\cdot + AH \rightarrow ROOH + A\cdot$$

$$R\cdot + AH \rightarrow RH + A\cdot$$

$$A\cdot + BH \rightarrow AH + B\cdot$$

항산화제 AH는 free radical ROO·, R·에 수소원자를 제공함으로써 free radical의 수를 감소시키고, 항산화제로부터 생성된 free radical인 A·는 상승제(synergistic) BH로부터 H·를 받아 항산화력을 회복한다.

(2) 항산화제의 종류

유지의 자동산화는 불포화도가 클수록 반응속도가 빠르며, 온도, 수분, 광선, 산화촉진제, 항산화제 등에 의해 크게 영향을 받는다. 산화촉진제로는 Cu, Fe, Ni과 같은 금속이온들이 알려져 있다.

Natural antioxidants : Tocopherol, sesamol, gossypol
Synthetic " (phenol계) : BHA(Buthylated hydroxyanisole)
BHT(Buthylated hydroxytolune)
TBHQ(Tetary buthylhydroxyquinone)
PG(Priopyl gallate)

Fe —ascorbic acid→ 강력한 산화반응
→ radical 생성
→ 생체조직 공격(지질로 구성된 막 등)
→ 과산화지질 생성
—산성, 고온→ malondialdehyde 생성
—TBA→ 적색물질(OD 530 or 532 ㎚)

(3) 항산화제를 위한 microsome의 사용목적

생체 내의 liver에서 과산화반응이 일어나고, 일반적으로 방어기작을 가지고 있기 때문에 생리적인 조건에서 과산화 반응이 일어나기 어려우므로 ascorbic acid를 첨가하여 보다 강력한 조건에서 과산화 반응을 개시시킨다. 과산화반응의 산물중 malondialdehyde(MDA)가 생성되며 이것은 TBA와 축합하여 적색의 물질을 생성하므로 이 MDA의 생성유무에 의해 항산화력을 측정할 수 있다.

$$과산화저해율(\%) = \frac{\text{MDA value of control} - \text{MDA value of sample}}{\text{MDA value of control} - \text{MDA value of blank}} \times 100$$

Control : Sample was not to added

Blank : Sample and microsome were not to added

(4) Microsomes의 조제

Microsome을 분리하기 위하여, 24시간 절식시킨 rat(250g)를 pentobarbital (40mg / kg)을 사용하여 마취시킨 후, 쥐의 복부를 열고 50ml용 주사기로 50 mM Tris-Cl buffer(pH7.4)를 30ml를 portal vein으로 부터 하대정맥으로 혈액이 흘러나오록 관류를 행한다. 이후, 간을 적출하여 50 mM Tris-Cl/150 mM KCl buffer로 세척하고 잘게 썰어, polytrone을 이용하여 빙냉하에서 homogenization을 행한다. 그리고 원심분리는 8000 × g에서 20분간 행하여 상등액을 취하여 다시 105,000 × g에서 60분동안 4℃를 유지하면서 초원심분리를 한 후, 침전된 microsomes를 74.5 mM Tris-Cl/154 mM KCl buffer(pH 8.0)로 현탁시켜 단백질의 농도가 20 mg/mℓ되게 조정하여 -20℃에서 보관하면서 사용한다.

(5) Microsome 조제를 위한 준비

- 74.4 mM Tris-Cl/154mM KCl buffer (pH 8.0);

  Tris-Cl : 74.4 mM

  Tris-base : 74.4 mM

  KCl : 154 mM(1.15%)

  Tris-Cl / base로 약 pH 7.8 정도로 조정한 후 KCl154 mM 되게 가하여 pH 조정

- 20% AcOH containing 0.27N HCl ;

Acetic acid(glacial) 200 mℓ와 1 N HCl 270 mℓ을 혼합 한 후, DW를 이용하여 최종 1ℓ로 조정한다.

- 1N NaOH; 40g / 1ℓ of DDW
- 0.8% TBA; 0.8 g / 100 mℓ of DDW (heating)
- n-BuOH : Pyridine(15 : 1, v / v, %)
- Pentobarbital (40mg / kg);
  Rat 250g 기준 --- 5% (100 mg / 2mℓ of saline) stock을 0.2mℓ 주사)
- Heparin(중외제약) --- 0.15mℓ 주사

(6) Materials

TMP(1,1,3,3-Tetramethoxypropane, Sigma T-1642), TBA (2-Thiobarbituric acid, Sigma T-5500), Pyridine(Sigma P-3776), L-Ascorbic acid(Sigma A-1417), ADP(Adenosine 5-diphosphate, Sigma A-2754), β-NADPH(β-Nicontinamide adenine dinucleotide phosphate, reduced form, tetra sodium salt, Sigma N-6505), Ferrus sulfate(Fedia Co., FR-0619), Ferric chloride hexahydrate(Sigma F-2877), DMSO(dimethyl sulfoxide, Sigma D-5879), Carbon tetrachloride(DSP GR reagent), BHT(Butylated hydroxytolune, Sigma B-1378), Tocopherol(Vit E, Wako Co), Glycyrrhizin(Glycyrrhizic acid, Sigma G-2137), 18α-Glycyrrhetinic acid, Sigma G-8503), 18β-Glycyrrhetinic acid(Sigma G-8628), Pentobarbital(Sigma)

(7) 지질과산화의 유도(Three way's system)

Ascorbate/Fe^{2+}-induced lipid peroxidation by rat liver microsomes

- Assay system(1 mℓ) consisting of
  0.5 mℓ 74.4 mM Tris-Cl/ 167mM KCl(pH 8.0)
  0.1 mℓ Sample in DMSO and/or DW
  0.1 mℓ 20 mg/mℓ of protein microsomal suspension(final : 2 mg of protein)
  0.1 mℓ 2mM Ascorbate(final 0.2 mM)
  0.1 mℓ 100 μM $FeSO_4$(final 10 μM)
  0.1 mℓ DW
- This reaction mixtures kept at 37℃ for 20 min(매 4분마다 1회씩 흔듦).
- After the reaction, cooled into the ice bath, lipid peroxide was
  measured by the method of Okawa *et al.*
  0.2 mℓ 8.1% SDS
  1.5 mℓ 0.8% TBA
  1.5 mℓ 20% AcOH containing 0.27N HCl
  0.8 mℓ 1N NaOH(final pH가 3.5되게 조정)
- Heated at 95℃ for 60 min.
- Cooled and mixed with n-BuOH-pyridine(15:1 v/v) 5 mℓ, and shaken vigorously.
- After centrifugation at 800 xg(4,000rpm) for 15 min.
- Absorbance of the organic layer was measured at 532 nm.
- The amount of TBA-positive material was expressed as a corresponding amount of MDA.
  ☞ Control : 시료대신 DDW 첨가
  Blank : Buffer 0.5mℓ + DDW 0.5mℓ

ADP/Fe^{3+}-induced lipid peroxidation by rat liver microsomes

- Assay system(1 mℓ) consisting of
  0.5 mℓ 74.4 mM Tris-Cl/ 167mM KCl(pH 8.0)
  0.1 mℓ Sample in DMSO and/or DW(DMSO 사용 시 10μℓ)
  0.1 mℓ 20 mg/mℓ of protein microsomal suspension(final : 2 mg of protein)
  0.1 mℓ 10mM ADP(final 1 mM)
  0.1 mℓ 100 μM $FeCl_3$(final 10 μM)
  0.1 mℓ 2mM NADPH(final 0.2mM)
- This reaction mixtures kept at 37℃ for 20 min.(매 4분마다 1회씩 흔듦)
- After the reaction, cooled into the ice bath, lipid peroxide was measured by the method of Okawa *et al.*
  0.2 mℓ 8.1% SDS
  1.5 mℓ 0.8% TBA
  1.5 mℓ 20% AcOH containing 0.27N HCl
  0.8 mℓ 1N NaOH(final pH가 3.5되게 조정)
- Heated at 95℃ for 60 min.
- Cooled and mixed with n-BuOH-pyridine(15:1 v/v) 5 mℓ, and shaken vigorously.
- After centrifugation at 800 xg(4,000rpm) for 15 min.
- Absorbance of the organic layer was measured at 532 nm.
- The amount of TBA-positive material was expressed as a correspending amount of MDA.
  ☞ Control : 시료대신 DDW 첨가
  Blank : Buffer 0.5mℓ + DDW 0.5mℓ

CCl_4/NADPH-induced lipid peroxidation by rat liver microsomes

- Assay system(1 mℓ) consisting of
  0.5 mℓ 74.4 mM Tris-Cl/ 167mM KCl(pH 8.0)
  0.1 mℓ Sample in DMSO and/or DW(DMSO 사용 시 10μℓ)
  0.1 mℓ 20 mg/mℓ of protein microsomal suspension(final : 2 mg of protein)
  0.1 mℓ 20mM NADPH(final 2mM)
  0.01 mℓ 1M CCl_4(final 10mM)
  0.19 mℓ DW
- This reaction mixtures kept at 37℃ for 20 min(매 4분마다 1회씩 흔듦).
- After the reaction, cooled into the ice bath, lipid peroxide was measured by the method of Okawa *et al.*
  0.2 mℓ 8.1% SDS
  1.5 mℓ 0.8% TBA
  1.5 mℓ 20% AcOH containing 0.27N HCl
  0.8 mℓ 1N NaOH(final pH가 3.5되게 조정)
- Heated at 95℃ for 60 min.
- Cooled and mixed with n-BuOH-pyridine(15:1 v/v) 5 mℓ, and shaken vigorously.
- After centrifugation at 800 xg(4,000rpm) for 15 min.
- Absorbance of the organic layer was measured at 532 nm.
- The amount of TBA-positive material was expressed as a correspending amount of MDA.
  ☞ Control : 시료 대신 DDW 첨가
  Blank : Buffer 0.5mℓ + DDW 0.5mℓ

$$\text{Inhibition Ratio(\%)} = \frac{\text{MDA of control} - \text{MDA of sample}}{\text{MDA of control} - \text{MDA of normal}} \times 100(\%)$$

2) Hydroxy radical scavenging activity 의 측정(Halliwell 등의 방법)

(1) 시약의 조제

Halliwell 등의 방법에 따른 2-deoxy-ribose method로 in vitro 에서 hydroxy radical(OH·)에 의한 2-deoxy-ribose의 fragmentation을 유발시키기 위해서 반응액을 다음과 같이 조제한다.

- Reaction mixtures : 2-deoxy-ribose 0.3mg/ml
  EDTA 50 μM
  Ascorbate 50 μM
  $FeCl_3$ 50 μM
  생약 추출물 2mg/ml(조정요) --- stock : 1mg / ml

  ☜ 시약조제 시 주의할 점 : 2-deoxy-ribose와 ascorbate를 동일병에 stock을 만들고, EDTA와 $FeCl_3$를 동일병에 stock를 만들고, 반응직전에 첨가하여 준다. Ascorbate와 $FeCl_3$는 실험직전에 만들어 사용한다. 반응개시는 EDTA-Fe^{++}를 첨가한 시점을 기준으로 한다.

(2) 실험방법

- Reaction mixtures를 KH_2PO_4-KOH buffer 20mM(pH 7.4)에 넣어 final volume이 2ml 되게 한 후 37℃에서 20분 동안 반응시킨다.
- 상기의 반응액 1ml에 5% TCA 1ml과 0.67% TBA 1ml을 가한 후, 95℃에서 20분간 가열하여 발색시킨 다음 수돗물로 냉각시킨 후 OD 532nm에서 TBA value를 측정한다. 대조군은

KH_2PO_4-KOH buffer 20mM(pH 7.4)를 사용하며, 소거효과는 지질과 산화 때와 동일하게 PIR로 나타낸다.

- 계산은 OD값에 대한 상대값으로 나타낸다(OD값으로만 표기 가능).
  a. OD값이 낮을수록 radical scavenging effect가 높다고 설명될 수 있다.

  ☜ 주의사항 : 물불용성 시료를 사용하여 실험할 경우에는 시료를 DMSO에 녹이고 실험의 절차중 95℃에서 20분간 가열하여 발색시킨 후, BuOH 3ml로 추출하여 원심분리한 후 상등액(BuOH layer)을 취하여 OD 532nm에서 TBA value를 측정한다.

3) Hydroxy radical scavenging activity 의 측정(Aruoma의 방법)

(1) Deoxyribose degradation method

Hydroxyl radical scavenging 효과는 Aruoma의 방법을 따라 측정한다. 반응 용액 1㎖에 potassium phosphate buffer (10mM, pH7.4), deoxyribose (2.8mM), 여러 용량의 G009, hydrogen peroxide (2.8mM), EDTA (0.1mM)에 착화합물화시킨 ferrus chloride (0.02mM) 그리고 ascorbic acid (0.1mM)를 첨가하여 반응을 개시 시킨다. 반응은 항온 수조에서 (37℃) 1시간 동안 진행시켰고, TCA(5.6%) 500㎕, TBA(2%, in 0.05M NaOH) 500㎕를 첨가하여 반응을 종료시킨 후 100℃의 물에 20분간 가열하여 발색 시킨다. 여기에 BuOH:Pyridine(15:1, v/v)용액 3㎖를 가하여 vortexing시킨후 3000rpm에서 10분간 원심분리하여 상등액을 532㎚에서 흡광도를 측정한다.

[시약]

번호	Stock Solution	첨가량	Final Conc.
1	20mM Potassium phosphate buffer(pH 7.4):	0.5㎖	10mM
2	Sample(10㎎ or 100 ㎎/㎖)	0.1㎖	1㎎
3	28mM Deoxyribose	0.1㎖	2.8mM
4	28mM Hydrogen peroxide	0.034㎖	2.8mM
5	1mM Ascorbic acid	0.1㎖	0.1mM
6	Ferrus chloride(0.2mM) chalated EDTA(1mM)	0.1㎖	Fe(0.02mM)/EDTA(0.1mM)
	DDW	0.066㎖	
	Total volume	1.0㎖	

기타 시약 : 5.6% TCA 용액, 2% TBA in 0.05N NaOH solution, BuOH:Pyridine(15:1, v/v %) 용액

※ 시약조제

① 2.8mM deoxyribose(MW 134.1) : 3.7548㎎ / ㎖되게 증류수에 녹여 100 ㎕ 첨가

② 28mM hydrogen peroxide : 원액(28%) → 10배 희석후 → 34㎕ 첨가 (0.952㎎ / ㎖)

③ 1mM Ascorbic acid(MW 176.13) : 1.7613㎎ / ㎖ of DW → 10배희석 → 100㎕사용

④ Ferrus chloride(0.2mM) chalated EDTA(1mM):
1mM EDTA : EDTA-Na_2(MW 372.2) 186.1 ㎎ / ㎖되게 미리 만듦
Ferrus chloride(MW 126.75)를 17.613㎎ / 10㎖ of DW → 10x → 10x
(이때는 1mM EDTA로 희석하여 착화합물화 시킨 후 100㎕를 첨가.

※ 시료의 조제

수용성 시료 - DW에 녹여서 실험한다.

비수용성시료 - DMSO에 100 ㎎ / ㎖의 농도로 조제하여 시용한다.

※ DMSO 보다는 EtOH가 효과적임일 것으로 생각됨.

☞ Control : 모든시약 동일 첨가 + 시료대신 시료녹인 용매 동일 량
Blank : Deoxyribose 무첨가 + 시료대신 시료녹인 용매 동일 량

4) DPPH를 이용한 free radical 소거효과

(1) 개요

활성산소인 O_2^-(또는 OH-)는 지질과산화 반응을 개시시킨다. 즉, O_2^-(또는 OH-)에 의한 지질과산화 반응은 O_2^-(또는 OH-)의 불포화 지방산으로의 부가반응으로 생성된 산화물에 의해 개시되고, 자동산화반응 과정을 거쳐 세포막을 파괴하게 된다. 또한 O_2^-(또는 OH-)에 의하여 형성된 지질과산화물은 Fe^{2+} 등의 금속이온 존재하에서 peroxyradical이나 alkoxyradical로 산화 또는 환원될 수 있다. Vit E(플라보노이드류)는 자동산화의 연소반응에 포함되는 이들 peroxyradical과 반응함으로서 연쇄반응을 종결짓는 작용을 한다. 불포화지방산 라디칼의 모델로서 안정한 free radical인 1,1-diphenyl-2-picrylhydrazil radical(DPPH)를 이용하고, 항산화제(α-tocopherol, ascorbic acid)와의 반응에 의하여 감소하는 양을 측정하면 항산화제 1분자가 몇 개의 radical을 비 radical체로 변화되었는지 측정한다. 플라보노이드류는 안정한 free radical인 반응의 억제기구로서 작용할 수 있다.

(2) 시약조제 및 시료의 조제

- 1,1-diphenyl-2-picrylhydrazyl(DPPH) : 19.716mg/100mℓ EtOH에 녹임

  → 완전히 녹을 때까지

- 시료의 조제 : 다당류 시료인 경우는 최고의 stock이 10mg/mℓ이 되게 한다.

(3) 실험방법

- 시험관에 0.1M acetate buffer(pH 5.5) 1mℓ 첨가
- 시료 0.1mℓ 첨가

- DW 0.9mℓ 첨가
- DPPH 액 0.5mℓ 첨가 하여 전량을 2.5mℓ로 하여 실온에서 30 분후, 517nm에서 흡광도의 감소량을 측정한다.
  ☞ EtOH에 녹는 것은 에탄올에 녹이고(토코페롤), 수용성 용매는 acetate buffer, cystein 및 ascorbic acid는 이용액에 녹임.
  Scavenging activity(SC_{50}) : DPPH의 농도가 50% 감소하는데 필요한 시료의 농도로서 나타낸다.
  Free radical inhibition(%) = [1 − (B − S) / C] × 100%
  B : Blank, C : Control, S : Sample group

5) Linoleic acid의 자동산화 억제작용

(1) 원리

Linoleic acid는 무색의 불포화지방산 오일로 공기 중에 쉽게 산화된다. 이 지방산이 산화하여 철과 반응하여 티오시안산 암모니움(NH_4SCN)액에 넣었을 때 붉은색을 띠는 것을 OD 값을 측정하여 물질의 항산화 효과를 측정한다. 항산화 효과가 있는 물질은 과산화 지질보다 먼저 티오시안산철의 생성을 방해하여 OD 값은 control보다 적게 나타난다. 철이온(Fe^{2+} and Fe^{3+})은 티오시안 암모늄, 헥사시아노철(Ⅱ)산칼륨, 헥사시아노철(Ⅲ)산칼륨 등에 의해서 정색반응을 한다. Fe^{3+}는 티오시안산 암모늄과 반응해서 티오시안산철[$Fe(SCN)_3$]의 혈적색의 정색반응을 나타내는데 지질이 산화되면 과산화지질(ROOH−)이 생성되어 티오시안산철의 생성을 방해해 색깔을 엷게 한다.

(2) 시약

- 0mM linoleic acid 용액 : Linoleic acid 0.28g을 에탄올 20

mℓ로 용해 후 100mM 인산칼륨 완충액(pH 7.0)으로 최종 100 mℓ되게 한다.

- 30% 티오시안산 암모니움용액 : 티오시안 암모니움 30g을 증류수에 녹여 최종 100mℓ되게 한다.
- 제1염화철시약 : 염화바륨 0.5g, 황산제1철 0.6g을 증류수 100mℓ에 녹인 후 짙은 염산 10mℓ을 첨가 후 교반하고 정치, 백색침전($BaSO_4$)이 생기므로 버리고 제거 후 상층을 사용한다.
- 75%(v / v) 에탄올 : 특급 에탄올을 증류수로 희석하여 사용한다.
- 시료조제 : 시료를 시험관에 정확히 4mg 칭량하고 에탄올 1mℓ을 가해 용해하여 사용한다.

(3) 방법

- 8mℓ용 cap tube에 10mM linoleic acid 용액 3mℓ와 4mg/mℓ로 조정한 시료 0.075mℓ 첨가 후 4℃에 넣는다.
- ①의 액 0.1mℓ를 1일후마다 75% 에탄올 4.7mℓ를 넣은 시험관에 첨가후 교반, 교반 후, 30% 티오시안산 암모니움용액 0.1 mℓ과 염화제1철시약 0.1mℓ을 첨가 후 3분간 방치하여 발색시키고 흡광파장 500㎚에서 측정한다.
  a. Blank:시료를 녹인 용매
  b. 대조군 : 10mM linoleic acid 용액 3mℓ와 시료대신 시료용해 용매 0.075mℓ 첨가
- 결과측정 : 항산화효과가 있는 물질은 과산화지질보다 먼저 티오시안산철의 생성을 방해하여 OD 값은 control에 비해 적게 나타난다. 색깔은 산화가 많이 진행 된 것 일수록 짙다.

2 항당뇨 효능 검색

1) 당뇨병(diabetes mellitus) 이란 ?

당이 뇨로 배설되는 질병으로 췌장에 있는 langerhans섬의 β-세포에서 분비되는 인슐린의 생리작용이 저조하거나 충분한 양의 인슐린을 공급하지 못함으로서 생기는 질환이다. 당뇨의 종류로는 제1형인 인슐린 의존성 당뇨병과 제2형인 인슐린 비의존성 당뇨병이 있다. 당뇨에 의한 변화로는 인슐린과 glucagon의 분비 이상으로 생체 내 대사조절기능이 비정상적으로 되어 고혈당증, 고지혈증 및 케톤산증과 근육과 지방세포에서의 변화가 생긴다. 합병증으로는 망막증, 신증, 다리의 괴저, 산독증 및 혼수 등이 있다.

2) 당뇨병의 유도

Rat를 16시간 절식시킨 후, 45mg / kg의 streptozotocin(STZ, 0.01M citrate buffer용액에 주사 직전 45mg/2ml의 농도로 용해시켜 제조한 STZ를 2ml/kg의 용량으로)을 꼬리 정맥에 투여한다. 주사한지 24시간 후 rat의 안구총맥으로부터 모세관을 이용하여 혈액 1ml을 취하고 이를 3,000rpm에서 15분간 동안 원심분리하여 혈장을 분리하여 포도당 산화효소법에 따라 glucose를 측정한다.

Glucose (mg/dl) = 시료의 흡광도/표준액의 흡광도 × 200

상기의 실험결과로부터 실험동물의 혈장중의 glucose의 농도가 300mg/dl 이상인 동물만 당뇨병이 유발된 것으로 판정하고, 이하의 혈당강하효과 실험에서 당뇨병 rats로 사용한다.

3) 혈당강하작용 검색

정량의 물질을 saline에 녹여 1일 1회, 7일간 경구 투여한다. 약물최종투여 24시간 후, ether로 마취시키고 안구정맥총에서 채혈한 후, 3,000rpm에서 15분간 원심 분리하여 얻은 혈청을 이용한다.

4) 시험결과의 처리

각 시험물질 투여전의 blood glucose level(mg.dl)을 측정한 다음, 시험물질 투여 7일 후의 blood glucose level(mg / ml)을 측정하였다. Blood glucose inhibition rate는 다음과 같은 식으로 계산한다.

– Inhibition(%)=B_0–B_7 / B_0 × 100
B0 : 시험물질 투여전의 blood glucose level(mg / dl)
B7 : 시험물질투여 7일후의 blood glucose level(mg / dl)
※ 한약재 중 당뇨병 치료 기대 생약제

구기자, 천화분, 달개비, 산수유(山茱萸), 산약, 연자육, 맥문동, 갈근, 창출, 두충, 잠사(蠶沙) 및 견사분말

3 항균력 시험

1) Minimum Inhibitory Concentration(MIC) test

항생제의 역가는 최소저해농도(MIC, Minimum Inhibitory Concentration, 미생물 생육이 저해 받는 최소 항생물질 농도)로 알려진 생장을 저해하는 최소의 약제 농도를 측정하여 표시한다. MIC 값은 사용하는 균주, 접종량, 배지의 조성, 배양시간, 온도,

pH, 통기 등 배양 조건에 따라 달라지므로 항생제의 MIC 값은 절대적일 수는 없다. 그러나 모든 조건을 철저히 표준화하면 여러 종류의 항생제를 비교하여 특정 미생물에 가장 효과적인 것을 결정할 수 있으며, 특정 항생제가 다양한 미생물에 미치는 영향도 평가할 수 있다. 이 시험의 목적은 ① 유효한 화학요법제의 선택, ② 약제 내성균의 현상 파악, ③ 균종 동정에 응용 등을 들 수 있다.

MIC의 측정방법은 크게 확산법, 희석법, 비탁법으로 나눈다(표1). 일반적으로는 ① 감수성 디스크법(Sensitivity paper disc method), ② 한천평판희석법(Agar dilution method), ③ 액체배지희석법(Broth dilution method)이 실시된다. 비탁법은 빠른 시간 내에 감수성 또는 내성을 알고자 할 때 쓰인다.

표 7-3. MIC 측정법

1. 확산법
(1) 감수성 디스크법(Sensitivity paper disc method)
(2) 직립확산법(Cup method ; 결핵균용)
2. 희석법
(1) 한천평판희석법(Agar dilution method)
(2) 액체배지희석법(Broth dilution method)
3. 비탁법

(1) 재료 및 방법

- 사용배지

a. Mueller - Hinton agar(Difco)

b. Fleish Extract broth : Peptone 10g, Beef extract 10g, NaCl 3g, $Na_2HPO_4 \cdot 12H_2O$, D.W. 1L pH 7.2±0.2

표 7-4. 시험균주(항생제 MIC 측정에 사용되는 20균주-1차 screen 용)

1	*Streptococcus pyogenes* A308	11	*Escherichia coli* 1507E
2	*Streptococcus pyogenes* A77	12	*Pseudomonas aeruginosa* 9027
3	*Streptococcus faecium* MD8b	13	*Pseudomonas aeruginosa* 1592E
4	*Staphylococcus aureus* SG511	14	*Pseudomonas aeruginosa* 1771
5	*Staphylococcus aureus* 285	15	*Pseudomonas aeruginosa* 1771M
6	*Staphylococcus aureus* 503	16	*Salmonella typhimurium*
7	*Escherichia coli* O 55	17	*Klebsiella oxytoca* 1082E
8	*Escherichia coli* DC 0	18	*Klebsiella aerogenes* 1522E
9	*Escherichia coli* DC 2	19	*Enterobacter cloacae* P99
10	*Escherichia coli* TEM	20	*Enterobacter cloacae* 1321E

(2) 시험균주의 준비

- Fleish Extract Broth(FEB)를 제조하여 20개의 시험관에 Labelling하여 다음과 같이 분주한다.
  1-3번 9mℓ FEB + 1mℓ horse serum
  4 - 11번 10mℓ FEB
- 백금이를 사용하여 전 배양된 시험균주들을 각 시험관에 접종한다.
- 37℃에서 16 ~ 18시간 동안 배양한다.

Agar plate 제조 및 Inoculation

- Mueller - Hiton Agar 배지를 제조하여 멸균 한 후 55℃ 수욕조 또는 건조기에서 배지 온도를 55℃정도로 유지시킨다.
- 항균력을 test 하고자 하는 시료와 양성대조군 시약을 각 10 mg씩 취하여 멸균 증류수 1mℓ에 녹인다.
- 시험관을 sample 당 17개씩 준비하여 Labelling한 후 멸균된 증류수를 1번 시험관에는 2.7mℓ, 2번에서 17번까지는 1.5 mℓ씩 분주한다.
- Positive control 용액과 sample 용액 각각 0.3mℓ씩 취해 1번 시험관에 가한 후 vortex하여 잘 혼합한 후 1.5mℓ을 취해

2번 시험관에 넣는다. 이와 같은 조작을 17번 시험관까지 반복하여 2배씩 단계적으로 희석한다(17단계의 용액을 조제).

- 각 시험관에서 수욕조에서 55℃정도로 유지되고 있던 Mueller - Hinton agar를 13.5mℓ씩 분주하여 petri-dish에 부은 후 잘 섞어 준다.
  ☞ 이렇게 하여 최종 항생제 농도가 100 ~ 0.02㎍ / mℓ이 되도록 시료 당 17개의 평판 배지를 제조한다.
- 마지막으로 항생제를 넣지 않은 control plate를 제조하고 clean bench 내에서 뚜껑을 열고 건조시켜 수분을 제거한다.
- 16-18시간 배양한 균액을 FEB로 다음과 같이 희석한다.
  ☞ 1-3번 0.9mℓ FEB + 0.1mℓ Horse serum + 12㎕ 균액
  4-20번 1mℓ FEB + 12㎕ 균액
- 각각의 시험균을 inoculation tray에 200㎕씩 넣고 Semiautomatic inoculator를 이용하여 항균 물질이 들어 있는 평판위에 균을 접종한다(접종은 항생제 농도가 낮은 plate부터 시작한다).
  ※ Control plate는 처음과 맨 마지막에 접종함으로써 오염여부를 확인한다.
- 접종이 끝난 평판을 37℃에서 약 18 ~ 24 시간 배양 후 육안으로 관찰하여 생육이 억제된 항생제 농도를 MIC로 정한다.

주의사항

a. *Streptococcus*의 경우 미세한 colony를 형성하므로 주의해서 관찰하여 성장여부를 결정한다.

b. Plate 제조시 Agar는 1.6 ~ 1.7%정도로 하고 plate상의 수분은 반드시 건조시켜야 한다.

c. 시험균주의 colony가 미세하거나 판독하기 어려울 경우 한 단계 높은 농도의 plate와 한 단계 낮은 plate에서 그 시험균주의 성장을 비교, 결정한다.

d. Agar dispenser를 사용하여 배지를 각 시험관에 분주할 때 기포가 생기는 것을 최대한으로 방지해야 하며, agar dispenser에 사용되는 유리기구에 주의하여 사용 할 것.

2) 구강세균에 대한 항균력 실험

본 시험은 구강세균에 대한 항균성이 있는 물질의 screen을 위해 사용하는 방법으로, disc method(Kirby – Bauer method)를 기초로 하여 실험한다.

(1) 시약 및 재료

생약제 시료(25mg / mℓ), 대조시료 Berberine(5mg / mℓ), Chlor hexi dine (20% 원액)

사용세포 : *Streptococcus anginosus, Streptococcus sang ius, Streptococcus mutans*

(2) 실험방법

- 대상 균주를 Brain heart infusion(BHI) 평판배지에서 완전히 자란 각 세균을 BHI 액체배지 20ml가 들어있는 100ml용 삼각 플라스크에 넣고, 37℃, 120rpm에서 24시간 정도 배양한다.
- 배양 후 배양액을 Mcfaland st No 0.5(생균수 : 1.5 × 10^8/ mℓ)로 조정한다.
- 미리 준비된 BHI agar plate에 멸균된 면봉을 이용하여 위에서 조제된 균액을 배지 표면에 균등히 도말한다(가능한 한 60^0 각도에서 3방향으로 도말).
- 멸균된 disc에 각 sample stock solution 20㎕씩(500㎍ /

disc), berberine(5mg / mℓ)은 100μℓ(500μg / disc), Chlorhexidine(20% sol'n)은 5μℓ(1μg / disc)을 분주한다.

- 균액이 도말된 plate 위에 sample들이 분주된 disc를 놓고 핀셋으로 가볍게 눌러 밀착시킨다.
- 37℃ incubator에서 24 ~ 48시간 동안 배양한다.
- Plate 상에 나타난 clear zone의 생성여부와 직경 등을 측정하여 각 시료들의 구강 세균에 대한 항균력 여부를 판단한다.

4 면역활성 측정법

1) Nitric oxide의 측정

(1) Introduction

대식세포에 의해 생성되는 NO는 일정 시간 경과 후 자발적으로 산화되어 NO_2^-와 NO_3^- 상태로 전환되어 축적된다. 따라서 생성되는 reactive nitrogen intermediate (RNI) 중 NO_3^-는 환원 효소로 전환시켜야 정확하지만 보통은 NO_2^-가 대부분이기 때문에 이를 발색시켜 Ding 등의 방법(1988)에 따라 간접적으로 정량한다.

(2) Material and reagents

Sulfanilamide(Sigma, S - 9159), naphthylene diamine dihydrochloride(Sigma N - 9125.), H_3PO_4(Sigma P - 6560), DMEM(Dulbecco's modified eagle's medium, Gibco 430 - 2100), LPS(E.coli 0127 : B8), IFN - γ, 96 - well tissue plate와 100 mm Petridish(Falcon Inc., Linclon park, NJ)

(3) Preparation of sample and reagents

- Griess reagent(A : B = 1 : 1, v / v%)
  A : 2% sulfanilamide in 5.0% H_3PO_4
  B : 0.2% naphthylene diamine dihydrochloride(NEDD)
  ☞ A용액 조제 시 H_3PO_4 소량으로 먼저 녹인 후 물을 첨가할 것.

※ 시료조제(For final conc. 10㎍ / ㎖)

① Stock 시료 5mg을 glass vial 넣고 2.5㎖의 증류수를 가해 용해시키고(2mg / ㎖).
② 사용 시 멸균 eppendorf tube를 이용하여 10× 희석(stock 시료 0.1㎖ +배지 0.9㎖) 하고, 이중 10㎕를 well(96 - well)에 가한다. 이 경우의 농도가 10㎍ / ㎖(2㎍ / well)
③ Positive control 물질(96 - well에 0.2㎖ cell 사용 시)
④ LPS stock : 1㎍ / ㎖ of DMEM → 사용할 때 5 × 해서 10㎕ well당 사용(10ng / ㎖)
⑤ IFN-γ : 100 U / ㎖ of DMEM→사용할 때 5 × 해서 10㎕ well당 사용(10 U / ㎖)

---

(4) Procedure

- Raw 264.7 세포를 100㎜ petridish에 필요량 만큼 전 배양하여 얻어진 세포를 계수한다.
- 세포를 2 × 10^6 cells/㎖로 조절하여 96 - well plate에 각 well에 0.2㎖씩 가하고(4 × 10^5 cells / well), 2시간 동안 전 배양하여 비부착 세포를 제거한다.
  ☞ 전배양 생략 가능
- 각 well에 시료 10㎕를 첨가하고 37℃에서 5% CO_2 하에서 24시간 동안 배양한다.
- 발색은 배양 상등액 100㎕에 Griess reagent 100㎕(1%

sulfonamide, 2.5% H_3PO_4, 0.1% NEDD)를 가하여 실온에서 10분 동안 반응시킨 후, 540 nm에서 ELISA(Bio-Tek instrument, Inc. Ceres UV. HDi)를 이용하여 측정한다.

- NO_2^-의 농도는 sodium nitrite를 이용하여 얻어진 흡광도로부터 표준 곡선을 작성하여 측정한다.

(5) Standard Curve

Standard material : Sodium nitrite($NaNO_2$), MW 69.

Stock sol'n : $NaNO_2$ 100μM -- $NaNO_2$ 6.9mg/ 1ℓ of DW 즉, 6.9mg/10mℓ 짜리 100x후 사용

Conc.(μM)	Stock solution (100μM 짜리, mℓ)	DW(mℓ)	Remark
0	-	1.0	
20	0.2	0.8	
40	0.4	0.6	
60	0.6	0.4	
80	0.8	0.2	
100	1.0	-	

☞ Stock solution : 냉장고 보관하며 1개월 이내에 사용할 것.

2) 용혈반 형성 세포수의 측정

(1) 개요

용혈반형성 세포수의 측정은 Jerne과 Nordin의 방법(1963)에 따라 행한다.

(2) 실험

마우스, 면양적혈구(SRBC), 주사기, 브랜더, ACK buffer, 원심분리기, agar, gunea pig serum, 현미경, HBSS 배지

(3) 실험방법

Mouse 5 마리를 1군으로 하여 20 ㎎/㎏ 농도의 시료를 연속 5일간 복강 내에 투여하고 5일이 지난 다음, 1 × 10^7 또는 5 × 10^7의 SRBC를 복강 주사하여 면역화시킨다. SRBC 주사 5일 후 mouse를 치사시키고 비장을 분리한다. 이것에 빙냉의 HBSS를 가하고 glass blender을 이용하여 분리한 후, 50 ㎛의 stainless 체로 여과한 여액을 200 × g에서 5분간 원심분리한다. 침전된 세포는 ACK buffer(ammonium chloride potassium, pH 7.4)에 부유시켜 37℃에서 5분 동안 반응시켜 적혈구를 용해시킨다. 다시 빙냉의 HBSS 용액으로 3회 세척한 다음 세포의 생존율 및 수를 측정하여 실험에 사용한다.

(4) 측정

용혈반 형성 세포수를 측정하기 위해 비장세포 0.1 ㎖(1 × 10^8 cells/㎖), 0.1 ㎖의 10% SRBC 및 0.7% agar용액 2 ㎖을 혼합하여 1.5% agar 기저 평판판에 균일하게 분주한 후, 37℃에서 60분간 감작화시킨다 여기에 보체로서 2.5 ㎖의 guinea pig serum을 가하여 37℃에서 30분간 반응시킨 후 용혈반형성 세포수를 측정한다.

3) Mouse 탐식능의 측정

(1) 개요

탐식기능은 Kanari 등의 방법(1989)에 따라 carbon clearance rate로서 측정한다.

(2) 실험재료

Carbon 부유액(Perikan drawing ink A 17 black), 생리식염

수, 주사기, mouse, 젤라틴, 탄산나트륨

(3) 실험방법

20 mg / kg 농도의 시험 하고자 하는 시료를 복강 내에 연속 5일간 투여하고, 24시간 후 mouse의 미정맥에 carbon 부유액 (Perikan drawing ink A 17 black 3 mℓ, 생리식염수 4 mℓ 및 3% gelatin 4 mℓ의 혼합액)을 0.25 mℓ / mouse씩 주사하고 3분, 6분 및 9분 후에 안와 정맥에서 30 μℓ를 채혈한 즉시 3 mℓ의 0.1% Na_2CO_3를 가하여 용혈시킨 후 675 nm에서 흡광도를 측정한다.

(4) 계산

Carbon clearance rate는 아래 식에 의해 계산한다.

$$t_{1/2} = \frac{(t_2-t_1)(1/2)OD1}{OD1 - OD2}$$

t_1 = initial time(min)
t_2 = final time(min)

OD1 = t_1에서의 OD값
OD2 = t_2에서의 OD값

4) 보체활성의 측정

(1) 개요

보체활성은 Yamada 등(1984)의 방법을 변형하여 측정한다.

(2) 실험재료

보체(기니픽 혈청), hemolysin, GVB^{2+} buffer(0.15 mM $CaCl_2$, 0.5 mM $MgCl_2$, 1.8 mM sodium barbital, 3.1 mM barbituric acid, 141 mM NaCl 및 0.1% gelatin, pH 7.4), 생리식염수, SBBC(sheep red blood cell), EDTA

(3) 실험방법

실험의 정확을 기하기 위하여, complement와 hemolysin에 대한 활성 역가를 측정하여 실험에 이용한다. 시험관에 150 ㎕의 GVB^{2+} buffer(0.15 mM $CaCl_2$, 0.5 mM $MgCl_2$, 1.8 mM sodium barbital, 3.1 mM barbituric acid, 141 mM NaCl 및 0.1% gelatin, pH 7.4)와 시료 50 ㎕(50 ㎍/㎖)를 가한 다음, 100 U/㎖로 조정된 guinea pig complement 50 ㎕를 첨가하여 37℃에서 30분간 반응시킨 후, GVB^{2+} buffer를 가해 보체의 최종 농도가 1 unit/㎖ 되게 조정한다. 조정된 보체 혼합물을 1.0 unit/㎖, 1.2 units/㎖ 및 1.6 units/㎖되게 각 시험관에 분주한 후 여기에 antisheep hemolysin(2 MHU/㎖)과 동량의 sheep red blood cell(5×10^8 cells)를 혼합하여 실온에서 30분간 감작시킨 sensitized-SRBC 2 ㎖씩을 가하고, GVB^{2+} buffer로 최종 용량을 5 ㎖로 조정하여 37℃의 water bath에서 60분간 반응시킨다. 70 ㎕의 0.5 M EDTA를 가하여 반응을 중단시킨 다음 $400 \times g$에서 5분간 원심 분리하여 상징액을 얻은 다음 541 nm에서 흡광도를 측정한다.

(4) 계산

항보체 활성은 대조군 대비 총보체 용혈율(50% of total complement hemolysis, TCH_{50}, %)의 저지율(inhibition of TCH_{50}, $ITCH_{50}$ %)로 나타낸다.

5 항암효과 측정법

1) 생체외 항암효과의 측정(MTT)

(1) 서론

생체 외 항암 검색은 MTT 검색법을 이용한다. 이 방법은 생존 암세포의 효소 작용에 의해 2-(4,5-dimeth-ylthiazol-2-yl)-2,5-diphenyltetrazolium bromide(MTT)가 환원되어 formazan crystal로 침전되는 정도를 흡광도로 측정하여 이로부터 항암제에 의해 암세포가 사멸 또는 증식 억제되는 정도를 결정하는 방법으로 재현성과 객관성도 우수하여 대량 검색이나 1차 검색에 적합한 방법으로 알려졌다.

(2) 생물활성 검사용 시료의 조제

다당류 시료는 증류수를 이용하여 1mg/mℓ의 농도로 stock solution을 만든 후, 멸균한다. 표준물질의 경우 조정된 stock solution은 0.2㎛의 syringe filter(Gelman Sciences)로 여과한다. Adriamycin(W)은 5mℓ의 3차 증류수에 용해시켜 1mg / mℓ의 stock solution을 만든 후 0.2㎛의 syringe filter(Gelman Sciences)로 여과하며, adriamycin(Or)은 1mℓ의 100% dimethyl sulfoxide(DMSO)에 용해시켜 15mg / mℓ의 stock solution을 만든 후 3차 증류수로 50배 희석하여 DMSO농도를 2%로 한다. 각 시료를 0.1㎍ / mℓ까지 half - log로 희석하여 실험에 사용한다.

(3) 암세포주의 배양

① 암세포의 배양

사용한 배지는 RPMI-1640에 HEPES buffer(4.25 g / ℓ), Na HCO_3(2g / ℓ)와 열불활성화시킨 bovine calf serum을 10%되게

첨가한 R10배지를 사용하며, 75㎠ - flask에 15㎖의 배지를 넣고 CO_2 incubator (37℃, 5% CO_2 분압)에서 4 ~ 5일 간격으로 배지를 갈아준다. Anchorage dependent cell을 trypsinization하여 culture flask에 cell을 떼어 놓은 다음에 배양액의 일부를 매주 개 75㎠ - flask에 옮기고 suspended cell은 바로 배양액의 일부를 옮겨 배양한다. Trypsin 처리는 배양배지를 따라내고 PBS로 washing하고 trypsin - EDTA 1x 짜리를 25㎠ - T flask에 3 ㎖를 가하고 3 ~ 5분 동안 반응시킨 후, 사용배지로 washing하여 실험에 이용한다.

② 예비실험

본 실험에서 앞서 각 세포주마다 MTT assay에 사용할 각 well의 적정세포수를 결정한다. 세포수는 약물처리하지 않은 대조군에서 세포접종 당시와 3일후 MTT 실험 종료 시에 모두 세포가 지수함수적으로 활발히 증식하면서, MTT 처리후의 OD_{540} 값이 0.6 ~ 0.7에 이를 수 있는 충분한 값이다.

예비실험에 의해 각 세포주의 적정 세포수(optimal seeding density)를 결정한다. 일반적으로 실험에 사용되는 세포주과 세포수는 다음과 같다.

표 7-2. Characteristics of cancer cell lines

구분	세포주	기원	사용 농도	특성
Human	SNU-1	Gastric adenocarsinoma, stomach	1.8×10^4/well,	F/A
	SNU-C4	Colorectal,poorly differentiated	1.8×10^4/well	A
	SNU-387	Hepatocellular, Grade III-IV/IV	7.2×10^3/well	A
	KB	구강상피암세포주	2.2×10^4/well	A
	A549	Lung carcinoma	3.0×10^4/well	A
	Hep-G2	Hepatoma		
	SK-1	Melanoma		
	U-937	Histocytic lymphoma		

Murine	S-180	Sarcoma	1.8×10^4/well	F/A
	L1210	Mouse lymphocytic leukemia	2.0×10^4/well	F
	P388D1	Lymphocytic leukemia	1.8×10^4/well	F
	NIH3T3	Mouse fibroblast	1.5×10^4/well	A
	L929	Mouse fibroblast		A
	Raw 264.7	Mouse macrophage		A

F : Floating and adherent subpopulation, A : Adherent, F : Floating subpopulation.

표 7-3. Media in the difference cancer cell lines

구분	세포주	사용 배지
Human	SNU-1	RPMI 1640, 10% FBS, SM+PL
	SNU-C4	RPMI 1640, 10% FBS, SM+PL
	SNU-387	RPMI 1640, 10% FBS, SM+PL
	KB	RPMI 1640, 10% FBS, SM+PL
	A549	RPMI 1640, 5% FBS, GM
	SK-1	DMEM, 15% FBS, SM+PL
	U-937	RPMI 1640, 10% FBS, SM+PL
Murine	S-180	RPMI 1640, 10% FBS, SM+PL
	L1210	RPMI 1640, 5% FBS, GM, β -mercaptoethanol
	P388D1	RPMI 1640, 10% FBS, SM+PL
	NIH3T3	RPMI 1640, 10% FBS, SM+PL
	L929	RPMI 1640, 10% FBS, SM+PL
	Raw 264.7	DMEM, 10% FBS, SM+PL

③ 본 실험

Suspended cell은 pipet disaggregation에 의해 anchorage dependent cell은 trypsinization에 의해 single cell suspension을 만든 후 hemocytometer를 사용하여 cell counting을 한다. 예비실험에서 결정된 적정수의 세포를 180㎕의 배지에 부유시켜 각 well당 분주한다. 각 농도의 시료를 20㎕씩 첨가하였다. 흡광도 측정 시 사용할 blank에는 세포 없는 배지만을 180㎕ 가하고 PBS 또는 약물을 20㎕ 첨가한다. 암세포와 약물이 접종된 plate를 37℃, 5% CO_2하에서 4일간 배양 후 0.1㎎의 MTT (3-[4,5-dimethyl thiazol-2-yl]-2,5-diphenyltetrazolium b romide; sigma M 2128)를 모든 well에 가해주고 다시 37℃에서 4시간 더 배양한다. 배양 종료 시 plate를 450×g(약 1,500rpm)에서 5분간 원심분리한 후 배지를 30㎕ 정도만 남기고 모두 빨아낸다(이때 각 well의 바닥에 형성된 formazan 결정이 흐트러지지 않도록 주의한다). 배지가 제거된 각 well에 DMSO(dimethyl sulfoxide)를 150㎕씩 가한 후에 formazan 결정이 녹을 때까지 약 5분간 가볍게 진탕해 주고 바로 microplate reader(scanning multiwell spectrophotometer)로 540㎚에서의 흡광도를 측정한다. 이 흡광도는 MTT가 세포에 의해 formazan(blue)으로 분해된 양을 나타내며, 따라서 각 well에 존재하는 세포(viable cells) 수와 비례한다.

☞ MTT stock solution : MTT는 사용배지로 2㎎ / ㎖의 농도로 만들어 well당 50㎕(0.1㎎ / well)씩 첨가.

(4) 결과분석

시험군에서 8개 well로부터 한 칼럼의 평균 OD_{540} 값을 구하여 대조군(100% 생존군)의 평균 OD_{540} 값에 대한 백분율 값을 산출한다. 이 백분율은 대조군과 비교한 시험군의 세포 생존율에 해당하는 값이다. 50% 억제농도(IC_{50})는 이 생존율이 50%가 되도록 하는 약물의 농도로 정의하였으며 이 IC_{50}값을 항암효과의 지표로 사용한다.

2) *In vivo* 항암실험법

(1) 실험동물 및 종양세포

Mouse(20 ~ 25g의 ICR계 웅성), sarcoma 180 암세포주,

70% EtOH, 해부기 세트, 소독솜, MEM(Minimum essential medium) 또는 생리식염수, RPMI 1640, trypan blue 용액

(2) ICR-Mouse의 실험용 군 분리법

실험 1주전에(보통 16 ~ 20g) 들여와 동물실에서 적응 시킨다. 각각의 mouse을 21g이하, 21 ~ 23g, 24 ~ 26g, 27 ~ 29g, 30g 이상의 체중별로 군 분리한 후, 실험에 알맞은 21 ~ 23부터 Group 1 cage에 넣어 Group 끝까지 넣는다. 다시 역순으로 Cage에 넣고, 24 ~ 26g의 마우스도 같은 방식으로 행한다. 각각의 군이 분리되면(한 Group 당 10 마리) 전체 무게를 측정하여 대략 20g-25g의 평균 무게가 되도록 한다.

(3) S-180 암세포 배양 및 접종방법

냉동(-120℃) 보존된 S - 180 cell(glycerol 1 : RPMI 9 + S - 180 cell을 effendorf tube에 넣어 순간 저온으로 냉동)을 미온의 물에 넣어 서서히 용해시킨다. 20-21 g ICR계 웅성 마우스의 복강에 0.1ml 씩 주사하고 사육실에서 10일간 생체 내에서 배양한다. 10일 배양 후 복부의 표피를 소독하고 벋기고(이때 복부색이 붉은 것 보다는 노란색의 것이 양호, hemolysis 또는 혈액의 응집 때문) 10ml용 주사기에 5ml의 MEM 배지를 복강에 넣어 복부를 손으로 맛사지한 후, 다시 10ml 주사기로 복강에서 10ml 복수액(복수암)을 뽑는다. 이것은 4℃에서 2200 rpm에서 5분간 원심분리 후 상층액은 버리고 침전된 암세포와 함께 존재하는 적혈구등을 피펫으로 제거한다. 암세포(백색)을 다시 MEM 용액으로 10 ml 정도에 희석하여 현탁 한다. 적색의 혈액성분이 존재하면 다시 원심분리 하여 제거한다. S-180 암세포주는 MEM 용액으로 희석하여 haemacytometer로 5×10^7 cells/ml이 되도록 한다.

(4) 항암효과 시험

조정된 암세포액은 0.1ml씩 ICR계 마우스 대퇴부에 피하로 주사하여 서혜부에 고형암을 유발 시키도록 한다(피하주사 시 정맥혈관이 손상되지 않도록 주의해야 하며 만일 혈관 내으로 들어가거나, 혈액이 누출되면 실험 중 치사되는 경우가 대부분이며, 암세포의 생장도 저하된다). 암세포을 마우스의 서혜부에 접종한 후 3일 경과 후, 실험하고자 하는 시료를 1일 1회씩 10일간 복강투여한다. 암세포 이식 30일 째 되는 날에 mouse를 치사시키고, 고형암을 적출하여 중량을 측정한다.

(5) 항암효과 측정

증식 저지율은 생리 식염수를 투여한 대조군과 비교하여 암 증식저지 백분율(percent inhibition ratio, %)로 계산한다.

6 미백 효과의 측정법

1) *Streptomyces bikiniensis* 세포를 이용한 방법

(1) *Streptomyces bikiniensis* 세포의 배양

*S. bikiniensis*를 V - 8 juice(Cambel Soup Co., USA) 200 mℓ, glucose 2g, yeast extract 2g, $CaCO_3$ 1g, bacto agar 20g과 증류수 800mℓ을 함유한 pH 7.2의 Papavizas' VDYA 사면배지에 접종한다. 28℃에서 2주일간 배양한 사면배양 표면에 2mℓ의 증류수를 가한 후 기균사에 형성된 포자를 백금이로 긁어내어 포자현탁액을 만들고, 이 현탁액을 멸균된 시험관에 냉동 보관한다.

(2) Agar plate의 조제

Glucose 1.5%, L - tyrosine 0.05%, L - asparagine 0.1%, K_2HPO_4 0.05%, $MgSO_4 \cdot 7H_2O$ 0.05%, NaCl 0.05%, $FeSO_4 \cdot 7H_2O$ 0.001%, bacto - agar 2%를 함유한 tyrosine agar(ISP No. 7) 배지조성에 bacto-yeast extract 0.2%를 첨가하여 고체배지를 만들어 멸균한 후 petri dish(90㎜ i.d.)당 40㎖씩 분주한다. 표면을 건조시킨 후 agar plate당 0.4㎖의 *S. bikiniensis* 포자 현탁액을 가한 후 glass hockey bar를 사용하여 균일하게 도포한다. 배지 표면을 건조시킨 후 40㎕(시료량 : 30 ~ 40㎍/disc)의 시료를 적신 8㎜ 직경의 paper disc(Toyo Roshi Kasha Ltd, Japan)를 올려놓은 후 28℃ 조건에서 48시간 배양한다. 생성된 멜라닌 생성 저해환의 크기를 배지의 배면에서 계측한다.

대조물질 : Hydroxyanisole, hydroquinone, p-methoxyphenol

2) Tyrosinase 저해활성 측정(by modified-Ishihara method)

시료 : 적정량의 검체 15㎕를 96 well plate에 넣고,

효소 및 기질 :

0.1M phosphate buffer(pH 6.5) 150㎕

1.5mM L-tyrosine 용액 25㎕

2100 U/㎖에 해당하는 버섯 tyrosinase (0.05M phosphate buffer, pH6.5) 7㎕

반응 : 30℃에서 10분간 반응시킨 후,

측정 : 생성되는 dopachrome 의 양을 microplate reader를 사용하여 흡광도 490㎚에서 측정한다.

계산 : Tyrosinase에 대한 저해율(%)은 다음식에 의하여 계산하였으며, IC_{50} 값은 효소활성 저해율 50%에 달하는 저해물질의 농도로 결정한다.

$$저해율(\%) = \frac{(D-C) - (B-A)}{D-C} \times 100$$

A : 저해제를 넣은 것의 반응 전 흡광도
B : 저해제를 넣은 것의 반응 후 흡광도
C : 저해제를 넣지 않은 것의 반응 전 흡광도
D : 저해제를 넣지 않은 것의 반응 후 흡광도

참고 : Positive control의 IC_{50} value (㎍/㎖)
Kojic acid : 10
Hydroquinone : 1
Arbutin : 15

시약의 조제

시 약	농 도	조 제
L-Tyrosinase(MW 181.19)	1.5 mM	27.2㎎/100㎖ 사용
Tyrosinase(4400 U/㎎)	2100 U/㎖	2200 U/㎎/2㎖ of 0.05M Phosphate buffer

시료의 조제 : For IC_{50} estimate

- 다당류의 경우에는 최고의 stock을 50mg / ㎖으로 조제한다.
- Kojic acid와 arbutin은 최고의 stock 농도가 10mg / ㎖으로 조제한다.

7 신경독성 보호 효과 검색

1) 일차배양 뇌세포를 이용한 신경독성 보호 효과 검색

(1) 치매란?

콜린성, 아드레날린성, GABA(γ-aminobutyric acid)성 및 glutamate성 신경 등 뇌신경 세포의 구조적 퇴화에 따른 신경세포의 손실에 일차적으로 기인한다. 특히, 노인성 치매환자의 뇌에서 glutamate의 대사나 수용체에 이상이 생기고, 뇌의 기억력 및 학습력을 관장하는 부위에 glutamate를 신경전달물질로 이용하는 신경이 많이 분포되어있다고 알려지고 있으며, 치매의 발병에 glutamate성 신경이 깊이 관여하는 것으로 추정하고 있다. Glutamate는 흥분성 신경전달물질로 뇌의 원활한 기능유지에 꼭 필요하나 일단 뇌가 손상을 입으면 신경세포 밖의 glutamate의 농도가 급속히 증가되어 신경세포의 괴사를 초래한다.

(2) 흰쥐의 대뇌피질세포의 분리

흰쥐 태자의 대뇌를 적출하여 해부현미경을 이용하여 피질부분만을 분리한 후, 0.25% trypsin으로 30분간 처리하여 조직을 연화시킨 다음 개개의 세포상태로 분리한다. 분리한 신경세포 1×10^6cells/ml씩을 collagen으로 도포한 배양용기(Corning 15×24mm)에 이식한다. 배양액은 Dulbecoo's modified eagle medium(DMEM) 90%, 소태아혈청 10%, penicillin 100IU/ml과 streptomycin 100ug/ml으로 구성된 것을 사용한다. 세포의 배양은 일정한 습도를 유지하는 37℃ 배양기에서 공기(95%)와 CO_2(5%)의 혼합기체를 계속 공급시키면서 수행한다.

(3) Glutamate에 의한 세포독성의 유발

분리한 뇌세포를 12일 동안 배양한 후 glutamate를 작용시켜 신경독성을 유발한다.

(4) Lactate dehydrogenase의 정량

일차 배양한 뇌세포에 5% Triton X-100을 가하여 세포내에 남아있는 LDH를 유리시킨 후 LDH를 정량한다.

8 간 보호 효과 검색

1) 초대 배양간세포 이용(*In vitro*)

(1) 개요

CCl_4로 독성을 유발시킨 초대배양 간세포를 이용하여 찬연물 및 다당류의 간세포 보호물질의 검색한다.

(2) 시약

Fetal calf serum, William's E medium(WEM), collagenase (type - iv), Hank's ballanced salt solution(HBSS, Ca^{2+}, Mg^{2+} free), penicillin - streptomycin, insulin, dexamethasone, dimethylsulfoxide(DMSO) 및 $CaCl_2$, glycyrrhizin, GPT활성 측정 kit

(3) 간세포의 분리 및 배양

간세포는 Seglen(1973)의 방법을 변형하여 분리한다. 구입한

Wistar rat(250g)에 pentobarbital(40mg / kg)을 복강 주사하여 마취시킨 다음 70% ethanol로 소독한 후 쥐의 복부를 열고 미리 실로 매듭한 간 문맥에 catheter (18G × 2")를 장착하한다. 이때 혈액이 나오는 것을 확인하고, 37℃로 예열된 Ca^{2+}, Mg^{2+} free HBSS(pH 7.2)를 공급하여 주면서 pumping(30ml / min)을 시작함과 동시에 하대정맥을 절단하여 혈액이 흘러나오게 한다. 그동안 상대정맥에 catheter를 장착하고, 하대동맥을 완전히 폐쇄한후 1mM의 $CaCl_2$와 0.06%의 collagenase가 함유된 HBSS를 가하여 관류시킨다. 약 10분 정도 순환시키면 Glisson's capsule이 깨지면서 액이 흘러나오는데, 이때 관류를 중단시킨다. 관류가 끝난 후 간 조직을 떼어 내어 HBSS로 씻어내고 적당량의 HBSS를 가하여 가위로 세절한 다음 나이론망(250㎛)에 여과하여 간세포를 분리헌디.

분리된 간세포를 WEM배지를 이용하여 4℃에서 50 × g로 2분간 3회 원심분리하여 수세한다. 0.4%의 trypan blue용액으로 세포의 생존율을 측정하여 생존율이 85% 이상일 때 초기배양 간세포로 사용한다.

간세포 현탁액에 10%의 fetal calf serum, penicillin(100IU / ml), streptomysin(100 g / ml), 10^{-6}M dexamethasone 및 10^{-8}M insulin이 함유된 WEM을 가하여 4 × 10^5 cells / ml되게 조정한 후, 1ml을 24 well tissue culture plate(Corning Co.)에 넣어 CO_2 incubator(37℃, 5% CO_2)에서 3시간 동안 전 배양한다. 전 배양 후 배지를 갈아주고 18시간 경과한 간세포를 실험에 사용한다.

CCl_4에 의해 유발된 간세포 독성에 대한 다당류의 보호효과의 측정 간세포가 배양된 24 well culture plate(4 × 10^5 cells/ml)에 DMSO로 용해된 시료 10㎕(최종농도 : 1mg/ml)를 가하고, ethanol에 녹인 CCl_4를 가해 최종농도가 10mM 되게 조정하

여 5% CO_2, 37 하에서 60분간 배양한 후, 배양액 중의 GPT활성을 측정한다.

2) 동물을 이용한 간 보호 효과 측정(*In vivo*)

(1) 실험재료 및 시약

웅성의 S-D계 흰쥐(200~250g), CCl_4, glycyrrhizin, D- galac tosamine, transaminase측정 kit, triglyceride, total cholesterol 및 phospholipid 측정 Kit, thiobarbituric acid(TBA), sodium lauryl sulfate, pyridine, butanol

(2) 간 독성 및 지질과산화 유발

CCl_4에 의한 간독성 유발은 시료(다당류)를 1일 1회씩 5일 연속 경구투여하고 마지막 시료 투여 2시간 후 CCl_4 (0.1 mℓ / kg, in corn oil)를 투여하고 24시간 동안 절식을 시킨다. Galactosamine에 의한 독성유발은 시료(다당류)를 1일 1회씩 연속 4일간 경구투여하고 마지막 4일째 시료투여 2시간 전에 galactosamine(400 mg / kg, in saline)을 1회 복강 내 투여하여 유도한다. 투여 3, 4일째에는 절식을 시킨다.

(3) 혈청 및 간 homogenate의 분리

간독성이 유발된 흰쥐는 ether로 마취시킨 후, 복부를 열어 하대동맥으로부터 채혈하고 3000 rpm에서 5분간 원심분리 하여 혈청을 얻는다. 간 homogenate는 다음과 같은 방법으로 얻는다. 마취된 흰쥐를 개복하여 50mℓ용 주사기로 50 mM Tris-Cl buffer(pH 7.4) 30 mℓ를 portal vein에서 하대정맥으로 혈액이 흘러나오도록 관류를 행한다. 이후 간을 적출하여 50 mM Tris-Cl과 150 mM KCl이 함유된 buffer(pH 7.4)로 세척하고 잘게 썰어,

Homogenizer(Polytrone®, PT 10 / 35, Switzerland)를 이용하여 빙냉하에서 균질화를 실시하며, 균질화물은 8,000 × g에서 20분간 원심분리한 후 상등액을 얻는다.

(4) 혈청 및 간 homogenate의 지질과산화 측정

혈청내의 지질과산화는 内藤 등의 방법을 약간 변형하여 실시한다. 즉, cap tube에 시료혈청 0.3 mℓ, 0.05N HCl 3 mℓ 및 0.67% TBA 1 mℓ를 가하고 혼합하여 95℃에서 30분간 반응시킨 다음 흐르는 물에 냉각시킨다. 간 homogenate 내의 지질과산화 정도는 Yoden 등의 방법을 약간 변형하여 측정한다. Cap tube에 0.5 mℓ의 간 homogenate(0.2g equivalent of liver), 0.1N HCl 0.5 mℓ, 4% SDS 0.5 mℓ, 증류수 0.5 mℓ 및 0.5% TBA 2 mℓ를 가하여 95℃에시 30분간 반응시킨 다음 흐르는 물에 냉각시킨다. 냉각시킨 반응액은 butanol : pyridine(15 : 1, v / v)혼합액 4 mℓ을 가하여 3200rpm에서 10분간 원심분리한 후, 상층액을 취하여 spectrophotometer(Shimadzu, UV-160A)을 이용하여 532nm에서 흡광도를 측정한다. 표준물질로서 1,1,3,3-tetramethoxypropane(TMP)를 이용하여 시료내의 MDA량을 정량하며, 저해율은 다음 식에 의하여 계산한다.

$$\text{Inhibition}(\%) = \frac{\text{MDA of control} \ -1 \ \text{MDA of sample}}{\text{MDA of control} \ -1 \ \text{MDA of normal}} \times 100(\%)$$

(5) 간 보호 효과의 측정

CCl_4에 대한 시료(다당류)의 간 보호 효과는 혈청내의 glutamic oxaloacetic transaminase(GOT)와 glutamic pyruvic transaminase(GPT)의 활성을 Lippi와 Guidi 방법에 의해 측정하며, 간보호 효과는 아래 식에 의해 계산한다.

$$\text{Protective potency}(\%) = \frac{\text{Value of control} - 1\ \text{Value of sample}}{\text{Value of control} - 1\ \text{Value of normal}} \times 100(\%)$$

Ⅶ-4 기능성 제품 제조·가공

1 홍삼의 제조

1) 개요

고려인삼의 학명은 *Panax ginseung* C. A. Meyer으로 미나리목 오가피나무과(두릅나무과) 파나스(Panas)속에 속하는 음지성 식물로 여러해 살이 풀 또는 이것의 뿌리이다. 인삼의 속명인 Panax의 어원은 Pan(모든, 汎)+aco(醫藥 ; axos)이며, 따라서 Panax는 만병통치약이라는 뜻이다. 종명인 schinseng 또는 ginseng은 각각 신삼(神參) 또는 인삼의 중국 음을 표기이다. 인삼 효능성분으로는 사포닌 성분과 정유성분, 식물스테롤, 폴리아세틸렌, 페놀성 물질과 같은 지용성 성분, 다당체 성분 등이 알려져 있다. 이들의 기능으로는 항당뇨작용, 심혈관 장애개선 및 항동맥경화, 중추신경계 조절, 두뇌활동 촉진 및 신경세포보호, 항암 및 항산화작용, 면역기능 조절, 성기능 장애개선 및 다이어트 효능 등이 알려졌다. 홍삼은 인삼을 증기로 쪄서 제조한 것으로 인삼 성분에는 없는 ginsenoside 성분을 함유하고 있는 것으로 나타나, 최근에는 인삼의 시장의 대부분이 홍삼 관련 제품이 차지할 정도로 중요하다.

인삼명칭 : 한국-고려인삼, 미국-미국인삼, 중국-삼칠인삼(전칠), 일본-죽절인삼

2) 실험재료

인삼(수삼), 홍삼제조기(멸균기), 건조기, 데시케이터, 포(천)

3) 제조방법

① 세척 : 준비한 인삼을 인삼 세척용 솔을 이용하여 수돗물로 깨끗이 세척

② 증삼 : 상압에서 94 ~ 96℃를 유지시키면서, 2시간정도 증삼(실제 4시간, autoclave 상에서)

※ 수삼을 포로 감싸서 증삼을 실시한다.

③ 냉각 : 실온에서 냉각한 후

④ 선소 : 1차 - 70℃의 열풍건조기에서 24시간 건조한 후
2차 - 50℃의 열풍건조기에서 72시간 건조

⑤ 치미

⑥ 성형

⑦ 포장

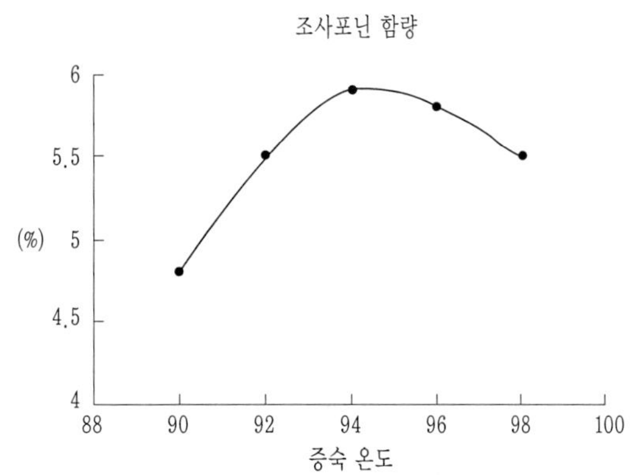

증숙 온도에 따른 조사포닌의 함량

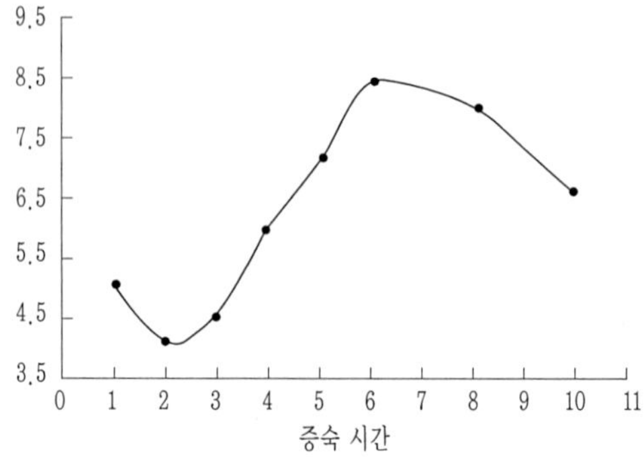

증숙 시간에 따른 조사포닌의 함량

2 음료 제조

음료의 제조는 사용하는 주원료에 따라 추출 및 첨가방법이 결정되어야 하며, 부원료의 사용과 기타 첨가되는 성분에 대한 식품학적 및 영양학적 연구개발이 선행되어야 한다.

1) 처방의 설정

(1) 주원료의 함량

원료단가(제품 가격구조) 및 기능성, 안정성(침전 등)을 고려하여야 한다.

(2) 기타 주원료

비타민, 기능성 원료 등

(3) 감미료

감미료는 액상과당, 백당, 당알코올류, 고감미도 감미료 등을 사용하며, 일반적으로 10 ~ 17%를 첨가한다. 음료에서의 감미료의 역할은 body 감을 부여하며 산미료와 연관이 있다. Body 감은 백당이 가장 우수하며, 액상과당은 백당의 90 ~ 95% 정도이다

(4) 산미료

음료의 pH는 2.7 ~ 4.0(pH 3.5 전후)가 적당하며, 일반적으로 구연산 및 사과산 등이 이용된다. 산미료는 제품의 특성을 부여한다. 즉, 맛 방향이나 안정성 부여에 큰 역할을 한다.

(5) 조미료

음료조제 시 조미료로서 염화나트륨은 0.02% 전후, 글루타민산나트륨은 0.03% 전후가 사용되며, 기타 글루타민산의 대체료로서 알라닌이나 글라이신이 사용된다.

(6) 보존료

음료의 보존성을 향상시키기 위해서는 안식향산나트륨이 사용되며, 첨가 농도는 일반적으로 0.06% 정도가 사용된다.

(7) 향료

음료의 기호성과 방향성 부여를 위해 사용되는 향료는 단일보다는 복수의 향료가 사용되는 예가 많으며, 일반적으로 0.1% 전후가 사용된다.

(8) 색소

음료의 색소 부여를 위해 사용되는 색소는 카라멜, 리보플라빈, 인공색소 및 천연 색소 등이 사용된다. 카라멜의 경우는 herb type(생약제)의 갈색을 부여하는데 많이 사용되고 있으며, 리보플라빈의 경우는 청량감이 있는 soft drink type(fruit 향)에 많이 적용되고 있다.

2) 기능성 음료 제조

(1) 실험재료

홍삼농축액(또는 버섯 추출액), 백당, 구연산, 타우린, 글루타민산나트륨, 염화나트륨, 안식향산, 니코틴아마이드, 비타민 C, 피리독신(B6), 리보플라빈, 카라멜, 향료, 드링크병, 수욕조, 스테인레스용기 1L / 2L 용, 메스실린더, 정수 2L, 가위

(2) 엑스추출방법

① 홍삼음료를 위한 방법

홍삼 50g을 추출용기에 넣고, 물을 1,000ml 정도 가하여 100 ~ 105℃에서 60분간 추출 한다. 이 추출액은 5㎛의 여지(No 2)로 여과하고, 얻어진 여액에 정수를 첨가하여 총량을 1,000ml으로 조정한다.

※ 1병 : 0.5g 홍삼 -- 추출액 15ml

※ 홍삼 추출액 제조

① 홍삼을 1cm 정도로 세절한다.
② 세절한 홍삼 50g을 비이커에 넣고, 물 1,000ml(20X)를 첨가한다.
③ 추출은 100 ~ 105℃에서 60분간 실시한다.
④ 추출액은 여과(체 또는 No.2 여지)한다.
⑤ 최종 총량이 1,000ml 되게 조정한다. (농축을 하여 보관 사용하여도 됨)
추출액의 고형분량을 측정하고, 밀봉하여 냉장고에 보관하면서 사용한다.
※ 추출 : 스테인레스 용기에서 가스버너 직화로 사용
여과 : 여과포 사용

---

② 버섯 음료를 위한 방법

버섯(영지버섯 또는 상황버섯) 50g에 물을 20배량(1,000ml) 첨가하여 100℃에서 60분간 추출한다(추출은 경우에 따라 2회 반복

실시). 이 추출액은 여지로 여과하고, 얻어진 여액에 정수를 첨가하여 총량을 1,000ml로 조정한다. 추출액의 고형분 양은 별도로 측정한다. 추출액은 냉장고에 보관하면서 사용한다.

※ 홍삼 추출액 제조

① 홍삼을 1cm 정도로 세절한다.

② 세절한 홍삼 50g을 비이커에 넣고, 물 1,000ml(20X)를 첨가한다.

③ 추출은 100 ~ 105℃에서 60분간 실시한다.

④ 추출액은 여과(체 또는 No.2 여지)한다.

⑤ 최종 총량이 1,000ml 되게 조정한다. (농축을 하여 보관 사용하여도 됨) 추출액의 고형분량을 측정하고, 밀봉하여 냉장고에 보관하면서 사용한다.

※ 추출 : 스테인레스 용기에서 가스버너 직화로 사용
여과 : 여과포 사용

※ 버섯 추출액 제조

① 버섯을 1cm 정도로 세절한다.

② 세절한 버섯 50g을 비이커에 넣고, 물 1,000ml를 첨가한다(20배량).

③ 추출은 100 ~ 105℃에서 60분간 실시한다.

④ 추출액은 여과(No. 2 여지 이용)한다(또는 여과포 사용).

⑤ 최종 총량이 1,000ml 되게 조정한다.

추출액의 고형분량을 측정하고, 밀봉하여 냉장고에 보관하면서 사용한다.

(3) 음료제조 공정

① 시럽제조

제조 : 생약 원료의 특성과 제품의 형태에 따라 선택된 감미료를 정량하여 일정한 용기에 넣고 정제수(최종 량의 절반 량)를 넣

고 90℃ 이상에서 30분 가열하여 용해 및 살균을 행한다(양이 적은 경우 가열 생략, 냉각 생략).

냉각 : 제조된 시럽은 60 ~ 70℃까지 냉각시킨다.

② 부원료 첨가

냉각된 시럽 액에 구연산, 조미료 + 안식향산나트륨, 비타민류 등의 순으로 녹이면서 첨가한다.

③ 정제수 첨가

정제수를 첨가하여 표선을 맞춘다. 정제수를 첨가하기 전에 1 ㎛(5C)의 여과지나 체로 여과한 후, 정제수로 표선을 맞춘다. 이때 최종적으로 향료가 들어가는 양을 공제하여 첨가한다.

④ 향료첨가

향료는 일반적으로 0.06 ~ 0.15%를 첨가하고 혼합한다.

향료는 여러 가지 향료를 이용하여, 음료와의 혼합 후 부향 시험을 거친 다음 결정한다.

향료	맛	향	비고

⑤ 충진, 후살균 및 포장

제조가 완료된 음료는 적당한 용기에 충진하여 80℃에서 10 ~ 15분간 후 살균을 실시하고 포장을 한다.

(4) 기능성 음료 시제품 생산을 위한 처방

시험재료

100ml용 비이커, 1L 메스실린더, 1L용 스텐비이커, hot/stirr, 음료수병, 각 처방 성분의 재료

[처방의 예]

구분	Herb type		Soft drink type		비고
	성분	함량	성분	함량	
감미료	액상과당	13% 정도	백당	15% 정도	
산미료	구연산(함수)	0.16%	구연산(함수)	0.5%	
기능성	타우린	0.1%	타우린	0.1%	
조미료	글루타민산나트륨	0.04%	글루타민산나트륨	0.03%	
	염화나트륨	0.02%	염화나트륨	0.02%	
보존료	안식향산나트륨	0.06%	안식향산나트륨	0.06%	
착색료	카라멜	0.02%	-	-	Color for Herb
비타민	니코틴아마이드	0.01%	니코틴아마이드	0.01%	
	비타민 C	0.03%	비타민 C	0.03%	
	피리독신(B6)	0.005%	피리독신(B6)	0.005%	
	티아민(B1)	0.001%	리보플라빈	0.002%	Color for Soft
향 료					0.1-0.15%

3 사과 주스

사과를 이용하여 천연 주스를 만든다. 즙을 내는 시간이 길어지면 갈변 현상이 일어난다. 사용하는 사과 수확 후 2 ~ 3주일 동안 익힌 다음 사용해야 좋은 과일 맛을 낼 수 있다.

1) 재료 및 기구

사과, 달걀흰자 가루(또는 펙틴 분해효소), 마쇄기, 슬라이서, 압

착기(or 무명자루)

2) 제조 공정도

사과 → 씻기 → 짜기 → 청징 → 여과 → 병(또는 파우치) → 제품

① 씻기 : 사과를 물로 씻는다. 사과 과피에 붙어 있는 농약 등은 1 ~ 1.5%의 염산 용액에 5분정도 담근 후에 씻어 제거한다.

② 짜기 : 사과를 잘게 썰어 마쇄기로 마쇄한 후 압착기로 과즙을 만든다.

③ 청징 : 과즙액 1L에 달걀흰자 가루 150g을 넣고 저어 주면서 가열하여 75℃ 정도 되었을 때 방치하여 식히고, 침전이 생기면 걸러서 맑은 액의 과즙을 얻는다. 청징을 위해 펙틴 분해 효소를 사용하는 경우는 과즙을 75℃ 정도로 가열한 다음 45℃ 정도로 냉각하고, 여기에 과즙량의 0.1%(w/v, %) 정도의 펙틴 분해효소를 넣고, 몇 시간 동안 반응시키면 상부의 액이 맑아지는데 이 액을 기울여 따라낸다. 상등액은 75℃로 가열하여 침전물이 생기면 여과하여 과즙을 얻는다.

※ 사과과즙 전량을 주스로 만드는 경우는 청징 과정을 생략할 수 있다.

※ 갈변방지를 위해 메타중아황산칼륨($K_2S_2O_7$)을 약 100 ~ 150ppm 첨가하고, 비타민 C도 첨가한다.

④ 여과 : 여과는 무명 자루나 여과도구를 활용한다. 한 주스는 병이나 파우치에 넣고 밀봉하여 80℃에서 20분 정도 가열하여 살균을 실시한다. 여과 시에 가급적 쇠로된 도구는 사용을 자제한다.

⑤ 제품 : 완제품에 비타민 C 등을 첨가하면 맛도 증가되고 산화도 억제한다.

3) 결과

사과의 양(kg)	과즙의 양(L)	침전제 첨가량(g)	방치시간	제품의 양(L)

사과의 양(kg)	과즙의 양(L)	메타중아황산칼륨 첨가량(g)	제품의 양(L)	갈변 정도)

4 사과 젤리 만들기

1) 개요

젤리화의 3요소는 산도, 펙틱 및 당분으로 pH는 3.0 ~ 3.5, 펙틴은 1 ~ 1.5%, 당분은 60~65%의 비율로 섞여있을 때 젤리화가 잘 일어난다. 펙틴은 주로 식물체의 세포간극 및 세포막에 함유되고 cellulose 등과 함께 세포를 유지하는 중요한 기능을 갖는 물질로 과실과 채소에 많이 함유된다. 펙틴의 물성적 특성을 활용하여 잼, 젤리, 마말레이드를 만들며, 주로 딸기, 사과 및 복숭아를 원료로 하여 많이 만들고 있다.

2) 재료 및 기구

사과, 설탕, 병 또는 통조림용, 냄비(솥), 슬라이서(칼), 면보, 스푼, 온도계, 당도계, 압착기, 가열기

3) 제조 공정도

사과 → 씻기 → 절단 → 삶기 → 짜기 → 설탕첨가 → 졸임 → 젤리점 판정 → 담기 → 냉각 → 제품

① 사과를 물로 깨끗이 세척한다. 상한 부위를 도려내고, 0.7cm 내외의 두께로 자른다.

② 절단한 사과를 냄비에 넣고, 사과가 잠길 정도의 물을 넣고 가끔 저어주면서 과육이 흐믈흐믈해 질 때까지 30분정도 삶는다.

③ 과육액을 면보에 넣고 압착기나 손을 이용하여 짜서 과즙을 얻는다.

④ 과즙을 냄비에 넣고 가열하면서 설탕(과즙의 70% 상당량)을 여러 차례로 나누어 첨가한 다음 계속 가열하여 조린다. 가열시 발생하는 거품은 중간에 제거한다.

⑤ 젤리점에 도달하면, 거품이 들어가지 않도록 조심스럽게 용기에 넣는다.

※ 경우에 따라 충진 후, 100℃에서 5분정도 살균을 실시한다.

※ 젤리점 판정

① 컵법 : 찬물이 들어 있는 컵에 졸인 액을 조금 떨어뜨려 보아 바닥까지 그대로 떨어지면 젤리점에 도달한 것이고, 중간에 흐트러지면 조금 더 졸인다.

② 스푼법 : 졸인 것을 스푼으로 떠서 이것을 냄비에 흘러내리게 하여 그 상태를 보고 판정하는 방법이다. 졸인 액이 스푼에 붙어 얇게 퍼지고 끝이 굳어서 떨어지면 젤리점에 도달한 것이고, 액 이 묽은 시럽 상태로 떨어지면 조금 더 졸인다.

③ 당도계 : 젤리점에서의 당의 농도는 65%가 되므로 굴절 당도계를 이용하여 젤리점을 결정하는 방법이다.

■ 주의사항

(1) 사과는 너무 익지 않고 신맛이 나는 것이 좋으며, 절단 후 즉시 물을 넣고 가열한다.

(2) 과즙은 갈변화를 방지하기 위해 가능한 빨리 가열 농축한다.

(3) 젤리점이 지나치면 메일러드 반응에 의해 갈변하고 엿처럼 된다.

(4) 좋은 젤리는 투명하고 원료의 향과 맛을 내는 것이 좋다.

5 딸기 잼 만들기

1) 개요

잼과 젤리화의 3요소는 산도, 펙틱 및 당분으로 pH는 3.0 ~ 3.5, 펙틴은 1 ~ 1.5%, 당분은 60 ~ 65%의 비율로 섞여있을 때 젤리화가 잘 일어난다. 펙틴은 주로 식물체의 세포간극 및 세포막에 함유되고 cellulose 등과 함께 세포를 유지하는 중요한 기능을 갖는 물질로 과실과 채소에 많이 함유된다. 펙틴의 물성적 특성을 활용하여 잼, 젤리, 마말레이드를 만들며, 주로 딸기, 사과 및 복숭아를 원료로 하여 많이 만들고 있다. 식품공전에서는 잼이라 함은 과실을 당류등과 함께 젤리화한 것을 말한다. 식품에 당을 첨가하여 삼투압을 형성하여 미생물이 가용할 수 있는 수분을 감소시켜 미생물의 생육을 억제하는 당장법의 대표적인 가공식품이다.

2) 재료 및 기구

딸기, 설탕, 병 또는 통조림용, 냄비(솥), 바구니, 스푼, 온도계, 당도계, 압착기, 가열기

3) 제조 공정도

딸기 → 꼭지 따기 → 씻기 → 설탕첨가 → 졸임 → 젤리점 판정 → 담기 → 냉각 → 제품

① 딸기의 꼭지를 따고 물로 세척한 다음, 바구니에서 물기를 제거한다.

② 씻은 딸기는 냄비에 넣고 딸기의 70 ~ 80%에 상당하는 설탕을 첨가한다. 이때 숟가락으로 계속 저어주고, 표면에 떠오르는 거품은 제거하여 준다(초기 절반 양을 넣고 녹은 다음 나머지 절반을 가한다).

③ 젤리점에 도달하면, 거품이 들어가지 않도록 조심스럽게 용기에 넣는다.

※ 경우에 따라 충진 후, 100℃에서 5분정도 살균을 실시한다.

※ 젤리점 판정

① 컵법 : 찬물이 들어 있는 컵에 졸인 액을 조금 떨어뜨려 보아 바닥까지 그대로 떨어지면 젤리점에 도달한 것이고, 중간에 흐트러지면 조금 더 졸인다.

② 스푼법 : 졸인 것을 스푼으로 떠서 이것을 냄비에 흘러내리게 하여 그 상태를 보고 판정하는 방법이다. 졸인 액이 스푼에 붙어 얇게 퍼지고 끝이 굳어서 떨어지면 젤리점에 도달한 것이고, 액 이 묽은 시럽 상태로 떨어지면 조금 더 졸인다.

③ 당도계 : 젤리점에서의 당의 농도는 65%가 되므로 굴절 당도계를 이용하여 젤리점을 결정하는 방법이다.

■ 주의사항

(1) 젤리점이 지나치면 메일러드 반응에 의해 갈변하고 엿처럼 된다.

(2) 딸기에는 펙틴 함량이 적어 젤리화가 잘 안되는 경우에는 펙틴가루를 적당량 첨가하여 젤리화가 잘 되게 한다.

---

6 사과잼 제조방법

1) 재료 및 기구

사과, 설탕, 병 또는 통조림용, 냄비(솥), 바구니, 스푼, 온도계, 당도계, 압착기, 가열기

2) 제조 방법

① 세척

② 박피 및 제심 : 초기 중량의 10% 정도가 제거됨

③ 세절 : 세척한 사과를 6 ~ 8등분으로 세절

④ Blanching : 냄비에 물 약간만 가하고, 모난 부분이 약간 허물어질 때 까지

⑤ Mixer (분쇄) : 죽 상태로 만듦

⑥ 설탕 첨가 : 설탕은 2-3회 나누어 가하면서 졸인다.
설탕은 초기중량의 10% 제한 것의 60%(또는 70%) 첨가
예) 원료 사과 중량이 1,000g인 경우
: 1000 × 0.9 × 0.6 = 540g의 설탕 사용

⑦ Test : Spoon test, cup test
※ 딸기잼 참조
* 제품은 엷은 황갈색이 가장 좋다.
향기 또는 갈변 방지를 위해 유자즙 또는 레몬즙을 사용한다.
색깔이 안 좋을 때 식용색소(적색)로 착색시키는 수도 있다.

7 양갱 만들기

1) 개요

한천은 홍조류인 우뭇가사리의 세포질 성분으로 수분을 흡수하여 팽창하면 gel화 된다. 이러한 성질을 이용하여 양갱 및 젤리 제조, 아이스크림 등의 안정제로 사용된다. 우뭇가사리를 추출하여 이용하거나 한천가루를 사용한다. 천가루는 최종 제품량을 기준으로 1.5 ~ 2.0% 되게 첨가한다. 여름에는 2%정도 겨울에는 1.5%되게 첨가한다. 설탕은 16.5%, 물엿 5.0%, 소금 0.05%, 팥소 43.5% 정도 되게 첨가하며, 경우에 따라서 견과류, 밤, 커피가루 등의 기호품을 첨가하여 제조한다.

2) 재료 및 기구

한천가루, 설탕, 팥소(당분 40% 함유), 물엿, 소금, 양갱틀, 냄비, 저울, 가열기, 주걱, 국자, 당도계, 스푼, 컵, 용기, 체

한천 → 녹이기 → 설탕, 물엿, 소금 넣기 → 팥소 넣기 → 농축 → 틀에 넣기 → 응고 → 절단 → 포장(양갱)

3) 제조 방법

① 냄비에 한천 가루 10g과 물 400ml를 넣고 저어 주면서 가열하여 녹인다.

② 여기에 백설탕 160g, 물엿 50ml, 소금 0.5g을 넣고(2 ~ 3회 나누어 첨가) 가열하여 완전히 녹인 다음, 팥소 430g을 넣고(3회 나누어) 주걱으로 풀어 주면서 농축한다.

③ 농축액은 틀에 넣고, 하룻동안 응고시킨 다음 적당한 크기로 절단한다.

※ 농축 완료점

① 작은 거품이 없어지고 큰 거품이 형성되었을 때
② 굴절 당도계 측정 시 당도가 70%가 나올 때
③ 찬물이 들어 있는 컵에 농축액을 조금 떨어뜨려 보아 바닥까지 그대로 떨어질때

8 포도 통조림 만들기

1) 개요

통조림은 탈기, 밀봉, 살균, 냉각 등의 과정을 거치는 가공식품으로 과일이나 야채에 저장성을 부여하여 섭취할 수 있게 가공한다.

2) 실습재료 및 기구

포도, 설탕, 통조림통(301-7호관), 시머, 살균기, 탈기장치, 온도계, 당도계, 저울

3) 제조 방법

포도 → 세척 → 제경 → 껍질 벗기기 → 담기 → 시럽 → 넣기 → 탈기 → 밀봉 → 살균 → 냉각

4) 설탕 시럽 만들기

① 당도측정 : 포도의 즙액을 짜내어 당도계로 가용성고형분량(당도, %)을 측정한다.

② 설탕물 농도 계산 : 통속의 설탕물과 과일의 전체 무게(g) - 담는 과일의 무게(g) = 주입설탕물의 무게(g)

$$\text{주입 설탕물의 농도(\%)} = \frac{\text{제품내용 총량(g)} \times \text{제품의 규격 당도(\%)} - \text{담는 과일의 무게(g)} \times \text{과육의 당도(\%)}}{\text{통속의 설탕물과 과일의 전체 무게(g)} - \text{담는 과일의 무게(g)}}$$

예) 과즙의 당도가 14%인 포도를 이용하여 통조림관에 280g을 담을 때의 주입 설탕물의 농도는?
(기준 : 통속의 설탕물과 과일의 전체 무게(g)는 430g, 제품의 구격 당도는 18% 즉, 25.5%의 설탕물을 150g씩 넣으면 된다.

$$\text{설탕물 농도(\%)} = \frac{430 \times 18 - 280 \times 14}{430 - 280}$$

5) 통조림 만들기

① 선별 / 세척 : 원료 포도송이에서 상한 것, 이물을 제거하고 신선한 것을 세척한다.

② 제경 : 포도송이를 거꾸로 잡고 포도알만 때어 낸다.

③ 포도알의 껍질을 벗긴다.

④ 통조림관(301-7호관)에 포도알 280g 정도 담고, 25.6%짜리 설탕물 150g을 넣는다.

⑤ 95℃에서 8분 동안 탈기한 후 즉시 밀봉한다.

⑥ 밀존한 것을 바로 100℃에서 15 ~ 20분 동안 살균한다.

⑦ 냉각 : 찬물에 넣어 급히 냉각시킨다.

※ 주의사항

① 설탕물에 구연산 0.02%, 비타민 C 0.05%정도 첨가하면 청량감 있는 맛을 낸다.

② 포도알의 껍질을 벗기지 않고 그대로 통조림 할 수 도 있다.

③ 포도알의 껍질을 벗길 때 산화방지를 위해 물속에서 실시한다.

9 나또의 제조

1) 개요

나또와 청국장은 삶은 콩에 청국장균(또는 나또균, *Bacillus subtilis*)를 접종하여 배양 발효시킨 것으로 단백질이 풍부하여 우리나라와 일본에서 오랫동안 애용 해 온 식품이다. 콩이 발효가 되면서 사람이 소화되기 쉬운 형태로 변화되어 좋은 영양원이고 심장병, 뇌졸증, 골다공증, 암, 당뇨병의 예방, 소화력 향상, 항균성, 비만예방, 정장작용 및 노화를 억제하는 효과가 있다고 알려졌다. 나또의 효과적인 성분은 나또키나제, 칼륨, 이소플라본, 사포닌, 레시틴, 식이섬유, 리놀산 등이 있다.

2) 실험재료

콩(소립종, 중간크기 콩), 물, 냄비, 증기 솥, 렌지, 저울, 배양기

3) 제조방법

(1) 콩씻기 및 담금

- 원료 : 중간정도의 콩을 준비
- 수세 : 깨끗한 물로 콩을 씻음
- 침수 : 잘 씻은 콩에 3배량의 물에 담금(15 ~ 18시간)

온도와 담금 시간과의 관계

온도(계절)	겨울(0 ~ 5℃)	여름(19 ~ 25℃)	가을(10 ~ 16℃)
시간	24 ~ 38	10 ~ 16	16 ~ 24

(2) 콩 익히기

- 물기에 넣고 삶는 방법 : 3시간
- 시루에 찌는 방법 : 3시간
- 고압증자 : 1.5기압에서 30 ~ 60분 증자
- 평압증자 : 중불로 1 ~ 2시간

(3) 담음

증자한 콩은 국 상자에 담는다(상자에 5cm 정도 두께).

(4) 종균 접종

- 볏짚사용 : 볏짚을 바닥에 깔거나, 콩에 볏짚을 꽂아둔다
- 간이종균 : 소독한 컵에 물 한 숟가락 넣고 소독된 젓가락으로 기존의 낫또(청국장)을 찍어 잘 저어준 후 접종

- 종균접종 : 30kg당 5ml의 원균 사용
  ※ 종균이 접종된 콩 위에 랩을 씌우고, 5cm 정도의 간격으로 구멍을 낸다.

5) 배양

37 ~ 40℃에서 2 ~ 3일, 호기성균, 진이 나는 상태와 냄새를 기준으로 발효 종료한다.

4) 납두균 분리법 (종균제조를 위한)

(1) 기구 및 배지

백금이, cap tube, petri dish(직경 9cm), 멸균 피펫(1ml용), 멸균수, NA배지(nutrient agar)

- 제품 납두로부터 분리
  a. 획선분리법
    · 균 분리 : 납두표면의 점질물질을 멸균한 백금이로 취하여, 멸균수 10ml가 들어있는 시험관에 부유시켜 교반한다.
    · 균 도말 : 1개 시료(분리된 균)에서 1백금이를 취하여 2개의 NA 배지에 도말한다.
    · 균 배양 : 30℃에서 24 ~ 48시간 배양
    · 순수분리 : 독립된 colony를 백금이로 취하여 새로운 배지에 도말하여 분리한다.
  b. 희석분리법(계대 희석법)
    · (1)시료에 페트리디쉬 3개를 사용하여, 각 페트리디쉬에 멸균수 1 ~ 2ml를 분주한다.
    · 최초의 페트리디쉬에 부유액 1 백금이를 넣고 교반하고, 2번과 3번째의 페트리 디쉬에 순차적으로 1백금이

를 넣고 잘 섞어준다.

· 1번째, 2번째 및 3번째 페트리디쉬에 NA 배지(55℃ 전후) 10ml를 넣고 혼합한 후, 30℃에서 24 ~ 48시간 배양한다.

· 순수분리 : 독립된 colony를 백금이로 취하여 새로운 배지에 도말하여 분리한다.

[콩가공품의 소화율과 영양]

식품 명	가공수율(%)	소화율(%)	영양량(100g당)
증자한콩	98	68	67
생나또	90	85	77
볶은 콩	98	60	59
콩가루	90	83	75
두부	52	95	49

영양량 : 가공수율(%)×소화율(%)

10 생약제 분말 과립의 제조

1) 개요

본 방법은 도라지, 더덕, 하수오 등 일반적인 생약제를 가지고 분말 과립을 만드는 방법에 적용할 수 있다.

2) 재료 및 기구

스텐볼, 열기구, 칼, 동결건조기, 열풍건조기, 과립기, 물, 포도당

3) 제조방법

① 세척 : 원료를 수회 세척하여 이물을 제거한다.

② 데치기 : 데치기는 끓는 물에서 1 ~ 2분 정도 실시한다.

③ 박피

④ 건조 : 동결건조 또는 열풍 건조

⑤ 분쇄

⑥ 혼합 : 원료 100, 물 20, 포도당 20

⑦ 과립제조 : 혼합한 재료는 체를 통과하여 과립을 만든다.

⑧ 열풍건조 : 50℃, 4시간

11 대추고를 만드는 방법

1) 개요

대추는 조(棗) 또는 목밀(木蜜)이라고도 불리고 있으며, 과실은 생식하거나 말려서 건과로서 과자, 요리 및 약용으로 쓰인다. 가공품으로는 대추술, 대추차, 대추식초, 대추죽 등으로도 활용하며, 꿀대추는 외국에서도 좋은 평가를 받고 있다고 한다. 예로부터 한방에서는 이뇨, 강장, 완화제, 진해·진통·해독제로 쓰여 왔다. 충청북도 보은이 대추의 산지로 유명하다.

2) 재료 및 기구

대추, 스텐볼, 가열기, 체

3) 제조 방법

① 대추를 깨끗이 씻는다.

② 여기에 물을 충분히 넣는다(완전히 잠기지는 않게).

③ 열을 가하여 끓기 시작하면, 약한 불에서 4시간 정도 가열, 대추가 물러질 때 까지(중간에 물이 증발되면 물을 첨가할 것)

④ 대추가 물러지고 바닥에 물이 거의 쫄아 들면 불을 끈다.

⑤ 씨와 껍질 부분을 체로 제거한다.

⑥ 밀폐 용기에 담아, 냉동실에 보관하면서 사용(젤리 같은 모양)한다.
예) 그대로 차로 이용 : 1 ~ 2 스푼에 뜨거운 물만 넣거나 또는 꿀을 넣고 마신다.
※ 고(膏) : 약재를 진하게 고아서 농축한 것

⓬ 리코타(ricotta) 치즈 만들기

1) 개요

리코타 치즈는 이탈리아의 소 또는 양젖을 원료로 한 비숙성 연질치즈를 말하며, 지방함량은 20 ~ 30%로 비교적 적다. 일반적으로는 치즈를 만드는 과정에서 나오는 부산물인 whey(유청)에 신선한 밀크나 크림을 첨가해 다시 첨가하여 열을 가하여 만드는 재활용 치즈로 많이 알려져 있다. 최근에는 우유를 가열하고 산(식초)과 크림을 넣은 후 생성된 응고물을 면포에 걸러서 냉장고에서 응고시키는 방법을 사용한다. 집에서 손쉽게 만들 수가 있으며,

국내의 패밀리레스토랑에서 샐러드용으로 많이 제공되고 있다.

2) 재료

우유 1L, 생크림 500ml, 레몬즙 7T(또는 식초), 소금, 면포, 냄비

3) 제조 방법

(1) 우유 끓임

냄비에 우유 100ml와 생크림 500ml를 넣고(우유 : 생크림 = 2 : 1) 약한 불로 가열한다.

(2) 재료 순비

다른 용기에 소금(1T)과 레몬즙(6T)을 넣고 혼합하여 준비해 둔다. 짭조름한 치즈를 원하면 소금을 더 첨가한다.

(3) 재료 첨가

우유와 생크림의 냄비가 끓기 시작하면, 미리 준비한 소금과 레몬즙을 냄비에 넣고 부드럽게 2 ~ 3회 저어주면서 아주 약한 불로 가열한다. 몽글몽글한 덩어리가 생길 때까지 가열하고, 더 이상 덩어리가 생기지 않을 때 중지한다.

(4) 여과

실온에서 잠시 두었다가, 미리 준비한 면보에 걸러준다.

(5) 냉장

면보에 거른 후, 약 20 ~ 30분간 냉장 보관하여 치즈를 굳혀준다.

Ⅶ-5 발효 실습

1 효모의 당류 발효성 시험

$C_6H_{12}O_6$ ----→ $2C_2H_5OH + 2CO_2$

효모에 의해 당류(발효성당)가 발효 시 알코올과 이산화탄소가스를 생성한다.

이 때 생성된 CO_2 gas를 측정한다. 측정법에는 Einhorn관법 및 Durham관법이 있다.

1) Einhorn 발효관에 의한 방법

(1) 원리

Einhorn관 내 당액에 효모를 접종 배양하여 생성되는 CO_2와 ethanol을 확인함으로서 발효성능을 측정한다.

(2) 실험재료

- 사용균 : 포도로부터 분리한 효모(또는 효모균)
- 배지 : PDB(potato dextrose broth) 배지
  YEPD 배지(Yeast extract 1%, Peptone 2%, 당류 10%)
- 기구 : Einhorn관, 피펫, 백금이, 알콜램프, 솜

(3) 실험방법

- 배지조제 → 살균(121℃, 15분간) → Einhorn관에 분주
- 효모접종(미리 배양된 효모) : 약 0.5% 접종 또는 4백금이량
- 배양 : 30℃, 2 ~ 7일간 배양
- 판정 : 시간별 육안 관찰하여 그래프 작성

a. 육안관찰 : CO_2 gas 생성 - Einhorn관 상부에 CO_2의 공간이 생김

b. 화학반응에 의한 CO_2 확인 발효가 완료된 Einhorn관에 20% NaOH 2mℓ 첨가 → 혼합 - CO_2공간축소

원리 : CO_2 + 2NaOH → Na_2CO_3 + H_2O

c. 화학반응에 의한 Ethanol 검출

발효액 5mℓ를 여과 → Lugol액 2mℓ 첨가 → 70℃ 수욕상

· 액이 황변 또는 기체에서 요오드포름 취가 남.

원리 : C_2H_5OH + 6NaOH + $4I_2$→CHI_3 + 5NaI + HCOONa + $5H_2O$

2) Durham관에 의한 방법

(1) 원리

Durham관내 당액에 효모를 접종 배양하여 생성되는 CO_2와 ethanol을 확인함으로서 발효성능을 측정한다.

(2) 실험방법

- 배지조제 : 상기의 조성에 의해
- 배지분주 : Cap 시험관 20mℓ용에 10mℓ씩 분주(이때 Durham관을 넣는다.)
- 배지멸균 : Autoclave(121℃, 1.5기압, 15분간)
- 효모접종(미리 배양된 효모) : 약 0.5% 접종 또는 1백금이
- 배양 : 30℃, 2 ~ 7일간 배양
- 판정 : 접종 다음날부터

  a. 육안관찰 : CO_2 gas 생성 - Durham관 상부에 CO_2의 공간이 생김

※ PDB(potato dextrose broth)제조

① 재료 : 감자(1조당 150g), 포도당(1조당 10g), 요리용 칼, 1L용 비이커, 버너, 가제, 솜(실리콘마개)

② 방법

- 감자 – 껍질을 벗기고, 사방 1cm의 크기로 절단
- 이중 100g을 1L용 비이커에 넣고, 물을 400ml 가하고, 가열하여 끓기 시작한 후 10분간 전분을 추출
- 가제 2 ~ 3겹으로 겹쳐서 추출물을 여과하여 여액 모음 여기에 물을 첨가하여 500ml가 되도록 조정하고, 포도당 10g을 넣고 녹임.

2 포도에서 효모의 분리

1) 개요

효모는 자연계에 널리 분포되어 있지만 주위에서 간단히 분리하는 데는 과실의 표면(특히 포도), 주박(청주 효모), 압착효모(빵 효모) 등이 좋다. 압착효모를 제외한 포도나 주박 중에는 효모 이외의 미생물이 혼재되어 있다. 따라서 우선 목적하는 효모를 분리하기 위해서는 효모에 적합한 배지로 최적 배양조건을 주어 다른 균보다 우선 증식시킨다. 이와 같은 배양법을 집적배양이라고 한다.

2) 실험재료

포도, 멸균 가제(비닐팩), 멸균 시험관, 삼각프라스크, 배양접시, 백금이, 알코올램프, 솜, 라벨, PDA 배지(또는 YM 한천배지)

3) 실험방법

(1) 집적배양

과피의 야생효모 대량증식

- 포도즙 제조 : 신선한 포도 몇 알을 살균된 가제(2겹)에 싼다.
  cf) 깨끗한 비닐팩에 포도 알을 넣고 으깬다.
- 멸균된 시험관에 짜낸 과즙을 넣는다(멸균 피펫 이용).
- 배양 : 30℃, 3일간

※ 포도 효모 분리

포도즙 10ml×시험관 3개 → 살균(121℃, 10분)
→ 냉각
→ 포도 과피 2개정도 넣음
→ 배양 : 30℃, 2-3일간

---

(2) 순수분리

- 과즙 배양액 중에서 1백금이를 취하여 PDA(or YM) 배지에 평판 도말한다.
- 배양 : 30℃, 3일간

(3) 발효력 시험

- 순수 분리한 효모 중 알코올 생성력이 높고, 향미가 우수한 균주를 선별

(4) 종균 제조

PDB 배지를 이용하여 종균을 제조

(5) 보존

- 독립된 colony로부터 1백금이를 취하여 멸균된 PDA(YM) 사면배지에 접종
- 배양 : 30℃, 2일간

3 포도주 제조

1) 개요

포도를 이용한 포도주의 발효현상을 확인하고, Pearson 공식에 의해 가당 량을 계산한다.

2) 재료

포도, 준비된 밑술(또는 효모), 당도계, 설탕, 저울, 스텐볼, 약용주병, 면포 등

※ 종균 제조(밑술의 제조 방법)

① 종균배양 : 분리된 효모(효모)를 PDB 배지에 접종하고 배양하여 대량 증식시킴

② 포도분쇄 : 포도를 세척하고 1kg을 취하여 믹서로 분쇄

③ 분쇄한 포도즙을 삼각플라스크에 각각 100ml 씩 분주함

④ 살균 : 70℃(수욕조)에서 30분간 포도즙 멸균--- (생략 가능)
살균한 포도즙 냉각(20℃ 까지)

⑤ 접종 : 살균 냉각한 포도즙에 미리 배양한 효모 5-10% 가량 접종

⑥ 배양 : 20 ~ 25℃, 3일간, 진탕배양

⑦ 이것을 밑술(starter)로 사용함

---

3) 제조 방법

(1) 포도처리

① 원료 포도는 미숙과와 병충해를 입은 부분을 제거하고,

② 제경한 후, 깨끗이 수세하고 물기를 제거하여 무게를 측정하며,

③ 이어서 파쇄한다(비닐에 넣고 손으로 으깨거나, 스텐볼에 넣고 장갑을 끼고 으깸).

④ 과즙량을 측정하고 발효통에 담는다(발효통은 30% 소주로 소독 처리한다).

(2) 당도의 측정

- 굴절 당도계를 이용하여 포도즙의 당도를 측정한다.

(3) 보당

① 첨가해야 할 설탕의 양을 Pearson 공식에 의해 계산한다.

② (2) 포도 과즙에 설탕을 첨가하고 잘 혼합하여 녹인다.

$$S = \frac{W(b-a)}{100-b}$$

S : 첨가해야 할 설탕의 양(kg)
W : 포도 과즙의 무게(kg)
b : 원하는 당도(24 브릭스)
a : 포도의 당도(브릭스)
예) 포도 당도가 14브릭스, 포도의 무게가 10kg 이고, 원하는 당도는 24브릭스인 경우, 첨가해야 할 설탕의 양?
S = 10(24 - 14) / 100 - 24 = 1.3kg

(4) 아황산 첨가

① 아황산은 첨가량의 100ppm[과즙 1L에 메타중아황산칼륨

($K_2S_2O_7$) 0.1g]

② 3 ~ 4시간 방치하여 유해 효모를 제거한다.

(5) 포도주의 발효

① 효모 접종 : 밑술을 5%되게 접종한다.
※상업효모는 30℃정도 물에 풀어 20분정도 방치 후 접종 : 0.5~1% 과즙 1L에 0.1%(1g), 0.5%(5g), 1%(10g)로 달리하여 접종해 볼 것

② 발효는 20 ~ 25℃(25℃)에서 7일간 발효 : 뚜껑은 느슨하게

③ 뒤집기 : 발효 2일째부터 발효액을 뒤섞어 준다.
발효 중지는 메타카리를 첨가하거나 중탕가열 실시

(6) 후발효

① 주발효가 끝난 포도주를 여과포에 부어 지꺼기를 제거한 후

② 10 ~ 15℃(15℃)에서 후발효를 시킨다.
이후 6개월 ~ 1년의 숙성 과정을 거치면 맛있는 와인이 된다.

4 액상 요구르트의 제조

1) 젖산균의 발효기작

(1) Homo형 젖산발효

- 경　로 : 당 ----→ EMP 경로 ----→ 젖산
- 발효균 : *Lactobacillus acidophilus, L. bulgaricus, L. casei,*

L. delbruekii

(2) Hetero형 젖산발효

- 경 로 : 당 ----→ PK 경로 ----→ 젖산 + 에탄올 + CO_2
- 발효균 : *L. brevis, Leuconostoc mesenteroides, L. pastorianus*

2) 실험재료

① 종균 : 사용종균은 시판 액상 음료를 사용한다(각 조별 2병씩).

② 재료 : 1ℓ 용 Δ flask(조별 1개씩), 탈지분유(1kg), 포도당(식용), 저울, 멸균기, 알코올램프, 저울, 면전용 솜, 멸균피펫, 항온배양기, 음용수, 설탕, 균질기, 향료(레본, 바닐라, 파인애플)
※ 모든 재료는 식용 가능한 것을 이용하며, 위생에 주의하여 제조한다.

3) 제조방법

(1) 배지조제

3%의 glucose, 16%의 skim milk를 1ℓ 용 삼각플라스크에 넣고 녹인 후, 면전을 하여 121℃에서 10분간 멸균을 실시한다.

(2) 접종 및 배양

① 배지를 냉각하고, 종균을 접종(1.5%, v / v, %)하여 배양기에 넣는다.

② 배양 : 37℃ 배양기, 2일 정도, 정치배양

(3) 균질화 및 설탕첨가

① 배양이 완료된 배양물(curd)을 균질화한다(믹서기 또는 균질기).

② 균질화물에 설탕 시럽을 첨가 : (균질화물 : 65% 설탕액 = 1 : 1, v / v)

③ ②의 액에 물을 첨가[(2)의 액 : 물 = 1 : 1, v / v)]

(4) 살균

① 살균 : 80℃에서 10분간 멸균(멸균은 실시하지 않아도 무방)

② 냉각 : 50℃로 급냉

(5) Blending

① 각종 향료 첨가 : 향료, 0.1% 미만 되게 첨가 - 일반적으로 0.069% 첨가

② 음용

(6) 보존

① 멸균 및 무균 조작 시 10일정도 보존 가능(4℃)

5 사과주 제조 실험

1) 준비

사과(산이 많은 홍옥 1/2, 당이 많은 - 국광 1 / 2), 설탕, 배양효모, 굴절 당도계, 발효용기, 믹서, 압착기, 면포, 탈지면

2) 공정

원료 — 세척 — 파쇄(믹서) — 착즙 — 청징 — 여과(탈지면) — 보당

— 효모접종 — 주발효 — 여과 — 후발효 — 저장 — 제품

3) 조작

① 원료 : 산이 많은 홍옥과 당분이 많은 국광을 섞어 사용하면 좋다.

② 원료처리 : 원료 사과를 세척하고 파쇄 압착하여 과즙을 얻는다.

수율 : 70 ~ 80%, 사과 100kg에서 약 70L의 과즙을 얻을 수 있다. 착즙 후 아황산을 첨가(50 ~ 100ppm, $K_2S_2O_7$으로 0.05 ~ 0.1g/L)

③ 청징(pectinase 처리) : Pectinase를 과즙의 0.1%(w / v)되게 첨가하고, 40 ~ 40℃에서 1시간 동안 처리한 후 여과한다.

④ 보당 : 과즙의 당도가 24% 정도 되게 설탕을 첨가한다.

$$S = \frac{W(b-a)}{100-b}$$

S : 첨가해야 할 설탕의 양(Kg)
b : 원하는 당도(24 브릭스)
W : 사과 과즙의 무게(Kg)
a : 사과과즙의 당도(브릭스)

⑤ 효모접종 : 사과주 효모를 미리 배양하여 2% 되게 접종한다(*S. cerevisiae* R-12)(상업용 효모 : 0.2% - 효모 2g / 1L of

과즙).

⑥ 주발효 : 온도를 18-20℃로 조절하여 10 ~ 14일간 배양하면 주발효가 끝난다.

⑦ 후발효 : 주발효가 끝난 주료를 여과한 후, 용기에 넣어 10 ~ 15℃에서 2 ~ 3개월 간 후발효 시킨다.

⑧ 저장 : 숙성 주료에서 찌꺼기를 제거한 후, 용기에 넣어 8 ~ 10℃의 저장실에서 2 ~ 3개 월 간 저장·숙성하여 제품으로 한다.

6 탁주 제조 실험

1) 준비 및 재료

쌀, 누룩, 물(정수), 발효용기(항아리), 찜통, 가스레인지, 천, 면포, 배양기

2) 공정

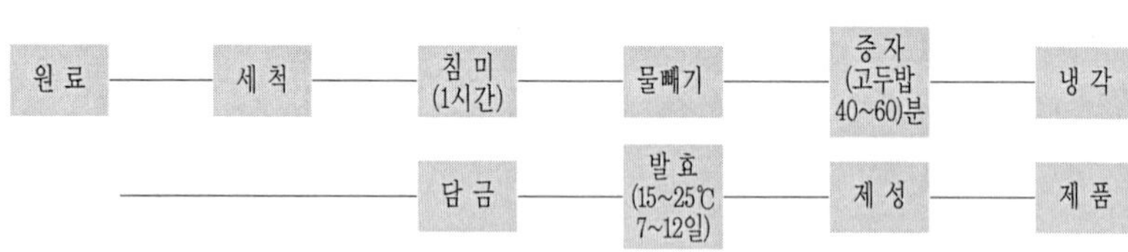

3) 조작

(1) 원료준비

① 원료 : 쌀은 일반 백미를 사용(1Kg 또는 1.5kg)

② 원료처리 : 쌀은 깨끗한 물로 씻은 후 약 3시간 정도 물에 담구어 놓았다가 1시간 동안 물 빼기를 한다(소량인 경우 1시간 정도 불림).

③ 증자 : 고두밥은 40 ~ 60분정도 찜 솥을 이용하여 찜

④ 냉각 : 고두밥을 차가울 정도로 식힘

(2) 누룩준비

① 정수 : 끓는 물(생수, 정수기 물 사용 금지)을 살균된 항아리(용기)에 넣음(사용 물 : 쌀 중량의 160%).

② 누룩 : 물을 넣은 항아리에 누룩을 넣고 풀어줌(누룩 : 쌀 중량의 30%)

(3) 담금

누룩을 풀은 항아리에 식힌 고두밥을 넣고, 섞어 줌(밥이 낱알로 풀리게)

(4) 발효

① 담금 항아리의 뚜껑을 한지나 천으로 덮고 뚜껑을 덮는다.

② 발효 : 15 ~ 25℃(22℃)에서, 7 ~ 12일(1주일), 3일째까지 매일 1회씩 저어줌

(5) 여과

① 발효 종료 : 거품이 나지 않거나 윗부분이 맑아지면, alcohol −15%

② 할수 : 여과하면서 물을 첨가(물은 원료량 만큼 가함 : 쌀+물의 량)

※ 최종 알코올 함량 8% 내외의 막걸리 생산

※ 쌀 1.5Kg, 물 2.4L, 누룩 500g 사용 시 ―→ 막걸리 약 7L 생산

7 증류주 만들기

1) 개요

증류식 소주는 전분을 함유한 재료를 물, 누룩과 함께 발효시킨 것을 증류하여 20 ~ 35%의 알코올을 함유한 것을 말한다. 희석식 소주는 당밀, 고구마, 보리 등을 재료로 하여 발효시킨 술덧을 증류하여 얻은 주정을 희석시킨 것을 말한다.

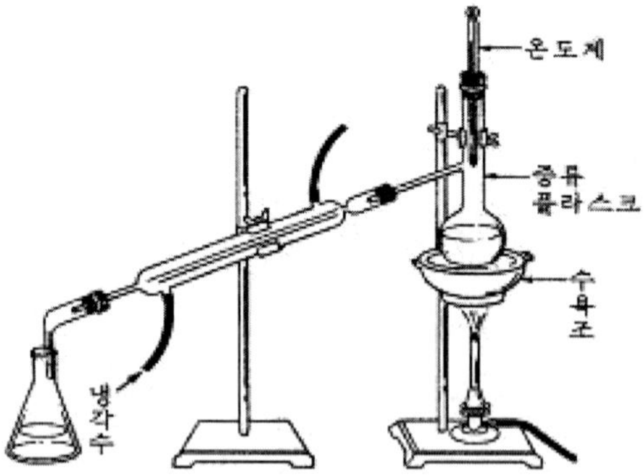

그림 7-4. 증류장치

2) 실험재료

(1) 재료

약주, 탁주, 포도주, 맥주, 기타 발효시킨 술덧

(2) 기구

상압증류장치(냉각관, 증류플라스크, 온도계), 주정계, 메스실린더, 삼각플라스크

※ 사용장치 : 수욕조 없애고, 직화로 할 것

3) 실험방법

① 증류하려는 각 주류의 알코올함량을 조사한다(Label에 붙어 있는 알코올 농도 사용).

※ 맥주 : CO_2 때문에 직접 측정 불가(즉, 부력생성 때문에)
포도주 : 점성 때문에 불가

② 상압증류장치의 플라스크에 100㎖의 주류를 넣고, 증류하여 삼각플라스크에 받아진 증류액 70㎖를 메스실린더에 넣어 물을 가하여 100㎖로 만든다.

※ 상압증류시 너무 높은 온도로 가열하여 기화한 기체가 응축되지 않은 상태로 공기 중으로 휘발되지 않도록 한다. 또한 접속부위에서 가스가 새지 않도록 한다.

③ 각 주류의 일정 양을 증류장치의 삼각플라스크에 넣고 증류원액 부피의 30%, 40%, 50%, 60%, 70%를 받아 주정계를 이용하여 알코올 함량을 구한다.

④ 이상의 결과에서 30% 알코올 함량의 알맞은 증류부피(%)를 구한다.

※ 결과 : 맥주 - 1차 증류 시 약 17%, 포도주 - 32%, 탁주 - 13%

4) 결과

주류의 종류	알코올 함량 (%)	끓는점 (℃)	각 %별 증류액의 알코올 함량					판정 *
			30%	40%	50%	60%	70%	
A								
B								
C								
D								

* : 30% 증류주 만들기에 알맞은 각 주류의 증류부피 %는 얼마인지 판정한다.

8 알코올 정량

1) 개요

식품 중의 알코올 함량을 알코올 미터를 사용하여 측정한다. 시료에 들어 있는 에탄올의 양을 알코올분이라 하며, 무게비와 부피비의 두 가지 방식으로 나타낸다. 무게비는 시료 100g 중에 들어 있는 에탄올의 g수이고, 부피비는 시료 100㎖ 중에 들어 있는 에탄올의 ㎖ 수인데, 보통 부피비를 많이 쓴다. 15℃에서 알코올과 물의 혼합액 중의 알코올의 부피를 백분율로 나타낸 것을 주정도라고 한다. 알코올미터가 없을 때에는 표준비중계로 15℃에서의 비중을 재어 알코올 부피를 간접적으로 알 수 있다. 주의사항 : 발포성인 주류(맥주 등)는 가스빼기를 한 다음에 사용하고, 소주와 같은 것은 증류하지 않고 사용한다.

2) 실험재료

(1) 재료

포도주, 청주, 약주

(2) 기구

메스플라스크(100㎖), 실린더(100-200㎖), 알코올증류장치, 알코올미터, 온도계, 항온수조, 삼각대, 알코올램프

3) 실험방법

① 시료를 100㎖용 메스플라스크의 표선까지 취하여 알코올 증류장치의 증류 플라스크에 옮기고, 약 15㎖의 물로 메스플라스크를 두 번 씻어 증류플라스크에 합친다.

② 알코올 증류장치를 조립하고 메스플라스크를 받는 그릇으로 하여, 증류액이 약 70㎖ 될 때 (약 20분간)까지 증류한다.

③ 메스플라스크에 물을 더 부어 100㎖가 되도록 하고, 흔들어서 잘 섞는다.

④ 실린더에 옮겨서 15℃의 항온수조에 10-20분 동안 담가 둔다.

⑤ 실린더를 꺼내서 알코올미터로 알코올 함량(부피비)을 측정한다. 15℃에서 잴 수 없을 때에는 알코올 도수의 온도 보정표를 사용하여 보정한다.

⑥ 알코올의 부피비를 무게비로 환산하려면 다음의 식을 이용하여 계산한다.

V : 알코올의 부피비(%)

$$\text{알코올 함량(무게비, \%)} = \frac{0.7947 \times V}{P}$$

0.7947 : 15℃에서 순 알코올의 비중
P : 증류액의 비중(부록의 표를 이용)

4) 실험결과

시료명	시료량	측정온도 (℃)	알코올 함량 (부피비)	알코올 함량 (무게비)

제 Ⅷ장

건강기능식품 공전 이해

The new health functional food
최신 건강기능식품학

건강기능식품법에 따르면 건강기능식품은 크게 두 가지로 구분할 수 있다. 식품의약품안전처장이 정하여 고시하는 고시형 건강기능식품과 개별영업자가 기능성과 안정성을 확인하고 신청하여 식품의약품안전처장으로부터 인정받는 개별인정형 건강기능식품으로 구분한다.

고시형 건강기능식품에 대하여는 식품의약품안전처장은 제조·사용·시험 및 보존 등에 관한 기준과 규격을 고시한다. 현재 고시형 품목은 영양소 28개과 기능성원료 67개 등 총 95개가 있다.

1 건강기능식품공전

건강기능식품 공전은 판매를 목적으로 하는 건강기능식품의 제조·가공, 생산, 수입, 유통 및 보존 등에 관한 기준 및 규격을 정하기 위한 것이다.

제1장 총칙

1. 이 공전의 목적

1) 이 공전은 판매를 목적으로 하는 건강기능식품의 제조·가공, 생산, 수입, 유통 및 보존 등에 관한 기준 및 규격을 정하기 위한 것이다.
2) 건강기능식품에 사용되는 기능성 원료와 제품의 기준 및 규격을 정함으로써 표준화된 건강기능식품의 유통을 도모하고 소비자 안전을 확보하고자 한다.
3) 또한 관계 공무원에게 건강기능식품의 관리에 관한 지침을 제공하여 국내 건강기능식품 관리를 체계적이고 과학적으로 구축하고자 한다.

2. 이 공전의 수록 범위

1) 「건강기능식품에 관한 법률」 제14조의 규정에 의한 건강기능식품의 제조·가공, 생산, 수입, 유통 및 보존 등에 관한 기준 및 규격
2) 「건강기능식품에 관한 법률」 제15조의 규정에 따른 건강기능식품의

원료 또는 성분

3) 「건강기능식품에 관한 법률」제17조의 규정에 따른 건강기능식품의 표시기준

3. 이 공전의 구성

1) 이 공전은 총칙, 공통 기준 및 규격, 개별 기준 및 규격, 시험법으로 나눈다.

2) 개별 기준 및 규격은 아래와 같이 기능성 표시의 구분에 따라 대분류와 기능성 원료별 소분류로 구분한다.

(1) 대분류는 영양소 보충을 목적으로 하는 영양소와 기능성 원료로 구분한다.

(2) 소분류는 대분류에서 정하는 원료로서 비타민 및 무기질, 감마리놀렌산 함유 유지, 글루코사민 등으로 구분한다.

3) 개별 기준 및 규격은 제조기준, 규격, 제품의 요건 및 시험법으로 구성한다.

(1) 제조기준은 원재료, 제조방법, 기능성분(또는 지표성분)의 함량, 제조 시 유의사항으로 구성한다. 특히 제조 시 유의사항에는 제조과정 중 관리해야 할 유해성분의 기준 등이 제시되어 있다.

(2) 규격은 기능성 원료 및 이를 사용하여 제조·가공한 제품의 규격을 의미한다.

(3) 제품의 요건은 기능성 내용, 일일섭취량, 섭취 시 주의사항 등으로 구성한다.

(4) 시험법은 각 규격에 대한 시험방법으로 구성한다.

4) 시험법은 일반원칙, 일반시험법, 개별 성분별 시험법으로 구성한다.

4. 기능성 원료의 안전성·기능성 평가 및 기준·규격 설정 방법

이 공전에 등재된 기능성 원료의 안전성·기능성 평가와 기준·규격의 설정 방법은「건강기능식품 기능성 원료 및 기준·규격 인정에 관한 규정」을 따른다.

5. 제품의 정의

1) 제품의 형태에 관한 정의

(1) 정제(tablet)라 함은 일정한 형상으로 압축된 것을 말한다.

(2) 캡슐(capsule)이라 함은 캡슐기제에 충전 또는 피포한 것을 말

하며, 경질캡슐과 연질캡슐 두 종류가 있다.

(3) 환(pill)이라 함은 구상(球狀)으로 만든 것을 말한다.

(4) 과립(granule)이라 함은 입자형태로 만든 것을 말한다.

(5) 액체 또는 액상(liquid)이라 함은 유동성이 있는 액체상태의 것 또는 액체상태의 것을 그대로 농축한 것을 말한다.

(6) 분말(powder)이라 함은 입자의 크기가 과립제품보다 작은 것을 말한다.

(7) 편상(flake)이라 함은 얇고 편편한 조각상태의 것을 말한다.

(8) 페이스트(paste)라 함은 고체와 액체의 중간상태로 점성이 강한 유동성의 반 고상의 것을 말한다.

(9) 시럽(syrup)이라 함은 고체와 액체의 중간상태로 점성이 약한 유동성의 반 액상의 것을 말한다.

(10) 겔(gel)이라 함은 액상에 펙틴, 젤라틴, 한천 등 겔화제를 첨가하여 만든 유동성이 있는 고체나 반고체 상태의 것을 말한다.

(11) 젤리(jelly)라 함은 액상에 펙틴, 젤라틴, 한천 등 겔화제를 첨가하여 만든 유동성이 없는 고체나 반고체 상태의 것을 말한다.

(12) 바(bar)라 함은 막대형태의 것을 말한다.

2) 붕해 특성에 따른 제품의 정의

장용성(Delayed release) 제품이라 함은 섭취 시 위(胃)의 산성조건에서 붕해되지 않고 장(腸)에서 붕해되는 특성을 가진 제품을 말한다.

6. 기능성 원료별 기준 및 규격의 추가 등재

1) 「건강기능식품 기능성 원료 및 기준·규격 인정에 관한 규정」에 따라 인정된 기능성 원료는 다음의 어느 하나를 충족하면 「건강기능식품의 기준 및 규격」 제 3. 개별 기준 및 규격에 추가로 등재할 수 있다. 다만 당해 영업자가 자료의 보호가 필요하다고 요청한 경우 그 타당성을 검토하여 기능성 원료로 인정받은 후 품목제조신고 또는 수입신고한 날로부터 추가등재를 5년 이내에서 유예할 수 있다.

(1) 건강기능식품의 기능성 원료로 인정받은 후 품목제조신고 또는 수입신고한 날로부터 3년이 경과하였거나 3개 이상의 영업자가 인정받은 후 품목제조신고 또는 수입신고한 경우

(2) 「건강기능식품에 관한 법률」 제14조제2항의 규정에 의하여 인정받은 자가 등재를 요청하는 경우(다만 인정받은 자가 3명 이

상인 경우에는 3분의 2가 건강기능식품공전에 등재를 요청하는 경우)

2) 「건강기능식품 기능성 원료 및 기준·규격 인정에 관한 규정」 제10조 제2항에 따른 기능성 내용 또는 제조기준 중 원재료 추가는 최초로 인정받은 영업자의 인정일을 기준으로 1년이 경과한 경우 「건강기능식품의 기준 및 규격」에 추가 등재 한다(다만, 인정받은 자가 건강기능식품공전에 등재를 요청하는 경우는 제외).

2 건강기능식품의 기준 및 규격

건강기능식품의 기준 및 규격에 대하여는 건강기능식품공전에서 "건강기능식품은 품의약품안전처장이 인정한 기준 및 규격에 따라 적합과 부적합으로 판정하며, 규격은 최종제품에 대하여 적용한다. 기준 및 규격이 정하여지지 아니한 중금속, 식중독균, 곰팡이독소, 방사능 등의 유해한 오염물질과 농약, 동물용의약품 등의 잔류물질 및 이물 등에 관한 적부 판정은「식품의 기준 및 규격」,「식품첨가물의 기준 및 규격」의 규정을 준용하며, 관련 공전에서도 기준 및 규격이 없는 경우에는 국제식품규격위원회(Codex Alimentarius Commission, CAC 이하 "CAC") 규정을 준용할 수 있다. 관련 공전 및 CAC에도 없는 경우에는 식품의약품안전처장이 외국의 기준 및 규격, 일일섭취허용량(ADI) 및 건강기능식품의 섭취량 등 해당 물질별 관련 자료를 종합적으로 검토하여 기준 및 규격을 적용할 수 있다."라고 설명하고 있다. 다음은 각 대표되는 품목의 기준 및 규격을 소개한다.

1) 공통기준 및 규격

제 2. 공통 기준 및 규격

1. 건강기능식품의 제조에 사용되는 원료는 다음과 같다.

1) 기능성 원료

(1) "기능성 원료"라 함은 건강기능식품의 제조에 사용되는 기능성을 가진 물질로서 다음 각 호에 해당되어야 한다.

(가) 동물·식물·미생물 기원의 원재료를 그대로 가공한 것

(나) (가)의 추출물·정제물

(다) (나) 정제물의 합성물

(라) (가) 부터 (다)까지의 복합물

(2) 기능성 원료의 범위는 다음과 같다.

(가) 이 공전의 개별 기준 및 규격에서 정한 것

(나) 「건강기능식품에 관한 법률」 제15조와 「건강기능식품 기능성 원료 및 기준·규격 인정에 관한 규정」에 따라 인정된 것 다만, 이 경우는 인정서가 발급된 영업자에 한하여 사용할 수 있음

2) 영양소

"영양소"라 함은 비타민·무기질, 식이섬유, 단백질, 필수지방산 등을 말한다.

3) 기타원료

(1) "기타원료"라 함은 별도의 규격을 설정하지 않고 건강기능식품의 제조에 사용할 수 있는 원료 또는 성분을 말한다.

(2) 기타원료의 범위는 다음과 같다.

(가) 「식품의 기준 및 규격」에 적합한 것

(나) 「식품첨가물의 기준 및 규격」에 적합한 것

(다) 「축산물의 가공기준 및 성분규격」에 적합한 것

(라) 1) 기능성 원료, 2) 영양소. 다만 이 때에는 섭취 시 주의사항을 반드시 고려하고, 식품의약품안전처장이 정한 일일섭취량 미만으로 사용하여야 한다. 또한 1. 1). (2). (나)에 해당하는 기능성 원료는 인정서가 발급된 영업자에 한하여 사용할 수 있다.

4) 원재료

(1) "원재료"라 함은 원료를 제조하기 위하여 사용되는 기원물질을 말한다.

(2) 원재료의 구비요건은 다음과 같아야 한다.

(가) 품질과 선도가 양호하고 부패·변질되지 아니하여야 함

(나) 중금속, 식중독균, 곰팡이독소, 방사능 등의 유해한 오염물질과 농약, 동물용의약품 등의 잔류물질 및 이물 등은 「식품의 기준 및 규격」 제 2. 식품일반에 대한 공통기준 및 규격, 5. 식품일반의 기준 및 규격에 적합하여야 함

(다) 사용되는 원재료는 흙, 모래, 티끌 등과 같은 이물을 충분히 제거하고 먹는 물로 깨끗이 씻어야 하며, 비가식 부분을 충분히 제거하여야 함

(라) 건강기능식품에 사용하는 주정은 「주세법」에 따른 품질기준에, 원료소금 및 수처리제 등은 「식품의 기준 및 규격」에, 축산물 및 그 가공품은 「축산물위생관리법」에 적합한 것이어야 함

1-1 건강기능식품 제조에 사용할 수 없는 원료는 다음 어느 하나와 같다.

1) [별표 5]를 포함하여 원료의 특성상 심각한 독성이나 부작용이 있는 것으로 알려진 것

2) 의약품의 용도로만 사용되는 원료 등 섭취방법 또는 섭취량에 대해 의·약학적 전문 지식을 필요로 하는 것

2. 공통제조기준

1) 이 규정에 따른 건강기능식품은 인체에 보건 목적의 유용한 효과를 얻기 위한 기능성 원료 또는 성분의 섭취를 주된 목적으로, 정제·캡슐·환·과립·액상·분말·편상·페이스트상·시럽·겔·젤리·바의 형태로 1회 섭취가 용이하게 제조·가공되어야 하며, 최종제품의 제조 시 기능성 원료의 특성이 변화될 수 있는 추출, 정제, 발효 등의 제조·가공을 하여서는 아니된다.

일반 식품 또는 식사를 대신할 수 있는 식품유형은 「건강기능식품 기능성 원료 및 기준·규격 인정에 관한 규정」에 따라 식품의약품 안전처장의 인정을 받아야 한다.

2) 건강기능식품의 제조는 가능한 「우수 건강기능식품 제조기준」을 따를 것을 권장한다.
3) 건강기능식품은 기능성 원료를 섭취하기 위한 목적으로 제조되어야 하며 기능성 원료의 사용기준은 다음과 같다.
   (1) 기능성 원료는 이 공전 제 3. 개별 기준 및 규격 또는「건강기능식품 기능성 원료 및 기준·규격 인정에 관한 규정」에서 정한 제조기준 및 규격에 적합한 것을 사용하여야 한다.
   (2) 허가(신고)대상인 건강기능식품의 원료 등을 구입하여 사용할 때에는 제조업허가를 받았거나 수입신고를 마친 것으로서 해당 기준 및 규격에 적합한 것이어야 하며 유통기한이 경과된 제품 등 부정·불량한 것을 사용하여서는 아니 된다.
   (3) 기능성 원료별로 정해진 일일섭취량 및 제조 시 유의사항에 적합하게 사용하여야 한다.
   (4) 두 가지 이상의 기능성 원료를 혼합하여 사용할 수 있으며 이 경우 안전성과 기능성이 유지됨을 확인하여야 한다.
4) 비타민과 무기질은 제 3. 개별 기준 및 규격 1. 영양소에서 정한 최대함량기준에 따라 사용할 수 있다.
5) 기타원료를 사용할 때에는 기능성 원료의 안전성과 기능성 유지를 우선적으로 고려하여 다음과 같은 사용기준을 따라야 한다.
   (1) 이 고시와 「식품의 기준 및 규격」, 「식품첨가물의 기준 및 규격」, 「축산물의 가공기준 및 성분규격」에 적합하여야 한다.
   (2) 지방, 콜레스테롤, 나트륨, 포화지방, 트랜스지방 등의 영양소 함량이 가능한 한 적게 들어가도록 제조되어야 한다.
6) 기능성 원료의 추출에 사용되는 용매는 이 공전 제 3. 개별 기준 및 규격 또는「건강기능식품 기능성 원료 및 기준·규격 인정에 관한 규정」의 사용기준에 따르며, 그 추출용매는 「식품첨가물의 기준 및 규격」에 적합한 것을 사용하여야 한다.
7) 어떤 제품에 사용할 수 없는 식품첨가물이 그 식품첨가물을 사용할 수 있는 원료에서 유래된 것이라면 원료로부터 이행된 범위 안에서 식품첨가물의 사용기준의 제한을 받지 아니할 수 있다.
8) 건강기능식품의 농약, 동물용의약품 등의 잔류물질은 「식품의 기준 및 규격」제 2. 식품일반에 대한 공통기준 및 규격 5. 식품일반의 기준 및 규격에서 정한 원재료의 기준에 따르며, 「식품의 기준 및 규격」에

가공제품에 관한 기준이 별도로 정해진 경우(예 : 농축액, 분말 등) 그 기준을 우선한다.

9) 건강기능식품의 조사처리기준은 「식품의 기준 및 규격」 제 2, 제5호 식품일반의 기준 및 규격을 따르며, 다음 기준에 적합하여야 한다.

(1) 허용대상 건강기능식품별 흡수선량

허용대상	조사목적	흡수선량
알로에분말제품	살균	7 kGy이하
인삼제품, 홍삼제품	살균	
클로렐라제품, 스피루리나제품	살균	

(2) 한번 조사처리한 건강기능식품은 다시 조사하여서는 아니 되며 조사된 기능성 원료를 사용하여 제조·가공한 건강기능식품도 다시 조사하여서는 아니 된다.

(3) 조사한 제품은 용기에 넣거나 또는 포장한 후 판매하여야 한다.

10) 기타 제조기준은 아래와 같으며, 「건강기능식품의 기준 및 규격」에서 정하지 않은 사항은 「식품의 기준 및 규격」을 따른다.

(1) 건강기능식품의 제조에 사용되는 기계·기구류와 부대시설물은 항시 위생적으로 유지·관리하여야 한다.

(2) 건강기능식품의 용기·포장에 관한 규격은「기구 및 용기·포장의 기준 및 규격」에 적합한 것이어야 하며 건강기능식품 포장 내부의 습기, 냄새, 산소 등을 제거하여 제품의 품질을 유지시킬 목적으로 사용되는 물질은 「기구 및 용기·포장의 기준 및 규격」에 적합한 포장재를 사용하여 건강기능식품에 이행되지 않도록 포장하여야 한다.

(3) 건강기능식품의 제조에 사용하는 물은 「먹는물관리법」의 먹는물 수질기준에 적합한 것이어야 한다.

(4) 장용성 캡슐·과립·정제 형태의 건강기능식품 제피의 목적으로 사용되는 캡슐기제나 첨가제는 「식품첨가물의 기준 및 규격」 또는 「약사법」에 따른 고시에 적합한 것이어야 한다. 단, 의약품의 유효성분은 제외한다.

(5) 냉동된 원료의 해동은 위생적으로 실시하여야 한다.

(6) 건강기능식품은 제품의 특성에 따라 냉장, 냉동하거나 적정한 방법으로 살균 또는 멸균 처리하여야 한다.

(7) 건강기능식품의 제조 중 열처리, 냉각 또는 냉동 공정은 제품의 기

능성, 안전성을 고려하여 적정한 방법으로 실시하여야 한다.

(8) 건강기능식품의 용기를 회수하여 재사용하고자 하는 때에는 깨끗이 세척하고 세제, 세척제 등이 잔류하지 아니하여야 한다.

(9) 건강기능식품은 미생물의 오염이 방지되도록 위생적으로 포장하여야 한다.

3. 건강기능식품의 기준 및 규격 적용

1) 기능성 원료 및 이를 사용하여 제조·가공한 제품의 규격은 제 2. 공통기준 및 규격과 제 3. 개별 기준 및 규격 또는「건강기능식품 기능성 원료 및 기준·규격 인정에 관한 규정」에 따라 인정된 기준 및 규격을 함께 적용하는 것을 원칙으로 한다(표1 참조).

2) 제 3. 개별 기준 및 규격에 제시된 각 기능성분의 규격은 소비자에게 직접 판매되지 아니하는 원료성 제품과 이를 사용하여 제조·가공한 최종제품으로 구분하여 적용한다. 다만, 기능성 원료에 과당, 전분, 포도당, 유당, 말토덱스트린 등을 혼합하여 원료성 제품으로 사용하는 경우, 기능성분(또는 지표성분)의 함량은 배합비를 고려하여 환산하였을 때 해당 기능성 원료의 제조기준에 적합하여야 한다.

3) 두 가지 이상의 기능성 원료를 사용하는 경우에는 해당하는 기능성 원료의 규격을 모두 적용하며, 규격이 중복되는 경우에는 강화된 규격을 적용한다.

4) 제품의 형태에 따른 규격은 다음과 같다.

(1) 정제제품, 캡슐제품, 환제품, 과립제품에 한하여 붕해시험규격을 적용하며, 시험법은 이 공전 제 4. 2-1 붕해시험법을 따른다. 다만 다음의 어느 하나에 해당하는 경우에는 예외로 한다.

(가) 씹어 먹거나 녹여 먹는 경우

(나) 35호(500 μm)체에 잔류하는 것이 5%이하인 과립제품

(2) 액상제품에 한하여 세균수 규격(1 mL당 100이하)을 적용하며, 시험법은 「식품의 기준 및 규격」 제10. 일반시험법 3. 미생물시험법 3.5 세균수(일반세균수)를 따른다. 다만, 다음의 어느 하나에 해당하는 경우에는 예외로 한다.

(가) 프로바이오틱스를 기능성 원료로 사용한 제품

(나) 유(油)상인 제품

(다) 멸균공정을 거친 제품(이 경우 세균수의 기준은 음성으로 한다)

5) 비타민 및 무기질이 제 3. 개별 기준 및 규격에서 정한 최소함량기준 이상으로 첨가된 제품은「건강기능식품의 표시기준」에 따라 영양소의 함량과 영양소기준치에 대한 비율(%)을 모두 표시하고 「건강기능식품의 기준 및 규격」 제 3. 개별 기준 및 규격에서 정한 비타민 및 무기질의 규격을 적용하여야 한다.

6) 수출을 목적으로 하는 건강기능식품의 기준 및 규격은 이 공전의 기준 및 규격에도 불구하고「건강기능식품에 관한 법률」제14조제3항의 규정에 의해 수입자가 요구하는 기준과 규격에 의할 수 있다.

7) 「건강기능식품의 기준 및 규격」에서 따로 정한 것 이외에는 총칙과 공통 기준 및 규격에 의한다.

표 8-1. 건강기능식품의 기준 및 규격 적용 절차

적용 절차	구분		적용 규격
1. 공통규격 중 제형별 규격 적용	캡슐, 정제, 환, 과립인 경우	→	· 붕해도
	액상인 경우	→	· 세균수
↓			
2. 비타민 · 무기질 표시량 규격 적용 ※Ⅱ. 개별 기준 및 규격에서 정한 최소함량기준 이상으로 첨가된 경우		→	· 영양소 함량
↓			
3. "Ⅱ. 개별 기준 및 규격" 중 2) 규격 적용 「건강기능식품 기능성 원료 및 기준 · 규격 인정에 관한 규정」에 의해 인정받은 규격 적용(기능성분(또는 지표성분)은 표시량의 80~120%를 적용. 다만, 별도로 인정된 기능성분(또는 지표성분)은 기능성 원료 인정서에 따른다.)		→	· 성상 · 기능성성분(또는 지표성분)함량 · 중금속 · 잔류용매 · 대장균군 · 기타(곰팡이독소 등)
↓			
4. 기타(보존방법 등)		→	· 세균발육(통 · 병조림류 및 레토르트류)

4. 기준 및 규격의 적부 판정

1) 건강기능식품은 식품의약품안전처장이 인정한 기준 및 규격에 따라 적합과 부적합(이하 적부라 한다)으로 판정하며, 규격은 최종제품에 대하여 적용한다.

2) 기준 및 규격이 정하여지지 아니한 중금속, 식중독균, 곰팡이독소, 방사능 등의 유해한 오염물질과 농약, 동물용의약품 등의 잔류물질 및 이물 등에 관한 적부 판정은 「식품의 기준 및 규격」, 「식품첨가물의 기준 및 규

격」의 규정을 준용하며, 관련 공전에서도 기준 및 규격이 없는 경우에는 국제식품규격위원회(Codex Alimentarius Commission, CAC 이하 "CAC") 규정을 준용할 수 있다. 관련 공전 및 CAC에도 없는 경우에는 식품의약품안전처장이 외국의 기준 및 규격, 일일섭취허용량(ADI) 및 건강기능식품의 섭취량 등 해당 물질별 관련 자료를 종합적으로 검토하여 기준 및 규격을 적용할 수 있다.

3) 기준 및 규격의 판정은 식품의약품안전처장이 인정한 시험방법으로 실시하는 것을 원칙으로 하나, 이보다 더 정밀하고 정확하다고 인정되는 경우에는 새로운 방법을 사용할 수 있다. 특히, 미생물 및 독소 등에 대한 시험에는 상품화된 kit 또는 자동화된 분석기기를 사용할 수 있다. 다만, 그 결과가 서로 상이하여 판정이 어려운 경우에는 식품의약품안전처장이 인정한 시험방법을 우선으로 한다.

4) 식품의약품안전처장이 인정한 시험방법이 없거나 적용할 수 없는 경우에는 관련 공전, CAC규정, AOAC(Association of Official Analytical Chemists), PAM(Pesticide Analytical Manual)에 따라 시험할 수 있으며, 다른 법령에 정해져 있거나 국제적으로 통용되는 공인 시험방법도 사용할 수 있다. 다만, 이 경우에는 그 시험방법 및 출처가 함께 제시되어야 한다.

5) 시험방법에 의한 결과에 따른 적부 판정은 실험치(시험에서 얻은 값)를 규격치(기준 및 규격에서 정한 값, n 자리수)보다 한자리수(n+1)까지 더 구한 후 이를 반올림하고 규격치와 비교하여 판정한다.

6) 기준 및 규격은 캡슐기제를 제외한 내용물에 대하여 적용한다. 단, 미생물·붕해·발기부전치료제 등과 유사한 물질 등의 시험은 제외한다.

7) 건강기능식품에 배합한 원료(캡슐기제, 제피제 포함)에서 유래되는 식품첨가물(보존료 등)의 검출은 이행된 범위 안에서 규격을 적용하지 않는다.

8) "검출되어서는 아니 된다"라 함은 이 공전에 규정된 방법에 의하여 시험하여 검출되지 않는 것을 말한다.

9) 6. 검체의 채취 및 취급방법에 따라 같은 조건에서 여러 개의 시험검체가 의뢰된 경우, 그 중 하나라도 부적합이면 검사대상 전체를 부적합으로 처리한다.

5. 보존 및 유통기준

1) 모든 건강기능식품(기능성 원료를 포함한다. 이하 같다)과 그 원재료는 위생적으로 취급 판매하여야 하며, 그 보관 및 판매장소가 불결한 곳에 위치하여서는 아니 된다. 또한, 방서 및 방충관리를 철저히 하여야 한다.
2) 건강기능식품과 그 원재료의 취급 장소는 비·눈 등으로부터 보호될 수 있어야 하며, 인체에 유해한 화공약품, 농약, 독극물 등과 같은 것을 함께 보관하지 말아야 한다.
3) 이물이 혼입되지 않도록 주의하여야 하며 제품의 풍미에 영향을 줄 수 있는 다른 제품과는 분리·보관하여야 한다.
4) 제품은 서늘한 곳에서 보관 유통하여야 하며 상온에서 7일 이상 보존성이 없는 건강기능식품은 가능한 한 냉장 또는 냉동시설에서 보관 유통하여야 한다.
5) 냉동제품은 품질변화가 최소화할 수 있도록 냉동시켜야 한다. 녹은 냉동제품을 다시 냉동 시켜서는 아니 된다.
6) 냉동 또는 냉장제품의 운반은 적절한 온도를 유지할 수 있는 냉동 또는 냉장차량이거나 이와 동등 이상의 효력이 있는 방법으로 한다.
7) 흡습의 우려가 있는 제품은 흡습되지 않도록 주의하여야 한다.
8) 제품의 운반 및 포장과정에서 용기·포장이 파손되지 않도록 주의하여야 하며 가능한 한 심한 충격을 주지 않도록 하여야 한다.
9) 포장된 건강기능식품은 소분 판매하지 말아야 하며(다만, 우수건강기능식품제조기준 적용업소가 소비자가 직접 구매 가능하도록 포장된 건강기능식품 이외의 제품을 소분하도록 적합한 시설을 갖추고 품목제조신고한 경우는 제외한다),「건강기능식품의 표시기준」(식품의약품안전처 고시)에 적합하지 않거나 표시가 없는 것을 보존하거나 판매하지 말아야 한다.
10) 보관과정 중의 부주의로 인하여 부패·변질 또는 파손된 제품은 판매하여서는 아니 된다.
11) 냉동건강기능식품을 해동시켜 실온 또는 냉장건강기능식품으로 유통시켜서는 아니 되며, 실온 또는 냉장건강기능식품을 냉동시켜 냉동건강기능식품으로 유통시켜서는 아니 된다. 또한, 냉장건강기능식품을 실온에서 유통시켜서는 아니 된다.
12) 「건강기능식품의 기준 및 규격」에서 정하지 않은 보존 및 유통기준

은「식품의 기준 및 규격」을 따른다.

6. 검체의 채취 및 취급방법

1) 검체의 채취 및 취급의 의의

「건강기능식품에 관한 법률」제20조에 따라서 관계공무원이 검사대상으로부터 일부의 검체를 [별표 1]에 의거 채취한 후, 기준·규격의 적부, 오염물질 등에 대한 안전성 검사의 결과에 따라 행정조치 등이 이루어지게 되므로 검사대상의 선정, 검체의 채취·취급·운반 등은 효율성을 확보하면서 과학적인 방법으로 수행하여야 한다. 따라서, 검체를 채취하여 건강기능식품검사기관에 검사 의뢰하는 것은 중요한 의의를 가지므로 관계공무원은 검체채취 및 취급방법 등에 대하여 충분한 지식을 가지고 그 직무를 수행하여야 한다.

2) 용어의 정의

(1) 검체 : 검사대상으로부터 채취된 시료를 말한다.

(2) 검사대상 : 같은 조건에서 생산·제조·가공·포장된 건강기능식품으로 검체가 채취되는 하나의 대상을 말한다.

(3) 대포장 검체 : 최종 소비자에게 그대로 유통 판매되는 형태가 아닌 대용량으로 포장된 검사대상을 말한다.

3) 검체채취의 일반원칙

(1) 검체의 채취는「건강기능식품에 관한 법률」제20조 및 같은 법 시행규칙 제22조에서 규정하는 자가 수행하여야 한다.

(2) 검체는 검사목적, 검사항목 등을 참작하여 검사대상 전체를 대표할 수 있는 최소한도의 양을 수거하여야 한다.

(3) 검체를 채취하는 때에는 검사대상으로부터 별표 1. 난수표법을 사용하여 대표성을 가지도록 하여야 한다. 다만, 난수표법을 사용할 수 없는 사유가 있을 때에는 채취자가 검사대상을 선정·채취할 수 있다.

(4) 일반적으로 검체는 제조번호, 제조년월일, 유통기한이 동일한 것을 검사대상으로 하나, 품종, 건강기능식품유형, 제조회사, 기호, 수출국, 수출년월일, 도착년월일, 적재선, 수송차량, 화차, 포장형태 및 외관 등의 상태를 잘 파악하여 그 건강기능식품의 특성 및 검사목적을 고려하여 채취하도록 하여야 한다.

(5) 채취된 검체가 손상되지 않도록 주의하여야 하고, 건강기능식품을 포장하기 전 또는 포장된 것을 개봉하여 검체로 채취하는 경

우에는 이물질의 혼입, 미생물의 오염 등이 되지 않도록 주의하여야 한다.

(6) 검체채취 시에는 검체채취결정표에 따라 검체를 채취한다.

〈검체채취결정표〉

검사대상 크기(kg)			검체채취 지점수	시험 검체수
	~	500 미만	2	1
500 이상	~	2,000 미만	3	1
2,000 이상	~	10,000 미만	5	1
10,000 이상	~		8(4×2)	2

※ 10,000 kg 이상인 검사대상의 경우에는 4곳 이상에서 채취·혼합하여 1개로 하는 방법으로 총 2개의 검체를 채취하여 검사 의뢰한다.

(7) 채취한 검체는 봉인하여야 하며 봉인을 파손하지 않고는 봉인을 열 수 없도록 하여야 한다.

(8) 냉동검체, 대포장검체 및 유통중인 검체 등 검체채취결정표에 따라 채취하기 어려운 경우에는 채취자가 판단하여 수거량 안에서 대표성 있게 검체를 채취할 수 있다.

4) 검체의 채취 및 취급요령

검체채취 시에는 검사목적, 대상 건강기능식품의 종류와 물량, 오염 가능성, 균질 여부 등 검체의 물리·화학·생물학적 상태를 고려하여야 한다.

(1) 검체의 채취 요령

(가) 검사대상 건강기능식품이 불균질할 때

① 검체가 불균질할 때에는 일반적으로 다량의 검체가 필요하나 검사의 효율성, 경제성 등으로 부득이 소량의 검체를 채취할 수밖에 없는 경우에는 외관, 보관상태 등을 종합적으로 판단하여 의심스러운 것을 대상으로 검체를 채취할 수 있다.

② 특성상 침전·부유 등으로 균질하지 않은 제품은 전체를 가능한 한 균질하게 처리한 후 대표성이 있도록 채취하여야 한다.

(나) 검사항목에 따른 균질 여부 판단

검체의 균질 여부는 검사항목에 따라 달라질 수 있다. 어떤 검사대상 건강기능식품이 불균질하더라도 이에 함유된 중금속 등의 성분은 균질한 것으로 보아 검체를 채취할 수 있다.

(다) 포장된 검체의 채취

① 깡통, 병, 상자 등 용기·포장에 넣어 유통되는 건강기능식품은 가능한 한 개봉하지 않고 그대로 채취한다.

② 대형 용기·포장에 넣은 건강기능식품은 검사대상 전체를 대표할 수 있는 일부를 채취 할 수 있다.

(라) 냉장, 냉동 검체의 채취

냉장 또는 냉동 건강기능식품을 검체로 채취하는 경우에는 그 상태를 유지하면서 채취하여야 한다.

(마) 미생물 검사를 요하는 검체의 채취

① 검체를 채취·운송·보관하는 때에는 채취당시의 상태를 유지할 수 있도록 밀봉되는 용기·포장 등을 사용하여야 한다.

② 검체를 소분 채취할 경우에는 멸균된 기구·용기 등을 사용하여 무균적으로 행하여야 한다.

③ 검체는 부득이한 경우를 제외하고는 정상적인 방법으로 보관·유통 중에 있는 것을 채취하여야 한다.

④ 검체는 관련정보 및 특별수거계획에 의한 경우를 제외하고는 완전 포장된 것에서 채취하여야 한다.

(바) 기체를 발생하는 검체의 채취

① 검체가 상온에서 쉽게 기체를 발산하여 검사결과에 영향을 미치는 경우는 포장을 개봉하지 않고 하나의 포장을 그대로 검체단위로 채취하여야 한다.

② 다만, 소분 채취하여야 하는 경우에는 가능한 한 채취된 검체를 즉시 밀봉·냉각시키는 등 검사결과에 영향을 미치지 않는 방법으로 채취하여야 한다.

(사) 페이스트상 또는 시럽상 건강기능식품의 검체채취

① 검체의 점도가 높아 채취하기 어려운 경우에는 검사결과에 영향을 미치지 않는 범위 내에서 가온 등 적절한 방법으로 점도를 낮추어 채취할 수 있다.

② 검체의 점도가 높고 불균질하여 일상적인 방법으로 균질하게 만들 수 없을 경우에는 검사결과에 영향을 주지 아니하는 방법으로 균질하게 처리할 수 있는 기구 등을 이용하여 처리한 후 검체를 채취할 수 있다.

(아) 산가검사에 따른 검체채취 주의점빛 또는 온도 등에 의한 지방 산화의 촉진을 방지하기 위하여 검체를 빛이 차단되는 밀폐용기에 넣고 채취용기 내의 공간체적과 온도변화를 최소화하여야 한다.

(자) 컨테이너의 검체채취

① 여러 개의 컨테이너가 하나의 검사대상인 경우에는 다음 표에 따라 컨테이너를 개봉하여 검체채취하여야 한다. 다만, 이 검체채취 및 취급방법에서 규정된 검체채취지점수 등을 고려하여 개봉수를 가감할 수 있다.

컨테이너 수	1~3	4~6	7~10	11~20	21~30	31~
개봉수	1	2개 이상	3개 이상	4개 이상	6개 이상	8개 이상

② 컨테이너에 실려 있는 상태에서 대표성 있는 검체를 수거하기 위하여 1/3이상 꺼내게 한 후 검체를 채취할 수 있다. 다만, 냉장·냉동검체인 경우에는 보관온도를 유지할 수 있는 장소에서 화물을 꺼내게 할 수 있다.

(2) 검체채취내역서의 기재

관계공무원은 검체 채취 시 당해 검체와 함께 검체채취내역서를 첨부하여야 한다. 다만, 검체채취내역서를 생략하여도 기준·규격검사에 지장이 없다고 인정되는 때에는 그러하지 아니할 수 있다.

(3) 검체의 운반 요령

(가) 채취된 검체는 오염, 파손, 손상, 해동, 변형 등이 되지 않도록 주의하여 검사실로 운반하여야 한다.

(나) 검체가 장거리로 운송되거나 대중교통으로 운송되는 경우에는 손상되지 않도록 특히 주의하여 포장한다.

(다) 냉동 검체의 운반

① 냉동 검체는 냉동 상태에서 운반하여야 한다.

② 냉동 장비를 이용할 수 없는 경우에는 드라이아이스 등으로 냉동상태를 유지하여 운반할 수 있다.

(라) 냉장 검체의 운반

냉장 검체는 온도를 유지하면서 운반하여야 한다. 얼음 등을 사용하여 냉장온도를 유지하는 때에는 얼음 녹은 물이 검체에 오염되지 않도록 주의하여야 하며, 드라이아이스 사용 시 검체가 냉동되지 않도록 주의하여야 한다.

(마) 미생물 검사용 검체의 운반

① 부패·변질 우려가 있는 검체

미생물 검사를 하는 검체는 멸균용기에 무균적으로 채취하여 저온(5±3℃ 이하)을 유지시키면서 24시간 이내에 검사기관에 운반하여야 한다. 부득이한 사정으로 이 규정에 따라 검체를 운반하지 못한 경우에는 재수거하거나 채취일시 및 그 상태를 기록하여 검사기관에 검사 의뢰한다.

② 부패·변질의 우려가 없는 검체

미생물 검사용 검체일지라도 운반과정 중 부패·변질우려가 없는 검체는 반드시 냉장온도에서 운반할 필요는 없으나 오염, 검체 및 포장의 파손 등에 주의하여야 한다.

③ 얼음 등을 사용할 때의 주의사항

얼음 등을 사용할 때에는 얼음 녹은 물이 검체에 오염되지 않도록 주의하여야 한다.

(바) 기체를 발생하는 검체의 운반

소분 채취한 검체의 경우에는 적절하게 냉장 또는 냉동한 상태로 운반하여야 한다.

5) 검체채취 기구 및 용기

(1) 검체채취 기구 및 용기는 검체의 종류, 형상, 용기·포장 등이 다양하므로 검체의 수거 목적에 적절한 기구 및 용기를 준비하여야 한다.

(2) 「기구 및 용기·포장의 기준 및 규격」에 적합한 것이어야 한다.

(3) 기구 및 용기는 운반, 세척, 멸균에 편리한 것이어야 하며 미생물 검사를 위한 검체 채취의 기구·용기 중 검체와 직접 접촉하는 부분은 반드시 멸균 처리하여야 한다.

(4) 검체와 직접 접촉하는 기구 및 용기는 검사결과에 영향을 미치지 않는 것이어야 한다.

(5) 검체채취 기구 및 용기의 종류

(가) 채취용 기구

저울, 핀셋, 가위, 칼, 캔따개, 망치, 전기톱 또는 톱, 드라이어, 피펫, 커터, 액체검체채취용 펌프 또는 튜브, 국자, 깔때기 등

(나) 채취용 용기·포장

검체봉투(대, 중, 소), 검체채취병(광구병) 등

(다) 미생물 검사용 검체채취 기구

멸균백, 멸균병, 일회용 멸균 프라스틱 피펫, 멸균피펫 inspirator, 일회용 멸균장갑, 70% 에틸알콜, 멸균 스테인레스 국자, 멸균 스테인레스 집게 등

(라) 냉장·냉동 검체 운반기구

아이스박스, 아이스팩, 실시간 온도기록계 등

(마) 기타

안전모, 간이사다리, 위생장화, 테이프, 사진기, 필기구 등

2) 개별 기준 및 규격

(1) 영양소

1. 영양소

1) 비타민과 무기질 제품은 일상식사에서 부족될 수 있는 비타민과 무기질을 보충하는 것이 목적이므로 식사를 대용하거나 다른 성분의 섭취가 목적이 되어서는 아니 되며, 정제·캡슐·환·과립·액상·분말 등으로 한 번에 섭취하기 편한 형태로 제조되어야 한다.

2) 각각의 비타민과 무기질 개별 또는 혼합된 형태로 제조·가공할 수 있다.

3) 비타민과 무기질의 최소함량은 [별표 2] 영양소기준치의 30% 이상으로 한다. 다만, 섭취 대상을 특별히 정하는 경우에는 [별표 3] 한국인 영양섭취기준에서 정한 대상 연령군의 권장섭취량 또는 충분섭취량의 30% 이상이어야 하며, 대상 연령군에 해당하는 권장섭취량 또는 충분섭취량이 2개 이상인 경우 그 중 높은 값을 사용한다.

4) 비타민과 무기질의 과잉섭취로부터 안전성을 확보하기 위해 설정된 최대함량기준은 최종제품의 표시량에 대한 임의기준으로 적용한다.

5) 영양소기준치의 30% 이상을 함유하고 있는 영양소의 경우에는 영양정보란에 모두 표시하여야하나 표시한 영양소의 기능성 내용을 모두 표시할 필요는 없다.

6) 이 공전은 비타민과 무기질 제품의 제조·가공에 사용할 수 있는 각 원료의 목록을 제시하며, 해당 원료의 기준 및 규격은 식품 또는 식품첨가물의 기준 및 규격을 적용한다.

1-1 비타민 A

1) 제조기준

(1) 원료

(가) 레티닐 팔미트산염(Retinyl Palmitate)

(나) 레티닐 아세트산염(Retinyl Acetate)

※ 「식품첨가물의 기준 및 규격」에 등재되어 있는 분말비타민 A (Dry Formed Vitamin A) 또는 유성비타민 A 지방산 에스테르(Vitamin A in Oil)의 형태로 사용

(다) 식품원료를 사용하여 비타민 A를 보충할 수 있도록 제조·가공한 것

(2) 비타민 A 보충의 목적으로 비타민 A 원료와 베타카로틴 원료를 혼합하여 사용할 수 있음. 이 때 최소함량기준은 비타민 A와 베타카로틴의 합으로 적용하며, 최대함량기준은 각각 별도로 적용함

(3) 베타카로틴의 비타민 A 전환계수는 1-2을 적용함(다만, 1-2. 1) (1) (다) 식품원료를 분말화 하거나 물 또는 주정으로 단순히 추출하여 베타카로틴을 보충할 수 있도록 제조·가공한 것의 경우 1/6을 적용함)

2) 규격

(1) 성상 : 고유의 색택과 향미를 가지며 이미·이취가 없어야 함

(2) 비타민 A : 표시량의 80~150%

(3) 대장균군 : 음성

3) 제품의 요건

(1) 기능성 내용

(가) 어두운 곳에서 시각 적응을 위해 필요

(나) 피부와 점막을 형성하고 기능을 유지하는데 필요

(다) 상피세포의 성장과 발달에 필요

(2) 일일섭취량 : 210~1,000 μg RE

4) 시험법

(1) 비타민 A : 제 4. 3-1 비타민 A

(2) 대장균군 : [별표 4] 참조

1-15 칼슘

1) 제조기준

(1) 원료

(가) 구연산칼슘(Calcium Citrate)

(나) 글루콘산칼슘(Calcium Gluconate)

(다) 글리세로인산칼슘(Calcium Glycerophosphate)

(라) 산화칼슘(Calcium Oxide)

(마) 수산화칼슘(Calcium Hydroxide)

(바) 염화칼슘(Calcium Chloride)

(사) 젖산칼슘(Calcium Lactate)

(아) 제삼인산칼슘(Calcium Phosphate, Tribasic)

(자) 제이인산칼슘(Calcium Phosphate, Dibasic)

(차) 제일인산칼슘(Calcium Phosphate, Monobasic)

(카) 탄산칼슘(Calcium Carbonate)

(타) 황산칼슘(Calcium Sulfate)

(파) 식품원료를 사용하여 칼슘을 보충할 수 있도록 제조·가공한 것

2) 규격

(1) 성상 : 고유의 색택과 향미를 가지며 이미·이취가 없어야 함

(2) 칼슘 : 표시량의 80~150%

(3) 납(mg/kg) : 3.0 이하(우골분, 패각분 등 소성칼슘을 사용한 경우)

(4) 대장균군 : 음성

3) 제품의 요건

(1) 기능성 내용

(가) 뼈와 치아 형성에 필요

(나) 신경과 근육 기능 유지에 필요

(다) 정상적인 혈액응고에 필요

(라) 골다공증발생 위험 감소에 도움을 줌

(2) 일일섭취량 : 210~800 mg

4) 시험법

(1) 칼슘 : 제 4. 3-16 칼슘

(2) 납 : [별표 4] 참조

(3) 대장균군 : [별표 4] 참조

1-26 식이섬유

1) 제조기준

(1) 원재료 및 제조방법 : 사람의 소화 효소로 분해하기 어려운 난소화성 고분자 섬유성분인 식이섬유를 함유하고 있는 식품원료를 사용하여 제조하여야 함

(2) 식이섬유 제품은 일상식사에서 부족될 수 있는 식이섬유의 보충을 목적으로 하며, 사용되는 원료는 건강기능식품, 식품 또는 식품첨가물의 기준 및 규격에 적합하여야 함

2) 규격

(1) 성상 : 고유의 색택과 향미를 가지며 이미·이취가 없어야 함

(2) 식이섬유 : 표시량의 80% 이상

(3) 대장균군 : 음성

3) 제품의 요건

(1) 영양소 기능

식이섬유 보충

(2) 일일섭취량

식이섬유로서 5 g 이상

(3) 섭취 시 주의사항

반드시 충분한 물과 함께 섭취할 것 (액상제외)

4) 시험법

(1) 식이섬유 : 제 4. 3-26 식이섬유

(2) 대장균군 : [별표 4] 참조

1-27 단백질

1) 제조기준

(1) 원재료 : 두류, 유류, 난류, 어패류, 육류, 견과류, 곡류

(2) 제조방법 : 상기 원재료에서 단백질을 분리하여 정제하거나, 단백분해효소나 자가분해효소로 분해하여 제조하여야 함

(3) 단백질 제품은 일상식사에서 부족될 수 있는 단백질의 보충을 목적으로 하며, 사용되는 원료는 식품 또는 식품첨가물의 기준 및 규격에 적합하여야 함

2) 규격

(1) 성상 : 고유의 색택과 향미를 가지며 이미·이취가 없어야 함

(2) 조단백질 : 표시량의 80~120%

(3) 대장균군 : 음성

3) 제품의 요건

(1) 영양소 기능

(가) 근육, 결합조직 등 신체조직의 구성성분

(나) 효소, 호르몬, 항체의 구성에 필요

(다) 체내 필수 영양성분이나 활성물질의 운반과 저장에 필요

(라) 체액, 산-염기의 균형 유시에 필요

(마) 에너지, 포도당, 지질의 합성에 필요

(2) 일일섭취량

단백질로서 12.0 g 이상

(3) 최종제품의 아미노산스코아가 85이상 되어야 하며 아미노산스코아를 맞추기 위하여 최종제품에 단일 아미노산을 첨가할 수 있음

(4) 섭취 시 주의사항

특정 단백질에 알레르기를 나타내는 경우에는 섭취 주의

4) 시험법

(1) 조단백질 : 제 4. 3-21 조단백질

(2) 대장균군 : [별표 4] 참조

[아미노산스코아 환산을 위한 기준 필수아미노산 조성표](단위 : mg/g 조단백질)

구분	히스티딘	이소로이신	로이신	라이신	메티오닌 + 시스틴	페닐알라닌 + 티로신	트레오닌	트립토판	발린
조성	19	28	66	58	25	63	34	11	35

※ 아미노산스코아

제품에 함유되어 있는 단백질의 아미노산 종류 및 함량을 분석한 후 위의 기준 필수아미노산 조성표의 아미노산 함량과 단위를 맞추어 백분율로 환산함.

환산된 백분율 중 가장 적은 아미노산의 비율을 아미노산스코아라 하며 이때 스코아가 85 이상 되어야 함

1-28 필수 지방산

1) 제조기준
   (1) 원재료 및 제조방법 : 리놀레산(Linoleic acid), 리놀렌산(Linolenic acid) 또는 이들을 함유하는 원료를 사용하여 제조하여야 함
   (2) 필수 지방산 제품은 일상식사에서 부족될 수 있는 필수 지방산의 보충을 목적으로 하며, 사용되는 원료는 건강기능식품, 식품 또는 식품첨가물의 기준 및 규격에 적합하여야 함
2) 규격
   (1) 성상 : 고유의 색택과 향미를 가지며 이미·이취가 없어야 함
   (2) 리놀레산, 리놀렌산 또는 이들의 합 : 표시량의 80~120%
   (3) 잔류용매(mg/kg) : 5.0 이하(헥산을 사용한 경우)
   (4) 대장균군 : 음성
3) 제품의 요건
   (1) 영양소 기능
      필수지방산의 보충
   (2) 일일섭취량
      리놀레산은 4.0 g 이상 또는 리놀렌산은 0.6 g 이상
4) 시험법
   (1) 리놀레산과 리놀렌산의 합 : 제 4. 3-32 지방산
   (2) 잔류용매 : [별표 4] 참조
   (3) 대장균군 : [별표 4] 참조

(2) 기능성 원료

2-1 인삼

1) 제조기준

(1) 원재료 : 인삼(Panax ginseng C.A. Meyer)

※ 말리지 아니한 수삼, 수삼을 햇볕·열풍 또는 기타 방법으로 익히지 아니하고 말린 백삼, 수삼을 물로 익혀 말린 태극삼

(2) 제조방법

(가) 상기 (1)의 원재료를 그대로 분말화하거나 수분을 제거한 후 분말화 하여 제조하여야 함

(나) 상기 (1)의 원재료를 물이나 주정(물·주정 혼합물 포함)으로 추출하여 여과하거나, 여과한 후 농축 또는 식용미생물로 발효하여 제조하여야 함

(3) 기능성분(또는 지표성분)의 함량 : 진세노사이드 Rg1과 Rb1을 합하여 0.8~34 mg/g 함유하고 있어야 함

(4) 제조 시 유의사항 : 원재료인 인삼근은 「인삼산업법」에 적합하여야 하며 4년근 이상의 것으로 춘미삼, 묘삼, 삼피, 인삼박은 사용할 수 없으며 병삼인 경우에는 병든 부분을 제거하고 사용할 수 있음

2) 규격

(1) 성상 : 고유의 색택과 향미를 가지며 이미·이취가 없어야 함

(2) 진세노사이드 Rg1과 Rb1의 합

(가) 원료성 제품 : 표시량 이상

(나) 최종제품 : 표시량의 80% 이상

(3) 세균수 : 1 mL 당 3,000 이하(농축액에 한함)

(4) 대장균군 : 음성

3) 최종제품의 요건

(1) 기능성 내용 : 면역력 증진·피로개선에 도움을 줄 수 있음

(2) 일일섭취량

진세노사이드 Rg1과 Rb1의 합계로서 3~80 mg

(3) 섭취 시 주의사항

의약품(당뇨치료제, 혈액항응고제) 복용 시 섭취에 주의

4) 시험법

(1) 진세노사이드 Rg1, Rb1 : 제 4. 3-55 진세노사이드

(2) 세균수 : [별표 4] 참조

(3) 대장균군 : [별표 4] 참조

참 고 문 헌

The new health functional food
최신 건강기능식품학

1. 임병우 외, 건강기능성식품학, 도서출판 효일(2004)
2. 후지마키 마사오, 기능성식품과 건강, 아카데미서적(2002)
3. 이범진 외, 제형의 원리와 기술, 도서출판 신일상사(2000)
4. 조영수 외, 기능성식품학, 동아대학교출판부(2003)
5. 송재철 외, 건강기능성식품학, 보문각(2006)
6. 노완섭 외, 건강보조식품과 기능성식품, 도서출판 효일(2000)
7. 맹영선 외, 생태학적시대의 식품과 건강, 유한문화사(2002)
8. 이형주 외, 기능성식품 신기술, 서울대농생대(2005)
9. 김화영 외, 영양 그리고 건강, 교문사(2006)
10. 함승시 외, 자원을 이용한 가공저장학, 도서출판 효일(2002)
11. 이준우 외, 영지의 생리활성, Kor. J. Microbial. Biotechnol.,33, 75-83(2005)
12. 이준우 외, 상황버섯의 생리활성, 식품산업과 영양, 6, 25-33(2001)
13. 이준우 외, 식탁위의 뉴트리슈티칼, 도서출판 홍익인간(2001)
14. 하영래 외, 생물신소재공학의 이해, 라이프사이언스(2004)
15. 이영춘, 식품개발원리, 신광출판사(2004)
16. 장동일 외, 최고급 홍삼 제조를 위한 공정개발, 농림부연구보고서(2001)
17. 식품의약품안전처 http://www.foodsafetykorea.go.kr
18. 김미경 외, 새로쓰는 건강기능식품길잡이, 교문사(2016)
19. 이향우 외, 건강기능식품의 제조와 이해, 월드사이언스(2007)

저자 약력

건국대학교 미생물공학과 졸업(학사)

건국대학교 대학원 졸업(석사, 박사)

식품기술사, 커피바리스타

경북전문대학교 식품가공과 교수

생명공학연구소 응용미생물자원연구실(위촉연구원)

(주)해태제과, 연구원

(주)일양약품, 책임연구원

(현)경북전문대학교 호텔조리제빵과 교수

최신 건강기능식품학 The new health functional food

인쇄. 2018년 6월 12일 1판 1쇄
발행. 2018년 6월 15일 1판 1쇄

지은이. 이준우
펴낸이. 윤용호
펴낸곳. 121-868 서울시 마포구 토정로 222 한국출판컨텐츠센터 3층 301호
등록. 2001.10.23. 제10-2238호
전화. 02)719-6116
팩스. 02)719-6120
homepage. www.shdbooks.co.kr
e-mail. shd6116@chol.com

ISBN. 979-11-87621-17-1

가격 18,000원